인도,

신이 인간이 되어 사는 세상

지은이 소개

임용한 KJ&M 인문경영연구원 대표
이혜옥 전 연세대학교 국학연구원 연구교수
노혜경 덕성여자대학교 연구교수
김태완 서울여자대학교 강사
윤성재 숙명여자대학교 연구교수

사진촬영 김태완

인도, 신이 인간이 되어 사는 세상
임용한/이혜옥/노혜경/김태완/윤성재 지음

초판 1쇄 발행 2014년 10월 10일

펴낸이 오일주
펴낸곳 도서출판 혜안
등록번호 제22-471호
등록일자 1993년 7월 30일
주소 121-836 서울시 마포구 서교동 326-26번지 102호
전화 02-3141-3711~2 | 팩시밀리 02-3141-3710
이메일 hyeanpub@hanmail.net
ISBN 978-89-8494-515-9 03980

값 13,000원

인도,
신이 인간이 되어 사는 세상

임용한 / 이혜옥 / 노혜경 / 김태완 / 윤성재

혜안

낯선 세상 인도와 만나다

여행의 묘미 중 하나가 낯선 세계와의 만남이다. 그것은 두려움과 성취감이 섞인 묘한 쾌감을 선사한다. 우리 6명이 공항에 모였을 때만 해도 인도의 낯설음이 이토록 강렬할 줄 몰랐다. 우리는 오직 세계 4대 문명, 그 중에서도 중국 다음으로 우리와 관련이 깊은 곳에 가 본다는 생각으로 들떴다. 그러나 막상 인도 땅에서 아침을 맞고 보니 이건 정말 대단한 낯설음이었다. 일단 중국과 일본은 인종도 비슷하고 건물도 친숙하다. 미국이나 유럽은 우리 사회가 이미 서구화되어 있고, 영화로도 자주 봐서 그런지 역시 낯익다. 그러나 인도는 그 엄청난 존재감에도 불구하고 영상으로도 별로 본 적이 없다. 생김새도 낯설고 종교도 낯설다. 무엇보다도 시골에서는 거의 전부, 도시에서도 상당수의 여인이 전통의상을 입고 있는 것이 이국의 느낌을 진하게 더해 주었다.

우리는 동양적인 것과 서양적인 것에 모두 익숙하지만, 인도는 그 중간의 공백지대였다. 인도의 전통문화와 이슬람 문화가 겹치면서 비어 있던 중간을 정말 진하게 체험했다. 게다가 석기시대의 삶의 모습부터 최첨단 세계까지 아주 흔히 볼 수 있도록 공존하는 세상도 인도가 유일하지 않은가 싶다. 우리는 마침 인도에서 음력 보름을 맞았는데, 보름달 아래 펼쳐진 인도 평원의 실루엣, 야자나무가 듬성듬성 서 있고 벌판 곳곳에 사람들이 신석기시대에 사용하던 움막을 짓고 모닥불을 피우며 밤을 지새던 광경이 잊혀지지 않는다. 아마 평생 잊지 못할 것이다.

인도에서 만난 조각과 유적도 예상 밖이었다. 이런 표현의 세계가 있다는 것을 처음 알았다고 할까? 그러나 우리를 더욱 놀라게 한 것은 우리 문화와의 관련성이었다. 인도가 불교의 발상지이므로 우리와 관련이 있다면 그저 불교 정도나 될 것이라고 생각했다. 그러나 그런 직접적 교류 이전에 문화의 본질, 사상과 종교가 어떻게 탄생하고, 신분제가 어떻게 만들어지고 존재하는지, 사회의 제도와 풍습이 어떻게 만들어지는지, 인도를 다녀온 뒤 갑자기 머리가 무거워진 느낌이 들 정도로 이런 주제에 대한 성찰을 제공해 주리라고는 역시 전혀 생각하지 못했다.

좀 비판적으로 가자면 인도에 대해 조금 알고 있던 것, 세상에서 돌아다니는 이야기, 인도인들은 초자연적인 것을 사랑하고 명상과 정신을 존중한다는 이야기들이 정말 엉터리라는 것도 배웠다. 그런 선입견이 평범한 여행자라고 할지라도 배우고 느낄 수 있는 것을 가로막고 있다. 인도인이야말로 대단히 현실적이고 계산적이다. 우리는 조선시대의 영향으로 자급자족적 농경사회란 돈과 보수를 따지는 상품화폐경제의 문화에서 격리되어 있고, 매사를 인정과 순박함으로 해결하는 사회일 것이라고 생각하고 살아왔다. 그러나 전혀 그렇지 않을 수 있다는 것을 인도에서 배웠다. 놀라움과 배움이 정말이지 컸다. 그 상당수는 많은 사람들이 이전에 알지 못하고 생각지 못하던 것들이다.

그래서 짧은 여행이었지만 여행기를 남기기로 했다. 혼자 하는 여행이었다면 이런 풍부한 깨달음에 도달하지 못했을 것이다. 우리 모두가 한국사 전공이지만, 시대와 전공은 제각각이라 관심사와 볼거리가 조금씩 달랐다. 이혜옥은 고려시대 전공이지만 한문학과 문학, 예술에 조예가 깊으다. 임용한은 사학과 군사사 전공에 신학을 공부한 경력이 있다. 부부인 김태완·윤성재는 문화사 전공이라 건물과 조각으로 꽉 채워진 여행 내내 큰 도움이 되었다. 노혜경은 조선후기 사회사 전공인데, 외국문화에 대한 이해력과 대단한 관찰력을 지녔다. 우리는 이번 여행을 계기로 앞으로 계속 세계 주요 유적을 답사하고 여행기를 써내려고 한다.

마지막으로 이 여행을 맡아 준비하느라 너무 애써 주시고 모든 기초자료를 정리해 주신 김태완 선생, 출발 전에 심하게 아팠음에도 자신이 빠지면 팀이 깨진다고 무리를 하며 참여해 준 이용석 군, 여러 가지 돌발사고와 불편한 환경에도 항상 웃으면서 서로를 격려해 주신 모든 분들, 혜안출판사의 오일주 사장님과 김태규, 김현숙 선생, 여행을 맡아주신 여행사 인도 소풍과 가이드 이영주 님께도 감사를 드린다.

필자 일동

차 례

1부
신이 인간이 되어 사는 세상

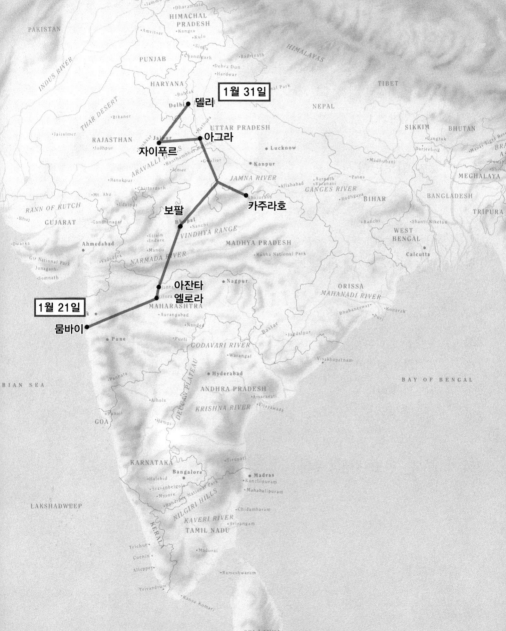

뭄바이, 인도 속의 영국

해적의 바다

인디아게이트 앞 선착장에서 엘레판타 섬으로 가는 배를 탔다. 배는 자리가 없을 정도로 관광객으로 꽉 찼다. 의외로 인도인 관광객도 많다. 조금 후 매캐한 매연 냄새를 풍기며 배가 출항했다. 80년대 우리나라 유람선과 마찬가지로 폐차한 자동차 엔진을 사용하는 것 같다.

대항해시대에 뭄바이는 꿈의 바다였다. 최소한 게임에서는 그랬다. 인도 서쪽 해안을 따라 있는 디우, 고아, 뭄바이, 코친은 포르투갈이 개척한 요새도시이자 무역항이었다. 뭄바이는 1534년 인도 경영을 처음 시작한 포르투갈이 구자라트 술탄에게 양도받아 획득했다. 1661년에 포르투갈이 영국에게 양도했고, 1668년 동인도회사가 획득했다. 원래는 7개의 섬으로 된 불모지였으나 18세기에 동인도회사가 대대적인 간척사업을 벌여 현재와 같은 하나의 땅이 되었다.

게임에서는 태풍과 해적을 뚫고 이 도시들까지 와야 자금도 넉넉해지고 제대로 된 아이템도 갖출 수 있었다. 이 말을 했더니 가이드까지 웃었다. 그러나 실제 역사에서도 이 바다는 유럽인, 심지어 아랍 상인에게도 꿈과 모험의 바다였다. 내 생각에 그 게임이 대항해시대의 모험가로서 바스코다 가마의 아들 세대였던 핀투의 여행기를 많이 참조한 것 같다. 《핀투 여행기》를 보면 게임에서든 현실에서든 인도 항해는 한 번의 항해로 일확천금을 잡느냐 해적에게 털려 노예로 팔리느냐는 일도양단 식의 결

인공섬 뭄바이 방어를 위해 조성한 전함 모양의 섬이다.

단을 해야 하는 대단한 항해였다. 그 바다에 직접 와서 보니 해적이 들끓을 수밖에 없는 곳이라는 생각이 든다. 인도의 물산과 동남아의 향료가 지나가는 해역인데다가 해적 활동에 대단히 유리한 바다였다. 섬이 촘촘히 붙어 있으니 항구를 만들기에도 해적선이 은신하기에도 좋았다. 게다가 안개가 심해서 몇 킬로미터 앞의 해상이 뿌옇다. 옛날에도 태풍이나 몬순이 오는 우기보다는 건기인 지금이 항해에 적기였을 텐데, 이런 바다에서 해적을 피해 다니기란 쉽지 않았을 것이다.

우리가 지금 가고 있는 엘레판타 섬도 해적들의 잠복지였을 가능성은 충분히 있다. 이곳의 석굴은 포르투갈 해군이 사격 표적으로 사용하는 바람에 많이 파괴되었다. 특히 동굴 바깥쪽에 있던 구조물은 가루가 되다시피 했다. 괜히 쏴 댄 경우도 있겠지만, 대포 한 발이 싼 가격이 아니다. 석굴은 해적들이 생활하기에도 좋은 곳이니 해적의 거주를 방지하기 위해 가끔씩 포격을 해댔을 수도 있다.

이곳은 지금도 요충이어서 뭄바이 항의 일부는 해군 군항으로 사용되고 있다. 뭄바이 방어를 위해 항구 밖에 인공섬도 건조했는데, 콘크리트로 꼭 전함 모양으로 만들어 띄워 놓았다. 이런 콘크리트 전함이 몇 개나

있는지는 모르겠지만, 뭔가 특이한 시도인 것은 분명하다. 다만 저게 실전에서 효과가 있을지는 모르겠다. 뭄바이 항이 워낙 길기 때문에 해안경비를 위해서는 도움이 될 것 같다. 요즘 소말리아 해적 때문에 잊혀졌지만 소말리아 이전에는 해적 하면 인도양이었다. 도중에 본 태국 화물선은 갑판에 온통 철조망을 둘렀다. 화물선과 멋진 요트가 눈에 띄지만 제일 볼 만한 것은 군함들이다. 첨단 함정인 건 분명한데, 정체를 알 수 없는 군함 한 척이 지나갔고, 돌아올 때는 쾌속 경비정 여러 척이 긴 궤적을 그리며 달렸다. 사진을 찍으려고 했더니 당장 누가 제지했다.

엘레판타 섬이라는 명칭은 섬에서 거대한 석조 코끼리를 발견하여 붙였다고도 하고, 섬이 코끼리 모양으로 생겼기 때문이라고도 한다. 갈 때는 몰랐는데 돌아올 때 보니 코끼리가 엎드린 모양 같기도 하다.

석굴로 가려면 선착장에서 한 30분 정도 걸어야 한다. 도심을 떠나 인도의 시골을 처음 밟는다. 아니나 다를까 우리를 처음 반기는 건 길가에 풀어놓은 소다. 조금 후에 염소, 까마귀, 원숭이가 차례로 등장했다. 인도의 동물들은 사람을 무서워하지 않고, 느리고 태평하지만, 의외로 영악하다. 소와 염소, 개와 까마귀는 관광객이 흘리거나 주는 음식을 먹고 산다.

천연덕스러운
인도 원숭이

무슨 기준인지는 몰라도 나름 자기에게 잘해 줄 것 같은 사람을 판별해서 은근히 다가온다. 우리 팀에서는 이용석 군이 선택을 받았다. 유명한 인도의 소를 처음 만난 기념으로 그놈 옆으로 가서 사진을 찍었는데, 나는 쳐다보지도 않던 놈이 용석 군을 보자 갑자기 다가갔다. 저놈도 젊은 애를 좋아하나 보다. 동물에게도 무시당하는 나이든 자신이 문득 서럽다. 공자가 나이가 50이면 지천명이라고 했는데, 이런 현실을 하늘의 뜻으로 알고 받아들이라는 것이었나 보다.

조금 후에는 원숭이에게 다시 무시를 당했다. 이놈은 여자와 어린애를 노린다. 마치 다른 곳으로 가는 듯 천연덕스럽게 다가와서는 손에 든 생수병이나 과일 봉지를 확하고 잡아당겨 채간다. 모자나 안경을 채가기도 한다. 이럴 땐 남자로 태어나고 나이 들어 무시당하는 게 고맙다. 나쁜 점이 있으면 좋은 점도 있는 법, 역시 하늘의 섭리는 단순하지 않다. 그나저나 저놈의 원숭이는 미안해하는 기색도 없다. 한국 같으면 당장 두드려 패서 버릇을 고쳐놓거나 격리시켜 버렸겠지만, 이 나라는 원숭이가 길을 막고 깡패짓을 해도 동물에게 삿대질조차 하는 법이 없다. 왜 그러는지 모르겠다. 천명보다 세상의 섭리를 알기가 더 어렵다.

석굴은 진흙과 용암이 굳어서 된 사암 덩어리 산을 파서 만들었다. 기둥과 불상도 따로 만든 것이 아니라 바위산을 그 모양대로 판 것이다. 기둥은 도리아식의 장식이 풍성한 그리스풍 원주다. 학창 시절에 간다라 미술은 알렉산더의 동방원정으로 유입된 그리스 문화와 인도의 전통양식이 결합한 것이라고 열심히 외웠다. 그러나 그리스 문화의 유입량이 이 정도인 줄은 몰랐다. 엘레판타 섬의 석굴뿐 아니라 인도 곳곳에서 그리스식 기둥과 장식을 정말 많이 보았다. 문화의 힘이란 정말 대단하다. 사실 알렉산더는 지금의 파키스탄 지역인 간다라를 지나 인더스 강을 건너 자마자 돌아가서 현재의 인도 지역으로는 들어오지도 않았다. 그럼에도 불구하고 중부 인도까지 그리스 양식이 폭넓게 퍼져 있다.

간다라 미술이라고 하면 우리는 늘 불상, 그 불상 중에서도 얼굴만 배웠는데, 더 보편적인 것이 그리스식 원주다(그리스식 원주가 옳은 표현이 아닐 수도 있다. 그리스식 기둥과 장식의 진짜 원조는 이집트다). 그걸 보면 모든 석조기둥 중에서 그리스식 원주가 제일 보편적이고 인기 있는 디자인인가 보다. 그런데 우리나라는 돌의 문화라고 할 정도로 석재를 좋아했지

엘레판타 섬의 석굴(상)과 원주(하) 원주는 도리아식 장식이 풍성한 그리스풍이다.

만, 석굴이나 원주는 거의 도입하지 않았다. 우리 민족의 미적 감각이 남달라서가 아니다. 우리의 석재가 모든 석재 중에서 제일 단단한 화강암이기 때문이다. 전근대일수록 문화와 기술은 자연의 제약이 크다. 이집트 문명은 거대한 피라미드를 남겼지만, 그것은 무른 석회암이 풍부했기 때문이다. 이집트가 우리처럼 화강암 땅이었다면 절대 거대한 피라미드를 세우지 못했을 것이다(피라미드에서 화강암은 왕의 방 같은 중심부에 약간 사용되었다).

석굴 안은 너무 컴컴해서 카메라 플래시를 터트려도 사진이 제대로 나오지 않았다. 석굴은 5개가 남아 있지만, 볼 만한 것은 첫 번째 제1석굴이다. 나머지는 거의 기둥과 벽만 남아 있다. 제1석굴도 굴 앞에 세웠던 석조

**엘레판타 섬 제1석굴의
부조**

현관이 파괴되어서 기둥 뿌리만
나뒹굴고 있다. 제1석굴은 안으
로 들어가면 다시 또 하나의 석굴
이 있는데, 기둥이 연한 갈색이어
서 깜짝 놀랐다. 알고 보니 돌 위
에 석회 같은 것으로 코팅하고 색
을 칠한 것이었다.

엘레판타 섬의 석굴사원이 세
계 문화유산이기는 하지만 바다
로 11km 왕복 3시간을 배를 타야
해서 코스에 넣을까 말까 망설였
다. 그러나 낮에 뭄바이에서 마땅
히 갈 곳도 없고 해서 일정에 넣었
다. 인터넷에서도 엘레판타 섬에
대해서는 별로 평이 좋지 않았다.
특히 엘로라나 아잔타를 이미 보
고 온 사람들은 영 싱겁다고 했다. 그런 말을 들어선지 우리도 처음에는
그렇게 생각했다. 선입견이 정말 무섭다. 아님 지구의 1/3을 날아 인도까
지 오고 또 배를 타고 여기까지 왔기에 뭔가 엄청난 것을 기대했던 탓인
지도 모른다.

하지만 예술은 크기로 판단하는 게 아니다. 엘로라의 석굴을 본 사람
에게 그 규모의 1/10도 되지 않는 경주 석굴암은 허무하고 싱거운 유적일
까? 그렇지 않다. 엘레판타 섬의 신상은 그들 나름의 성취가 있다. 첫 대면
이라 낯설고 어둡고, 손상도 있어서 제대로 인식하지 못했지만, 엘로라의
조각에 비해 훨씬 성숙하고 세련되고 화려하다. 엘로라의 조각은 대단히
많지만, 한두 명의 신이 강조된 부조가 대부분이다. 조금 과장해서 비교

하자면 엘로라의 소각이 보티첼리의 〈비너스의 탄생〉 깊은 구도라면 엘레판타의 조각은 주인공 주변으로 수십 명의 조연을 배치한 〈천지창조〉의 메인 부분 같다. 이런 비유가 더 실망을 줄지도 모르겠는데, 사실 그 정도로 차이가 나지는 않는다. 하지만 전체적 구성이 그런 차이를 내포하고 있다. 좀 더 유치하게 비유하면 엑스트라와 백댄서를 잔뜩 배치한 무대 위의 주인공을 보는 듯한 여유와 원숙미가 느껴진다. 다만 그랜드 오페라를 시골극장에서 상연하는 격이라고 할까. 스케일 있는 구상이 섬과 몇 개 남지 않은 파괴된 사원이라는 분위기에 짓눌려 부조화를 빗어내는 것이 아쉽다.

이렇게 말을 해도 엘레판타 방문이 수고스럽게 느껴질 수 있다. 하지만 여행은 느낌이다. 인도 여행의 첫 날, 혹은 마지막 날을 바다도 보고, 좀 여유롭게 시작하는 것도 좋다. 솔직히 말하면 우리도 그랬지만, 우리나라 사람은 여행을 너무 빡빡하게 하는 것이 흠이다. 뭄바이 일정은 전체 일정 중에서 제일 밀도가 떨어지는 여정이었지만, 인도 여행의 모든 것에 대한 워밍업으로서는 여러 모로 괜찮았다. 그리고 돌아와서 기행문을 쓰자니 엄청난 조각상에 파묻혀 정신없이 뛰어다녔던 엘로라나 카주라호 사원보다 할 이야기는 엘레판타 섬이 더 많다. 여기저기서 노닥거린 덕에 에피소드도 제일 많았고, 그런 기억들이 더 진하다. 여행을 곧잘 인생에 비유하는데, 쉬었다 가고 돌아가는 것이 결코 느린 것도 비효율적인 것도 아니다.

인디아게이트와 타지마할 호텔

인디아게이트는 조지 5세 부부의 인도 방문 기념으로 1911년에서 24년 사이에 건립한 개선문 형태의 문이다. 인디아게이트와 타지마할 호텔은 괜찮은 건축물이지만 멀리 인도까지 와서 볼 만한 정도는 아니다. 하지만 엘레판타 섬으로 가는 선착장에 있어서 보지 않을 수가 없다. 인도인에게

는 의미가 남다를지도 모르겠다. 이 문은 독립문처럼 미학적 관점에서보다는 역사적으로 의미가 큰 유적이다. 아니 성격으로 보면 독립문이 아니라 영은문이라고 해야 하나.

영국이 인도를 지배하면서 참 못할 짓을 많이 했다. 한말의 개화파 윤치호는 그래도 영국이 신사의 나라이니 식민지를 통치해도 좀 다를 것이라고 기대했다. 식민지가 될 수밖에 없다면 러시아나 일본보다는 영국 식민지가 되는 것이 낫겠다는 말까지 했다. 그러나 1938년 한국을 방문한 인도인으로부터 영국이 인도와 아프리카에서 벌인 잔혹 행위를 듣고 충격을 받았다. 그런데 윤치호가 지금 인디아게이트를 본다면 더 큰 충격을 받을지도 모르겠다. 우리보다 훨씬 오래 영국 식민지로 살았으면서도 인도는 그 흔적을 지우려고 하지 않는다. 우리는 중앙청을 파괴했지만, 인디아게이트는 그대로 서 있고 인도는 여전히 영연방이다. 그렇다고 영연방의 테두리 안에서만 살지도 않는다. 근래까지 인도가 경제적·국가적으로 제일 가까웠던 나라는 러시아였다. 하여간 인도와 영국의 관계는 이

(우)아폴로 호텔 앞부분의 외장을 새로하여 현대식 외형을 갖추고 있다.

분법적 사고로는 이해하기 힘들다. 그 외에도 인도에는 우리 상식으로는 이해 불가능한 풍경과 현상이 많다. 그렇다고 인도가 비상식적이라는 의미는 아니다. 인도의 입장에서 보면 아주 합리적인데, 인도의 자연과 사회, 역사적 경험이 우리와 달라서 이상하게 느껴진다. 인디아게이트는 여기 들어오는 자 자신의 상식을 버리고, 모든 것을 제 편한 대로 생각하고 납득하려 하지 말라는 그런 상징으로 이해하는 것이 딱 좋을 듯하다.

타지마할 호텔은 유명한 타타 자동차의 소유자인 타타 가문의 나세르완지 타타가 세운 건물이다. 돔이 있는 건물이 구관으로 1898년에서 1903년에 세운 것이고, 우측의 높은 건물이 신관이다. 뭄바이 테러 때 타격 목표가 된 이후로 경비가 심해져서 호텔 내부는 하루 전에 신청을 해야 볼 수 있다고 한다.

이 호텔 건립에는 일화가 있다. 비록 식민지였지만, 인도의 왕과 갑부는 대단했다. 무굴 제국이 영국에게 망할 때 무굴 황제의 수입이 영국 여왕의 두 배가 넘었다. 영국 식민지가 된 뒤 인도 상인들은 전 세계로 나가 활약

했다. 어느 날 몇 대째 부호였던 타타가 영국인을 만나기 위해 아폴로 호텔에 갔다가 영국인이 아니라는 이유로 출입을 거부당했다. 화가 난 타타는 아폴로 호텔 앞에 거대한 타지마할 호텔을 세워 아폴로 호텔의 전망을 막아 버리고, 아폴로 호텔을 뒷골목 호텔로 전락시켜 버렸다. 이 이야기를 듣자 답사하던 습관이 발동해서 아폴로 호텔의 위치가 궁금해졌다. 대략 타지마할 호텔 뒤쪽이겠거니 했는데, 누가 골목길을 가리키며 소리쳤다. "세상에, 저거 아폴로 호텔이잖아!" 신관 옆길을 따라 시내 쪽으로 들어가다가 왼쪽으로 들어가는 골목 같은 길에 아폴로 호텔이 서 있었다. 당시에는 뭄바이에서 제일 큰 호텔이었다는데, 5층에서 7층 정도로 지금은 현대식 외장이 덧붙여져 일본의 조촐한 비지니스 호텔처럼 보인다. 당시에는 빅토리아풍 외벽을 한 건물이 아니었을까 싶다.

타타는 복수치고는 정말로 단단히 복수를 했다. 아폴로 호텔을 골목 호텔로 만들어 버렸으니 말이다. 근데 더 대단한 건 아폴로 호텔 같다. 우리 같으면 당장 이름을 바꿨을 텐데, 인도인의 자존심도 대단하다. 아니면 타타가 매입해서 유지시키는 건가? 일제시대에 조선인 부호가 이런 차별을 받았다면 조선에 타지마할 호텔을 세울 수 있었을까? 절대로 불가능하다. 일본은 즉시 더 큰 호텔을 짓거나 세무감사 같은 트집을 잡아 파산시켜 버렸을 거다.

그런 것을 보면 영국이 일본보다는 신사같지만 영국의 행동이 절대로 신사정신에서 나온 것은 아니다. 일단 영국은 체제적으로 자본의 원리에 보다 충실하다. 돈이 있어서 짓겠다는데 그것을 말릴 수는 없다. 더 근본적인 원인은 차별에 대한 인식의 차이다. 조선에서 이런 호텔을 세웠다면 한국인의 차별에 항의하는 민족적인 상징이 되었을 거다.

하지만 타타의 차별은 다르다. 인도에서는 지금도 차별이 행해지고 있다. 호텔은 철문을 치고 손님과 차량이 오면 일일이 열어준다. 한국에서라면 보통 규모에 불과할 식당에서조차 앞에 경비원을 두고 출입을 단속한다. 불가촉천민은 마을에 들어갈 수 없고, 지역 거주민이 아니면 아예 들

어갈 수 없는 부호들의 마을도 있다. 타타의 분노는 민족적 차별에 대한 분노이기도 하지만, 특별대우를 해주어야 하는 인도 상류층 또는 자신과 같은 거물에 대한 차별에 항의한다는 성격도 강하다. 그렇다면 이 정도는 유머로 봐주고 제국의 관용을 보여주는 편이 나았을 것이다.

웨일즈 박물관

인도의 1월은 겨울이며 건기다. 하지만 도시의 아침은 언제나 스모그 빛이다. 거리 역시 별로 상큼하지 않다. 어느 도시나 거리 곳곳에 걸인이 있고, 길가에는 그들의 천막이 있다. 인도에서의 첫 아침, 거리에서 처음 만난 풍경은 회색의 도시에서 아기를 업고 자동차 사이로 다니며 구걸하는 여인들이었다. 들뜬 기분이 확 사라지고 마음이 불편했다.

뭄바이는 인구 1400만의 도시다. 수도는 아니지만 인도의 경제중심지여서 이런 극과 극의 환경이 더욱 두드러진다. 그러다가 주변 풍경이 갑자기 깔끔하게 바뀐다. 걸인은 사라지고 빅토리아풍의 고풍스런 건물과 야자나무 가로수가 이어진다. 뭄바이 대학을 비롯해서 크고 작은 칼리지들이다. 마치 해리 포터의 시대로 온 듯하다. 그러나 그 기분은 잠깐, 버스에서 내리자 잡상인들이 우르르 모여들었다. 오기 전에 인도 상인들이 끈질기다는 소문은 익히 들었다. 이제 시작이구나 싶어 마음 속으로 결의를 다지는데, 웬걸 별로 끈덕지지 않다. 2% 부족하다고 할까? 열심히 소리치고 따라오기도 하지만, 악착같거나 찰거머리처럼 들러붙는 느낌은 덜하다. 그 뒤로도 항상 느꼈는데, 인도인들은 악착이라는 측면에서는 늘 2%가 부족한 느낌이었다.

잡상인을 지나치자 카키색 제복을 입은 무장경찰이 우리를 맞는다. 박물관에 웬 무장경찰이냐 싶은데, 공항 통과하듯이 검문을 받고, 금속탐지기를 통과하고, 물병이나 큰 가방은 가지고 들어가지 못한다. 더 웃긴 건 금속탐지기의 남녀 출입구가 다르다. 공항에서야 몸 수색 때문에 그렇다지만, 여긴 남녀차별 때문이다. 다 그런 것은 아닌데, 유적도 간간히 남녀의 입장로가 다른 곳이 몇 군데 있었다.

웨일즈 박물관은 돔과 영국풍의 건축양식을 조합한 꽤 괜찮은 건물이다. 4~5층 높이까지 자란 야자나무가 건물 조경을 가리지만, 나름 인상적이었다. 이 건물은 조지 5세 부부의 방문을 기념해서 세웠다. 방문할 때는 조지 5세가 즉위하기 전이어서 웨일즈 공이었다. 황태자를 웨일즈 공으로 책봉하는 전통은 에드워드 2세가 웨일즈를 정복하고 태자를 프린스 오브 웨일즈로 책봉한 데서 유래한다.

웨일즈 박물관은 델리 박물관보다 규모는 작지만 정리는 잘 되어 있다. 현지인 관람객도 의외로 많고 어린 학생들부터 고등학생까지 단체관람객도 끊이지 않는다. 인도는 종교와 인종이 다양해서 그런지 교복도 영국식 교복에서 인도의 전통복장, 히잡을 쓴 무슬림 등 각양각색이다. 학생들이 계속 들어오는데, 같은 형태의 교복을 보지 못했다. 다만 아무리 봐도 아이들이 볼 만한 것이 없고, 선생님들도 설명을 하는 경우는 없고, 해

견학을 온 학생들 종교에 따라 교복도 각양각색이다. 히잡을 쓴 무슬림 여학생(좌)과 인도 전통복장을 한 여학생(우)

설사도 없다. 그래도 애들은 즐겁고, 10대 소녀들은 밝고 호기심이 많아 계속 우리를 기웃거린다. 인도인들은 우리와 외모부터 너무 다르고 표정과 행동양식도 많이 다르지만, 10대들의 행동은 정말 똑같다. 특히 인도 여인들은 대체로 표정이 어둡거나 굳어 있는데, 10대 소녀들만 유독 밝고 쾌활하다. 역시 무서운 10대라는 생각이 든다. "무서운"이란 단어가 왜 들어가냐 싶지만, 하여간 결론은 그랬다.

소장품은 대략 석조와 금동제의 힌두의 신상과 불상, 선사시대 유물, 무굴 제국의 그림과 약간의 공예품, 중국과 일본에서 수입한 도자기, 무기류다. 소재가 제한적이고 인도인의 생활상이나 장신구 등을 볼 수 없는 것이 아쉽기는 하지만, 소장품의 질은 높다. 델리 박물관도 그랬지만 제일 압도적인 전시물은 신상이다. 여기서 신상과 상징들은 잘 배워 익혀 두면 앞으로 석굴과 사원을 관람할 때 요긴하게 써 먹을 수 있다(이곳의 신상에 대해서는 〈신상과 조각으로 본 인도의 종교〉 편에 별도로 서술했다).

의외의 수확이었다고 할 수 있는 전시물은 2층 전시실에 있던 고대 아시리아의 부조였다. 모조품인지 영국에서 진품을 기증한 것인지는 모르겠지만, 사진에서나 보던 그 유명한 부조들, 눈동자를 새기지 않아 저승 사자처럼 무표정하고 무서워 보이는 냉혹한 표정에 곱슬수염을 한 아시리아인이 전차를 타고 사자를 사냥하는 부조들이다.

이 조각은 내게 사연이 있다. 역사를 전공하겠다고 결심한 것은 중학생 때였다. 그때부터 역사 관련 서적을 열심히 읽었다. 세계사 전집을 읽다가 아시리아 편을 보게 되었다. 아시리아인은 잔혹한 공포정치로 악명이 높지만, 실제로 그들이 어떤 짓을 했는지는 교과서에 나오지 않았다. 그 책에서 반란군의 피부를 벗겨서 성벽을 도배하고, 목을 잘라 탑을 쌓았다는 이야기를 읽고 충격을 받았다. 하지만 더 큰 충격은 바로 의도적으로 눈동자를 없앤 아시리아의 왕 아슈르바니팔의 조각상이었다. 감수성이 예민했던 시절이라 그런지 그 냉혹한 이미지, 그리고 조각이란 실물보다 미화하는 것이라고 알고 있던 내게 그 본능적 욕구마저 생략하고 자신을 무섭게 표현하고 싶어하는 인간들이 있다는 사실 자체가 큰 충격이었다. 나는 공포영화 따위에는 전혀 공포를 느끼지 않는 사람인데, 이 눈동자 없는 아시리안의 조상은 꿈에 나타날 정도로 전율을 가져다주었다. 지금 생각해 보면 눈동자를 의도적으로 없앤 것이 아니라 눈동자를 그려넣었는데 지워졌을 가능성도 있지만 당시에는 그런 생각을 못했다.

그 아시리안들을 인도에서 만날 줄이야. 마치 사냥터에서 갑자기 그들과 조우한 듯한 느낌이다. 그러나 그 놀라움보다 이젠 더 잔혹한 이야기를 들어도, 지 무표정함을 보아도, 전혀 감정의 동요가 없는 나의 단단해진 가슴이 나를 더 놀라게 한다. 역사를 배워 보니 세상에는 그보다 더 잔혹한 일이 다반사였다. 이젠 철이 들고 세파에 숙련이 된 것이라고 해야겠지만, 무언가를 잃어버린 듯한 느낌을 지울 수 없다.

공예품 중에서는 정교한 상아 조각과 무굴 왕조의 수입품 컬렉션도 인

(좌)상아로 만든 보석함
(우)길거리에서 상아를 파는 여인 상아 매입은 불법이다.

상적이었다. 코끼리가 많은 나라라 그런지 상아 조각이 일품이다. 의외로 상아 공예품이 많지는 않았지만, 상아 빗은 참빗 수준으로 빗살을 가늘게 깎았다. 상아로 만든 보석함도 창살을 실처럼 가늘게 깎았는데, 대만 고궁박물관의 소장품보다야 못하지만 보는 사람마다 감탄을 자아냈다.

수입품 코너는 중국제와 일본제가 대부분이다. 역시나 인도에서도 최고 인기 품목은 청화백자다. 일본의 수출상품은 도자기와 상아 세공품이다. 일본의 천연기념물이라는 긴꼬리 닭을 조각한 상아 세공품은 대단한 걸작이었다. 이 공작 같은 닭은 꼬리가 1년에 80cm씩 자라며 최대 12m까지도 자란다고 한다.

이 수입품들은 대략 17~19세기 제품들일 것이다. 도자기는 고령토가 있어야만 제조가 가능하기 때문에 유럽에서 소위 본차이나 제조법을 알아내기까지 전 세계에서 도자기를 생산할 수 있는 나라는 한국과 중국,

일본뿐이었다. 중국과 일본은 이렇게 도자기와 도자기에서 한 발 나간 세공품을 전 세계에 팔아먹었는데, 조선은 도자기 기술이 오히려 쇠퇴했다. 교과서에도 나오지만 조선 후기에 성행한 청화백자는 세계적으로 모든 도자기 중에서 최고 인기를 끈 상품이었다. 지금도 명나라 황실용 청화백자는 발견되었다 하면 최소 수백억에서 수천억을 호가한다.

그러나 조선은 쇄국정책으로 이 엄청난 노다지를 내수용으로만 돌렸고, 사치를 금하고 백성들의 노고를 줄여준다며 찌그러진 저급 도자기를 만들다가 도자기 산업과 기술을 아예 죽였다. 도자기를 세계시장에 판매했더라면 도공과 백성들은 신이 나서 작업을 하고, 기술과 디자인은 날로 늘어서 오늘날 한국의 핸드폰처럼 엄청난 제품이 탄생했을 거다. 그러나 조선은 상공업을 억눌렀고, 왕실과 궁중, 관청에서 제조하는 도자기는 백성들을 공짜로 사역해서 만들었다. 그러니 도자기 제조공장 주변에 사는 백성들은 매년 힘들어서 못살겠다고 아우성이고, 정부는 백성들과 타협을 한다. 수량을 몇 퍼센트 줄이자. 찌그러지고 변색된 도자기도 받겠다. 여기에 착한 국왕이 나타나면 아예 공정 하나를 생략해서 모든 도자기가 찌그러지고 변색돼도 괜찮다고 한다. 그래서 기술은 날로 쇠퇴하고, 백성들은 매년 힘들고, 왕과 귀족들은 저급 도자기를 참고 사용하거나 수입품을 사용하고, 국가는 가난해진다.

그런 역사를 가진 우리나라가 지금은 세계적인 무역국가가 되었다. 다 지난 일이기는 하지만 역사의 교훈은 교훈이다. 그리고 지금은 그렇지 않다고 해도 한번 잘못을 저지른 사람은 언제고 잘못을 반복할 위험이 있다. 우리 사회도 이제 잘 먹고 잘 살게 되자 옛날을 거꾸로 미화하고 과거의 관습이 다시 등장하는 징조가 보인다. 그래서 역사의 교훈은 결코 소홀히 해서는 안 된다.

| 임용한 |

석굴의 백화점, 엘로라

인도 평원과 광야의 요새

뭄바이에서 보낸 첫날 여행은 간편하고 여유가 있어 좋았다. 그러나 선착장으로 돌아오고 급속히 해가 저물기 시작하면서 분위기가 달라지기 시작했다. 저녁식사를 예약해 놓은 식당을 찾을 수가 없어서 30분 이상 거리를 헤맸다. 가로등이란 게 있었는지 기억이 나지 않는 거리는 급속도로 어두워지고 낯설어지기 시작했다. 오전에는 반갑기까지 했던 빅토리아풍의 건물들이 유령의 집 분위기로 바뀌고, 거리는 셜록 홈즈가 뛰어다니는 19세기 런던의 뒷골목 분위기로 변했다. 간신히 찾은 식당은 분위기가 꽤 괜찮았지만, 밤기차를 타야 했기 때문에 서둘러 식사를 마치고 바로 일어나야 했다.

서걱서걱한 분위기에서 찾아간 뭄바이 역은 우리가 방문한 4개의 역 중에서 제일 크고, 제일 붐비고, 제일 소란스러웠다. 처음 타는 밤기차인데다가 인도의 야간열차에 대해 워낙 험악한 이야기를 많이 들었던 탓에 더 정신이 없고 긴장되었다.

처음 여행계획을 짤 때부터 야간열차 이동을 두고 설왕설래했다. 다들 가능하면 타고 싶지 않아 했다. 이제사 고백하지만 여행과 관련해서 나의 로망이 야간열차다. 그래서 세 번으로 늘렸다가 엄청난 항의를 받고 두 번으로 줄였다. 물론 야간열차가 나의 로망이라고는 끝까지 밝히지 않았다. 명분은 어디까지나 시간절약, 비용절약이었다. 그러나 시커멓고 시장

터 같은 플랫폼에 서 있자니 나야 괜찮지만 다른 분들이 기차에서 탈진해 버리면 어떡하나 하는 걱정과 일말의 책임감이 든다. 게다가 성수기라 기차표가 없어서 우리 자리는 2층 침대가 아닌 3층 침대칸이었다. 만주에서 3층 침대칸을 탄 적이 있는데, 위 아래가 너무 좁아 일어나 앉을 수도 없고, 그 압박감이 관 속에 누운 듯했었다. 속으로 미안했지만 열심히 가방도 들어주고 배낭도 메주며 눈치만 살폈다.

편안치는 않았고, 몇 가지 에피소드도 있었지만 다른 분에게는 죄송하게도 나는 잘 잤고, 그럭저럭 새벽에 아우랑가바드에 도착을 했다. 호텔로 가서 방을 잡고 씻고 잠깐 눈을 붙인 후에 아침을 먹고 길을 나섰다. 다행히 아직 초반이라 그런지 다들 기운이 쌩쌩했다. 오늘의 목적지가 다들 제일 기대하고 있는 엘로라여서 더더욱 아드레날린이 넘친 듯하다. 우리들이 모두 역사 전공자다 보니 아무래도 타지마할보다도 아잔타나 엘로라에 관심이 쏠렸다. 그러나 아드레날린의 단점은 어느 정도 사용하면 고갈된다는 거다. 다시 살짝 걱정이 된다. 기왕이면 다음 기차 때까지 아드레날린 재고가 버텨줘야 할 텐데 말이다.

산 중턱에서 내려다본 다울라타바드 가운데 봉우리가 중앙 요새고, 주변 평지에 이중의 성벽을 두른 도시를 세웠다.

아우랑가바드 도심에서 엘로라(Ellora)로 향해 가면서 인도의 자연과 전원 풍경을 처음 보았다. 뭄바이는 도시고, 밤차로 아우랑가바드로 이동한 덕분에 인도의 자연을 보지 못했다. 남인도나 히말라야 쪽은 모르겠지만, 여기서부터 델리까지 데칸 고원의 풍광은 거짓말처럼 똑같다. 지평선이 보이는 너른 평원은 간간이 둥근 나무들이 서 있고, 그 사이로 초록색 곡물과 노란 유채꽃이 점점이 박혀 있다. 인상파 화가 모네의 그림이 절로 연상되는 전원적인 풍경이다. 이건 내 추측인데, 옛날에는 이렇지는 않았을 것 같다. 야자나무가 훨씬 많고, 들판에는 관목 우거진 숲과 밀림이 더 많이 자리잡고 있었을 것이다. 그러나 아마도 오랜 개간으로 인해 인상파 화가가 좋아할 풍경이 되지 않았나 싶다. 그러다가 갑자기 꼭대기가 평평해서 정확하게 사다리꼴로 평원에 엎어져 있는 산이 나타난다. 처음에 그것을 보고 나는 무척 흥분했다. 바로 저런 산이 요새를 건설하기에 제일 좋은 꿈의 지형이다. 물만 있다면 말이다. 뭔가 대단한 요새가 숨어 있을 것 같은 느낌이 들어서 정신없이 셔터를 누르며 주위를 살폈다.

아니나 다를까 조금 후에 영화에서나 본 듯한 요새가 출현했다. 바로 다울라타바드였다. 다들 탄성을 지르고, 나는 대단한 전문가가 된 듯 뿌듯해졌다. 나중에 알고 보니 이건 정말 우연이었다. 이런 식의 고지는 델리까지 널려 있다. 인도에서는 보편적 지형이어서 이런 산마다 요새가 있지는 않다. 이런 독특한 지형이 형성된 이유는 이곳이 화산 지형이라 그런 게 아닌가 싶다. 용암이 땅을 호수처럼 덮으면서 땅의 모든 주름이 사라지고, 호수 같은 평원이 되었다. 그 용암의 호수 위에 섬처럼 떠 있는 산지는 ─ 왜 그런 모양이 되었는지는 모르겠지만 ─ 거의가 정상이 평평하고, 속은 전체가 돌덩어리인 바위산이다. 이런 산들은 거의가 황무지이지만, 이 바위산이 석굴사원의 모태가 되고, 궁전에서 일반 주택까지 건축에 사용하는 석재의 공급원이 된다. 그리고 가끔은 훌륭한 요새가 되어 준다.

우리가 마구 흥분하자 기사 양반이 산 중턱에서 차를 세워주었다. 그곳이 다울라타바드의 전경을 내려다볼 수 있는 뷰 포인트였다. 다울라타바드 정상에서는 더 좋은 전경을 볼 수 있지만, 가지 않는 사람에게는 이곳의 전망이 제일 좋다. 그러나 역광이고 아침이라 대기가 뿌예서 제대로 된 사진을 찍지 못했다. 옆에서는 일본인 여행객들이 열심히 설명을 듣고 있고, 잠복해 있던 잡상인이 따라붙는다. 기사 양반이 센스가 있다고 생각했는데, 이곳도 거쳐 가는 코스인가 보다.

다울라타바드는 엘로라를 보고 오후에 방문할 예정이다. 다들 엘로라에만 관심이 꽂혀 다울라타바드는 이름도 외지 못하고 있었는데, 오후에도 굉장한 코스가 될 것 같다. 모두가 기대가 넘치고 흥분했다.

카일라사 사원, 산을 조각해 가원을 만들다

9시 30분쯤에 엘로라에 도착했다. 대략 1시간 30분에서 2시간쯤 걸렸다. 나는 석굴사원은 석굴암 외는 본 적이 없다. 그래서 인도의 석굴사원에 대해 감이 없었다. 그저 굴을 파고 불상을 안치한 곳이라고 짐작했는데,

인도에 와서 보니 이건 굴이 아니라 바위산을 파고 들어가 사원과 집을 통째로 조성했다. 우리나라 사람은 백이면 백, 집을 고르라고 하면 햇빛이 잘 드는 남향을 선호한다. 하루 종일 창을 닫고, 블라인드로 창을 가리고 살고, 여름에는 에어콘, 겨울에는 보일러, 중앙집중식 환기장치에 의존하고 살아도 남향이 아니면 큰일나는 줄 알고, 하루 종일 베란다의 이중창 밖에서 떠도는 햇볕을 무섭도록 사모한다.

우리는 위도가 높아 광량이 부족한 나라라서 그렇다. 그러나 인도는 뜨거운 햇볕이 삶의 적이다. 그 뜨거움 덕분에 1년 3모작을 하고 들판에 식량이 차고 넘쳐도 고통은 고통이다. 우리는 흔히 열대 사람들은 더위를 잘 이겨낸다고 생각하지만, 우리나 그들이나 고통스럽기는 마찬가지다. 적응력의 비결은 절반이 체념이다. 어쩔 수 없으니 순응하고 살 뿐이다. 그래서 인도에서는 석굴사원이 인기를 끌었는지도 모르겠다. 우리는 동굴 하면 습하고 병나기 딱 좋은 곳이라고 간주하지만, 인도의 석굴은 일단 시원하고, 이 지역이 건조한 탓에 동굴 안이 조금 습하기는 해도 한국보다는 훨씬 덜하다. 이 사실을 깨닫자 마음 속에서 이런 중얼거림이 절로 나온다. 그래 백성들은 벌판에서 나무상자 같은 집에 살고, 브라만은 백성들을 부려 산을 깎아서 시원하고 멋진 집에서 살자는 거지.

그러나 과연 그게 전부일까? 정말 그런 마음이 있다면 박쥐가 날아다니는 동굴 대신 두터운 석재로 집을 짓는 것이 훨씬 쉽고 비용도 적게 든다. 기후와 지역을 불문하고 인간은 깊숙한 공간, 동굴에 대한 묘한 동경이 있다. 학부 때 구석기 유적으로 답사를 가서 구석기인이 살던 동굴을 죽 돌아본 적이 있다. 버스에 오르자 너 나 할 것 없이 어떤 동굴이 제일 마음에 드느냐를 두고 시끌벅적하게 화제가 되었다. 이론의 여지 없이 최고로 뽑힌 동굴은 우리가 마지막에 갔던 곳, 입구는 사람 하나가 겨우 들어갈 만하고 사다리를 타고 내려가면 복주머니에 들어온 것처럼 둥근 공간이 펼쳐지는 곳이었다. 결론적으로 말하면 입구가 넓고 개방적일수록 평점이 낮았다. 이럴 때 꼭 분위기를 깨는 게 나의 고질적인 단점이다. "야 너희들이 한번 살아 봐라, 하루라도 살 수 있나."

막상 생활하면 단 하루도 살 수 없는 곳이라고 해도, 그 사실을 안다고 해도 없어지지 않는 것이 동굴의 매력이다. 이유는 알 수 없지만 뭔가 내 내면의 욕구가 만나고 싶어하고, 알 수 없는 편안함이 느껴지는 공간, 이런 느낌과 딱 맞는 용도를 지닌 건물이 사원이 아니고 무엇이랴.

동굴이 지니는 그런 본연적 동경과 신비감 덕분인지 엘로라에는 인도의 3대 종교인 힌두교·불교·자이니교의 석굴이 모두 존재한다. 3개의 종교가 사이좋게 공간을 공유하는 것이 참 보기드문 일이라고 하는 분도 있는데, 인도에서 이 세 종교는 외형적으로 그리 큰 차이가 없다. 뭐 종교가 같고 신이 같아도 조그만 차이를 참지 못해 서로 죽이고 때려 부수는 경우가 허다하니 이 공존이 대단한 일이 아니라고는 못하겠다. 그러나 반대로 생각하면 인간은 완전히 다르면 아예 싸울 일도 없다. 사촌격이면 괜히 친한 척하면서 우호를 맺는다. 이해관계의 영역이 전혀 다르거나 조금

중복되는 탓이다. 반면 정작 같은 뿌리에서 나온 집단과는 조금만 차이도 참지 못하고 사생결단을 낸다. 이해관계가 완전히 겹치기 때문이다. 다만 힌두교와 불교와 자이나교는 사촌간이라고 해야 할지, 같은 뿌리에서 나온 가지라고 해야 할지 판정을 못하겠다. 사촌간이라면 공존이 이해가 가고, 서로 사문난적 관계라면 공존하는 것이 존경스럽다. 인도에는 워낙 다양한 민족과 종교가 있다 보니 터득한 삶의 지혜다.

세 종교의 석굴을 다 보기에는 시간이 부족해서 우리는 어려운 선택을 해야 했다. 몇 개의 대표적 굴만 보면서 세 종교의 굴을 다 섭렵할 것인가, 하나를 포기하고 두 종교의 굴을 빠짐없이 볼 것인가? 하나를 포기한다면 어느 종교를 포기할까? 하나를 같이 보고 나머지 두 개는 두 팀으로 나눠서 사진을 찍고 서로 브리핑을 해주는 방법도 있다. 제일 합리적인 방법인데, 왠지 그때는 그런 방법을 쓰면 안 될 것 같았다. 신성한 지역에 오니 이해관계보다는 의리를 중시하게 되나 보다. 그래서 아잔타가 있으니 불교 석굴을 포기하고 힌두교와 자이나교 석굴을 돌기로 했다. 인도에 있을 때는 이 결정을 한 번도 후회하지 않았다. 그러나 한국에 돌아와서 생각해보니 두 팀으로 나눌 걸 하는 후회가 든다. 세속적 인간이 되면 신앙인의 순수함이 어리석게 보이는 것도 세상의 진리다.

16굴 카일라사(Kilasa) 사원은 힌두교 사원으로 엘로라 최고의 사원이다. 카일라스는 시바가 태어났다는 전설의 수미산을 뜻한다. 이 사원은 수미산을 재현한 것이다. 수미산은 티벳에 있는데, 만년설에 덮인 산이 동그랗게 돌출해 있다. 보는 각도에 따라 모양이 다르기는 하지만 똑같지는 않아도 느낌이랄까 실루엣이 주는 이미지가 비슷했다. 우연이 아니라 수미산을 보고 아는 사람이 만든 설계임은 분명한 듯하다. 다른 석굴들은 동굴을 파고 들어가면서 기둥을 만들고 석상을 조각한 것이지만 카일라사 사원은 바위산 전체를 위에서 아래로 깎아내리면서 3층 건물을 만들었다. 중앙의 사원은 깊이 86m, 너비 46m, 높이 35m다. 좌우 암벽에는 다시 굴을 파서 회랑을 두르고, 2층에 동굴사원을 또 조성했다.

카일라사 사원 뒤쪽 정
상에서 내려다본 모습

　　바위를 위와 밖에서 깎아내서 만든 건물임에도 불구하고, 구조는 복잡
하고, 지붕과 벽면 기둥에는 수많은 조각과 부조가 돌출해 있다. 정상적
으로 석재를 쌓아 건축하고 조각을 외벽에 붙였어도 쉽지 않았을 복잡한
건물인데, 이걸 어떻게 만들었는지 모르겠다. 그래도 방법은 있다. 사원은
바위산 뒤로 올라 전체를 빙 둘러 위에서 조감하며 볼 수 있는데, 동쪽 기
슭에 오면 조성하다가 만 사원이 있다. 이것을 보면 위에서 파고 내려와
수평으로 터를 잡고, 바위에 모눈종이 형식으로 줄을 새겨 공간을 구획한
다음에 위층부터 파고 내려갔다. 그래도 3D 조감도도 볼 수 없던 시절에
이런 작품을 만들 수 있다는 것이 놀랍다.

　　사원은 안으로 들어가서 볼 수도 있지만 깎아낸 바위산 뒤쪽으로 올라
가 사원 전체를 내려다볼 수도 있다. 수직의 바위절벽이 제법 아찔하다.
한국 같으면 안전사고를 우려해서 강철 울타리를 쳤겠지만, 여기는 그런
것 없다. 다만 시멘트로 10~20cm 정도 둔덕을 쌓아놓은 것이 전부다. 그

것도 바위처럼 색을 칠해 멀리서 보면 자연스런 둔덕 같다. 이젠 나이가 들어서 가능하면 위험한 짓을 안하려고 했는데, 사진을 찍으려다 보니 몸을 절벽 위로 내밀게 되었다. 이제는 전처럼 날렵하지도 않고, 절벽에 매달리면 몸을 끌고 올라올 팔힘도 없는데, 아직도 산에만 가면 절벽에서 객기 부리는 습관을 못 고쳤다.

그러나 카메라 들고 위험한 짓 하기는 김태완 선생도 마찬가지다. 김 선생 부인인 윤성재 선생이 이 장면을 보고 가슴이 떨려 아예 몸을 돌렸다. 진정시키는 데 한참이 걸렸다. 우리는 이런 게 진정한 프로정신이라고 우기지만-사진 전문가도 아니면서 말이다- 사실 이런 장면은 하는 사람보다 보는 사람이 더 끔찍해하기 마련이다. 나도 찍을 때는 아무렇지도 않았는데, 다음 날 아침 잠결에 우연히 그 장면이 떠오르자 다리가 시큰거렸다.

카일라사의 지붕에는 여러 마리의 사자가 으르렁대고 있다. 하나같이 앞발 하나를 들고 있는데, 사자의 주특기가 앞발로 펀치를 날리는 것이다. 당장 공격할 듯 포효하는 사자를 묘사하기 위해 그런 것 같다. 이 사자상이 중국으로 유입되어 사자상 하면 중국을 의미할 정도로 대대적으로 히트를 쳤다. 거제도 포로수용소에 중공군 포로구역이 있는데, 그 입구에도 중국인 병사가 사자상을 만들어 세웠을 정도이다. 중국 사자는 한쪽 발을 들고 새끼를 누르고 있다. 사자는 앞발바닥에 젖꼭지가 있기 때문이라고 한다. 그 설명이 영 어색하고 이해가 가지 않았는데, 그 이유를 오늘 알았다. 원래 인도의 사자상은 무섭게 보이기 위해 앞발을 들었다. 사자는 아니지만 괴수상은 항상 발밑에 사람을 두고 있는데, 보통은 병사가 밑에서 괴수를 찌르며 싸우는 모습이다. 중국은 유교국가답게 사자의 무서움이나 전투의 상징을 모자의 정을 표현하는 모자상으로 바꿨다. 아니면 출세욕을 상징하는 여의주를 누르는 모습이 되었다. 요즘은 다시 제국이 되고자 하는 중국의 욕망을 반영하듯이 지구로 바뀌었다.

사원의 조각과 기둥, 벽면은 원래 채색이 되었던 것이다. 아주 조금씩 그 흔적이 남아 있다. 벽화도 조금 남아 있는데, 고대 벽화치고는 정말 수

사자상 왼쪽은 카일라사 사원 천정에 있는 네 마리의 사자상, 오른쪽은 거제 포로수용소 내의 사자상

준이 높다. 현대인들은 이런 석조 유적을 보면 순수함과 소박함부터 떠올린다. 그러나 그건 큰 착각이다. 외계인이 수천 년 후에 지구에 와서 벽지와 장판, 인테리어와 가구가 모두 사라진 빈 아파트 건물을 보고 지구인들은 참 소박하고 시멘트 색을 좋아했다고 말하는 격이다. 벽면에 남아 있는 색조의 흔적을 보면 이곳은 심할 정도로 컬러풀했던 곳이다.

현대인들은 기술의 발달로 다양한 색을 구현하게 되었고, 예술작품이나 건축이라면 무게감 있는 색조가 어울린다고 생각한다. 그러나 염료와 기술에 제한이 많았던 고대와 중세 사람들은 현대인들이 보기에는 좀 싸게 느껴지거나 경박해 보일 정도로 채색을 했다. 미켈란젤로가 그린 성 시스티나 성당의 벽화는 오랫동안 중후하고 무게감 있는 색조로 현대인을 사로잡았다. 그러나 그건 긴 세월 때가 타고 변색된 덕이었다. 예전에 첨단기술로 때를 벗겨내고 원 모습을 복원했더니 색조의 얇음과 가벼움에 사람들이 경악했던 적이 있다. 담징이 호류지에 그린 금당벽화도 원래 색은 엽서에 주로 등장하는 짙은 색조가 아니다. 그것도 그을음이 앉아서 그렇게 된 것이다. 컴퓨터 그래픽으로라도 카일라시 사원의 원모습과 색채를 복원해 보면 어떨까 싶다. 몇 년 내로 그런 날이 오려나.

이 사원은 거의 100년 동안 지었다. 그래도 약간 미완성으로 남았다. 3층부터 건축이 되었기 때문에 3층의 완성도가 제일 높고, 2층, 1층으로 내려오면 조금씩 미진한 부분이 생겼다. 덕분에 사원의 얼굴이라고 할 수 있는 입구 부분이 제일 미완성이고, 천정 꼭대기가 최고 걸작이다.

조각도 아래쪽으로 올수록 손상을 입은 것이 많다. 그래도 90% 이상 완성되었던 사원이라 미완성 부분은 아주 미세하게 남아 있다. 어떤 방은 벽만 조성하고 실내장식을 못했고, 간간이 난간을 새기다 말거나 간략하게 한 곳, 기둥에 스케치만 했거나 조각을 하다가 만 곳도 있다. 막상 이런 것을 찾아내려면 상당한 눈썰미가 필요하다. 솔직히 말하면 나는 하나도 찾지 못했다. 여기에 든 사례는 전부 노혜경 선생이 찾은 것이다. 인도 답사 내내 발휘한 이 탁월한 능력에 다른 일행들도 다 놀랐다. 도대체 비법이 뭔지 모르겠다. 나하고 비교해 보자면 학창 시절의 성적이 월등히 좋았다는 것 (거의 더블 스코어더라는!)과 라식 수술을 했다는 것뿐인데 말이다.

미완성의 부조

회랑에는 시바, 비슈뉴와 같은 힌두의 신들과 인도의 대서사시 《라마야나》에서 채용한 모티프가 부조로 표현되어 있다. 여기 아니라 다른 곳에서도 주인공이 활을 겨누고 있는 장면은 거의 전부가 《라마야나》의 클라이막스인 주인공 라마가 불사의 악귀 라바나를 활로 쏘아 죽이는 장면이다. 인도나 캄보디아 동남아권을 여행하려면 《라마야나》의 기본적인 스토리는 알고 가는 것이 좋다. 그렇다고 일독을 권하는 것은 아니다. 전문이 번역되어 있지도 않지만, 인도의 상류층은 정말 심심했는지, 세계 최고의 장편 중 하나다. 그래도 요약본도 있고, 기본 스토리는 간단해서 조금만 알고 보

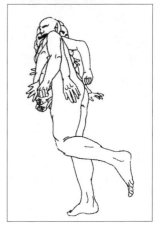

라바나

면 재미난 요소와 표현들을 많이 찾아낼 수 있다.

인도의 사원 관람은 한마디로 숨은그림 찾기다. 예를 들면 가끔 절반 정도 파괴된 부분이 있어서 무엇을 묘사한 것인지 알 수 없는 것이나 손에 들고 있는 것이 몽둥이인지 검인지 모를 부조들이 있다. 이런 형체를 알 수 없는 조각을 보면 전문가가 아니라도 좀 짜증이 난다. 하지만 실망하지 말자. 그런 것을 기억하고 돌아보면 어디선가 같은 부조가 반복되거나 선명한 부조가 있다.

미인상 엘로라 서쪽 석굴

인도의 석굴 조각에서 또 하나의 숨은그림 찾기는 시도 때도 없이 등장하는 에로틱한 부조들이다. 미투나라고 하는 이 조각들은 크기와 종류도 다양한데, 도대체 왜 저런 엄숙한 자리에 저런 것이 있을까 싶을 정도로 갑자기 툭 튀어나온다.

그런 부조로 유명한 곳이 카주라호의 사원이지만 엘로라와 아잔타에서도 간간이 찾을 수 있다. 우리가 농담처럼 내린 결론은 인도는 문맹률이 높아서 그림으로 교리를 전파하기 때문에 신상들을 하나도 빠트리지 말고 열심히 보게 하려고 곳곳에 숨겨놓은 것이 아닐까라는 것이었다. 허무맹랑한 농담으로 시작한 이야기였지만, 이

후 카밀라나 다른 곳에서 이런 조각들을 보면서 이 생각이 짐점 확신으로 바뀌었다. 뭐 최소한 현대의 관광객에게라도 말이다.

에로틱까지는 아니라도 신장개업한 가게에서 이벤트 걸 배치하듯이 시선을 유혹하는 미인상이 곳곳에 있다. 불교의 부처상은 좌우에 다른 부처를 두거나 관음보살을 두고 있지만 힌두교의 신들은 하나같이 관능적인 여인을 옆에 두거나 미인의 시중을 받고 있다.

아래쪽 회랑의 부조를 다 보고 다시 서쪽 회랑 2층으로 올라갔다. 1층 회랑이 발코니 같은 곳이라면 2층은 진짜 석굴이다. 손전등이 없으면 걷기가 힘들 정도로 어둡고 이상한 냄새가 났다. 어둠 속을 자세히 응시하면 무언가 날라가는 것이 보인다. 박쥐다. 냄새의 주범이 박쥐였다. 동굴 안쪽, 석실 깊은 곳은 박쥐로 꽉 차 있다. 카메라 플래시를 한 번 터트렸더니 잠을 깨웠다고 꽤나 찍찍거렸다. 그래도 벌집을 건드린듯 떼로 날아다니거나 난동을 부리지는 않았다. 인도의 동물답다.

카일라사 사원을 나와 서쪽으로 죽 가면 29굴까지 힌두교 사원 석굴이다. 카일라사 석굴만한 것은 없지만, 엘레판타 섬에서 본 듯한 크고 작은 전형적인 동굴사원들이 이어진다.

사원의 크기와 형식은 다양하지만 전형적인 양식은 입구에 보통 그리스식 영향이 강한 열주가 있고, 로비 부분의 좌우 벽면에 조각을 했다. 입구에 난디라고 불리는 황소상을 놓은 곳도 있는데, 이런 곳은 시바 사원이다. 시바가 타고다니는 동물이 황소다. 이 황소 이름이 난디다. 때로는 공작도 탄다. 조각에 황소나 공작이 있으면 시바 신이다. 기둥에도 지붕과 만나는 부분에 지붕을 받치는 역사나 미인상을 조각한다. 실내로 들어가면 사원 천정에는 흔히 연꽃을 상징화한 조각이 있고, 방에도 조각이 있다. 그리고 가운데에 중심이 되는 석실이 있다.

석실 중심에는 대개 신상이 있거나 신상 대신 돌로 만든 반원형의 둥근

석굴 안에 있는 링가와 사
원 앞의 수조

원통이 놓여 있다. 이것을 링가라고 하는데, 앞으로 많이 볼 수 있는 힌두
교의 중심신앙이다. 힌두교는 아주 원초적인 종교라고 말했는데, 이 요상
한 물건은 남성의 생식기를 상징한다. 소위 남근 숭배사상이다. 내가 과
문한 탓인지 모르지만 우리는 남근 숭배사상에 대해 실제 의식의 내용과
상징의 매커니즘은 모르고 남성우위의 사회, 가부장적 사회의 산물이라
는 등 형이상학적 결론만 외우고 살았다.

　인도에서는 링가 의식도 아주 노골적이다. 링가 주위에는 둥근 수로로
감싸고 있는 경우가 많은데, 이건 요니라고 하며 여성이다. 즉 성교를 형
상화한 건데, 이것이 의미하는 바는 생명 내지는 탄생이다. 단 추상화되고
고고한 생명이 아니라 아주 현실적이고 절박한 생명, 아니 생존욕구에 가
깝다. 농경사회에서 생명과 탄생은 출산이 아니라 수확을 의미한다.

　인간은 먹어야 살 수 있다. 종교에서 내세가 중요해진 것은 현실사회에
서의 문제가 어느 정도 해결된 다음이다. 생존이 절박했던 원시시대, 종교
의 탄생에서 제일 중요했던 것은 현실의 생존이었다. 그러면 곡물의 수확
과 생존을 결정하는 제일 중요한 것은 무엇일까? 물이다. 링가 주변의 수
로는 여성을 상징하기도 하지만 물로 형상화된 생명을 대지로 흘려보내
는 역할도 한다. 자세히 찾아보면 링가 뒤로 수로가 파여져 있고, 그 수로
가 밖으로 연결되는 것을 곧잘 발견할 수 있다. 그리고 사원 밖에는 항상
돌로 만든 작은 풀이나 우물 같은 것이 있는데, 의식에서는 링가에 물을

① **링가 의식을 묘사한 카주라호 사원의 부조** 좌측의 사람이 링가 위에 일산을 받쳐들고, 우측의 사람들이 차례로 링가에 물병의 물을 붓고 있다.

② **링가와 불상의 결합** 산치 대탑 입구에 있다.

③ **링가와 신의 탄생 이미지를 결합한 카일라사 사원의 부조** 신이 링가를 가르고 나오는 모습으로 형상화되었다.

④ **앙코르와트의 링가** 국왕이 이곳에서 의식을 행했다.

붓고(우유나 치즈를 붓기도 한단다) 이 물이 수로를 지나 풀에 모였다가 대지로 흘러간다. 인간의 생식이나 농작물의 결실의 원리가 똑같다고 보고 여기에 신의 능력을 더하는 거다.

　놀랍게도 이 링가 의식의 기원은 신석기 시대부터였다. 델리 박물관에 가면 기원전 4천년 전에 조성된 모헨조다로 유적에서 발견된 링가가 전시되어 있다. 중국과 조선에서 이런 수준의 의식은 민간신앙에서나 남았는데, 인도와 동남아에서는 중세까지도 국왕과 최고의 사제가 집전하는 국가적인 종교의식으로 남았다. 캄보디아의 앙코르와트에도 국왕이 직접 집전하던 시바 신전과 링가가 있다. 힌두교와 인도의 불교에서도 링가를 탄생과 생명의 상징으로 채용하고, 자신들의 종교적 상징과 결합시켰다. 소승불교와 대승불교의 차이는 이런 원초적이고 노골적인 욕망을 교리와 의식, 상징에서 제거해 내고 보다 사변적이고, 좋게 말하면 궁극적이고 내세가 가미된 고급논리로 변화시키느냐인 듯하다. 그렇다고 소승은 저급하고 대승은 고차원이란 의미는 아니다. 그것은 기호의 차이다. 또 초기 힌두교나 불교에 궁극적, 사변적 사유가 없었다는 것도 아니다. 일반화되고 대중적인 차원에서 그런 요소가 보다 두드러진다는 의미다.

인도의 사원, 정신이 아니라 욕망의 상징

30~34번 굴은 자이나교 사원이다. 볼 만한 것은 32번과 33번 굴이다. 자이나교는 붓다와 동시대인이라고 전해지는 바르다마나(Vardhamana)가 창시한 종교로 기원전 9세기경에 출현했다. 불교와 마찬가지로 카스트를 부정하고 금욕과 수행을 요구하지만 불교보다 더 센 고행과 계율을 요구한다. 금욕과 무소유를 위해 나체 수행을 요구하는 종파도 있다. 살생금지도 불교보다 더 철저하다. 수행자들은 털이개 같은 것을 가지고 다니는데, 앉을 때 벌레나 미생물을 죽이지 않기 위해서란다. 물 속의 생명을 죽이지 않기 위해 절대 물을 밟지 않는다. 그렇게 따지면 땅에는 미생물이 없냐고 반문할 수도 있지만, 건기에는 강물과 하천이 거의 메말라 버리는 인도라 물을 땅보다 더 고귀하게 여겼던 것 같다.

32번 굴에 들어가면 대뜸 현란한 부조와 우측에 있는 거대한 코끼리 상이 눈에 들어오는데, 더 주목되는 것은 왼쪽에 있는 원주다. 그리스식 형태와 장식이 들어간 원주 위에 등을 맞대고 사면불이 앉아 있다. 이것을 보자 대뜸 경주 남산의 용장사곡 석불좌상이 떠올랐다. 시대가 좀 맞지는 않고, 모양도 같다고는 할 수 없지만, 인도에 있던 이런 형태의 원주가 신라에 전해진 것은 아닐까? 원주형 기둥 위에 원형의 테를 두르고, 그 위에 불상을 모신 용장사지 석불대좌는 한국에서 유일하다고 할 정도로 독특한 것이다.

《삼국유사》에 신라 경덕왕 때 고승인 태현 스님이 이 석불 주위를 돌면 석불도 대현을 따라 같이 돌았다는 설화가 있다. 이 독특한 모양 때문에 생긴 전설이 틀림없다. 1989년인가 사학과에서 경주 남산으로 답사를 갔다. 나는 대학원 조교로 학부답사를 따라갔다가 이 대좌를 처음 보았다. 이번에 답사를 함께 한 노혜경 선생이 그때 학부생이었는데, 아마 본인의

엘로라의 사면불이 올라가 있는 원주(좌)와 용장사곡 석불좌상(우)

첫 답사였을 거다. 모양이 독특해서 당시에는 이 대좌가 탑이냐 대좌냐를 두고 논쟁이 있었던 기억도 난다. 좌우간 디자인이 정말 신기하다고 생각했고 오랫동안 머리 속에 궁금증으로 남았는데, 25년이 지난 지금에야 인도에 와서 겨우 단서 비슷한 걸 찾았다. 내가 공부가 부족했던 걸까? 세계를 돌아다니는 것이 너무 뒤늦은 건가?

자이나교가 나체수행을 하다 보니 자이나교 사원에서는 신상과 불상도 간간이 나체로 만든다. 색까지 칠해 아주 리얼하다. 불교도 가끔 나체 불상을 만들지만, 금욕을 상징하기 위해 성기는 아주 작게 만든다. 자이나교는 불교보다 더 강한 금욕주의이므로 아주 쪼그러뜨려야 할 것 같은데, 나체수행을 강조해서 그런지 불상과 모든 동물 조각에 민망할 정도로 성기를 듬직하고 분명하게 묘사한다. 뭔가 아이러니하지만 현실이 그렇다. 하여간 나체상의 규모나 중요 부위의 크기가 불교와 자이나교 사원을 구분하는 중요한 기준이다.

2층으로 올라가면 석굴 내부가 제법 깊고 크다. 이곳은 불상과 기둥의 장식도 화려하고 정교하며, 채색도 잘 남아 있다. 많은 석굴사원을 보았

지만, 상당히 인상 깊은 곳이었다.

자이나교에 대한 이야기를 들으면서 나체수행은 그저 옛말인 줄 알았다. 그런데 웬걸 32굴에 자이나교 나체수행자가 살고 있었다. 처음에 이 양반이 2층에서 내려오는 것을 보고는 눈을 의심했다. 사진을 찍을까 했지만, 차마 카메라 셔터를 누를 수 없었다. 그러나 정작 이 양반은 당당했다. 정면으로 서서 주변 사람들을 보고 스스럼없이 사진도 함께 찍자고 부른다. 몇 명이 도리질을 하고, 여 선생들은 도망쳤다(그런데 나중에 보니 그 와중에도 찍을 건 다 찍었더라). 그러자 이 양반 눈치를 챘는지 자이나교 수행자의 상비품인 털이개 같은 것으로 가리고 앉았다.

나도 용기를 내서 셔터를 눌렀는데, 카메라 셔터가 오작동을 했다. 그 전부터 지금까지 그런 적이 없는데, 딱 그 순간만 카메라가 촬영을 거부했다. 매사에 재빠른 김태완 선생만 앞으로 가서 사진을 찍었다. 그러자

자이나교의 나체수행자

수행자 양반이 즉시 손을 내밀며 사례를 요구한다. 수행자를 가장한 걸인에게 속은 느낌이 들었는데, 가이드 분 말로는 진짜 수행자가 맞다고 한다. 나중에 깨달았지만 관광지에서 만나는 사람은 걸인이고 사제고 브라만이고 관리고 간에 팁 없이 그냥 넘어가는 법이 없었다. 가끔 인도를 명상의 나라, 물욕을 초월한 고귀한 정신의 본고장인 듯 묘사하는 분이 있는데, 그건 인도의 겉모습에 물질문명에 지친 현대인의 욕구를 끼워넣은 것에 불과하다.

세상에서 제일 흔한 착각이 오른쪽 나뭇가지가 무성하게 뻗어나간 것을 보면 왼쪽은 가지가 적겠구나 하고 넘겨짚는 것이다. 그 다음 잘못은 오른쪽 가지를 좀 잘라주면 왼쪽이 잘 자랄 것이라고 추정하는 것이다. 나뭇가지는

얼마든지 양쪽으로 무성힐 수도 있고, 오른쪽을 잘라낸다고 왼쪽이 성장한다는 보장도 없다. 인도에 대한 착각이 딱 이런 식이다. 인도가 요가의 본고장이고 정신과 명상을 좋아한다고 하면 그 반대편인 욕구와 물욕, 현대인의 분주한 모습은 없을 것이라고 넘겨짚는다. 전혀 그렇지 않다. 정신을 수련하면 육체와 물욕에 대한 관심이 줄어들 것이라고 생각하는 것도 착각이다. 정신과 육체는 유기적으로 연결되어 있다. 주식투자를 할 때도 먼저 마음을 다스려 평정심을 유지해야 냉철한 판단을 할 수 있는 법이다.

인도 사람들이 조깅이나 축구 대신 요가로 체력을 관리하고, 나무 그늘에 앉아 대화와 명상을 즐기는 것은 그들이 욕망을 접고 세속을 멸시해서가 아니라 이 나라가 워낙 덥기 때문이다. 지주는 나무그늘에 앉아 벌판에서 일하는 농부를 감시한다.

나무그늘에 앉아 몸을 비틀고, 대화를 즐긴다고 해서, 가진 살림살이가 물통과 청동기 시대부터 사용한 옹기뿐이라고 해서, 욕망이 없고, 물욕에 초연해지지는 않는다. 그것은 모두 현대인의 감정이입이자 착각, 혹은 궤변이다.

인간의 원초적 본능은 욕망이다. 우리가 관광지만 돌아서 그런 사람들을 더 많이 만났던 탓일 수도 있지만, 사원의 조각을 봐도 인도인들은 인간을 일탈한 것이 아니라 인간의 본연적 욕구에 아주 충실한 것이 분명하다.

| 임용한 |

다울라타바드, 일본성이 왜 여기에

웅장하고 스케일이 있으면서도 흥미로운 요새인 다울라타바드(Daula tabad)는 1187년 야다바 왕조의 수도로 건설한 성곽도시다. 야다바 왕조가 망한 후 방치되었는데, 1327년 투글루크 왕조의 2대 술탄 무하마드 이븐 투글루크가 몽골족의 위협을 피해 델리에서 1000km가 떨어진 이곳으로 천도했다가 7년 만에 환도했다. 1435년 알라 웃 딘이 이곳을 정복하고 찬드 미나르(달의 탑)라고 불리는 높이 60m의 전승기념탑을 세웠다. 정상에는 치니 마할(Chini Mahal)이라고 불리는 모스크가 있는데, 골콘다 왕조의 마지막 왕이 1699년 죽기 전까지 유폐되었던 곳이다.

성은 대개 12세기에서 16세기 사이에 쌓은 성이다. 전 세계적으로 이 시기에 세운 성이 멋있다. 그 이전의 성은 기술력이 떨어져 단조롭다. 17세기 이후는 대포가 보편화되면서 탑과 같은 성의 아름답고 낭만인 부분과 아기자기함이 사라지고 견고하고 투박한 콘크리트 요새가 되었다(우리나라 성은 이렇지 않다).

한때는 수도였던 곳이라 도시 구역이 대단히 넓다. 그래서 넓게 외성을 두르고, 안쪽으로 이중 삼중으로 중성을 둘렀다. 그러나 외성 구역은 많이 허물어졌다. 다행히 입구와 중앙 부분은 잘 남아 있다. 그런데 처음 입구에 도달해서는 조금 실망했다. 멀리서 보았을 때는 난공불락의 요새 같았는데, 와서 보니 성벽(외성)이 10m 미만으로 그리 높지 않고, 설계도 기본은 갖추었지만 교과서적이고 평범한 것 같았다. 돈대가 둥근 형태인 것으로 봐서는 화약무기가 나온 대략 13세기 이후에 개량이 된 형태 같기도 하다.

평범하다고 했지만 뭔가 특별한 것이 없다는 의미지 기본은 잘 갖추었다. 성문은 이중문이다. 성문 안쪽 천장에는 첫 번 성문을 돌파하고 안으로 들어온 적을 공격할 수 있는 구멍이 뚫려 있다. 성문 안쪽으로 들어가면 길을 좁게 하고, 좌우로 성벽 같은 축대를 세워 협공이 가능하게 했다. 우리나라에

다울라타바드 전경

는 이 정도 성도 드물지만 역시 특별한 임펙트는 없어 보인다. 그러나 좀 더 안으로 들어가 뒤에서 보니 1차로 성문을 돌파한 적을 협공하기 위한 탑과 협공 시스템이 정교하게 갖추어져 있다. 좌우로 협공할 뿐 아니라 탑 같은 시설을 두어서 위에서 이중 삼중으로 공격하게 했다. 그런데 탑이 허물어지고 해서 밖에서는 그것이 잘 보이지 않았던 거다. 나는 사람들을 의식하고 잘난 척을 해보려는 감정이 들어가면 꼭 이런 실수를 한다고 속으로 반성하면서 성급했던 견해를 수정했다. "괜찮은 성이군요. 다만 뭔가 좀 특별하고 무시무시한 시설이 없는 것이 아쉽습니다." 그러자 가이드 분이 다시 충고를 했다. "안으로 가시면 원하시는 대로 계속 무시무시해집니다." 나중에 나는 잘못을 인정하고 반성을 하려면 미련을 남기지 말고 확실히 해야 한다는 교훈을 추가로 얻었다.

성문을 지나면 삼중으로 된 중성을 지나 내성으로 가는 길이 직선으로 뚫려 있다. 이 길은 수레가 교차할 정도로 좁고, 좌우로 성벽 같은 축대가 솟아 있다. 외성은 주거지와 사원이 있는 부지이므로 건물이 들어서는 부지는 기단을 높이고 통로는 마치 하수도처럼 부지의 축대 아래로 낮게 내어서 통로 좌우로 성벽을 쌓은 효과를 냈다. 건물들이 남아 있었다면 좌우 성벽의 압박은 훨씬 컸겠지만, 지금은 건물도 없어지고, 축대에 해당하는 성벽이 많이 허물어져 위협적으로 느껴지지 않는다.

내성이 있는 해자 입구까지 두 번 성문을 지난다. 성문은 모두가 이중문

이고, 안쪽 문은 성문의 앞이 아니라 우측에 있다. 성문을 통과하면 바로 직진하는 것이 아니라 우측으로 회전해서 다시 성문을 통과해야 한다. 병력 집결을 방지하고, 성벽 위의 수비대에게 공격군이 측면과 뒤를 노출하도록 만든 설계다. 성문 안쪽 방벽에는 다락 같은 공간이 있는데, 이것은 수비대가 엄폐해서 성문으로 들어오는 적을 공격하거나 무기를 장치하던 공간인 듯하다.

성문에도 사람이 허리를 굽혀야 들어갈 수 있는 작은 쪽문을 달았다. 큰 성문은 열고 닫기가 힘들고 자꾸 열었다 닫으면 부하가 걸려 빨리 망가지므로 평소에는 닫아 두고 소문을 이용하는 경우가 많다. 그래서 이 소문을 통행용 소문으로 착각하기 쉬운데, 이 문의 용도는 통행용이 아니다. 통행용치고는 너무 작고 문턱이 높다. 성문을 닫으면 아군도 적의 정면에 공격을 할 수 없다. 이 문은 성문을 닫은 상태에서 적군을 공격하기 위한 시설이다. 소문을 열고 작은 대포를 발사한다. 공격군의 정면으로 산탄을 때릴 수도 있고, 공성구를 파괴할 수도 있다.

지금까지 본 구조물들은 일본에서 본 왜성과 너무나 닮았다. 그러면 왜성

이 인도의 성을 모방한
것일까? 돌아와서 그 이
야기를 했더니 성에 대
해서 좀 아는 분들은 무
척 좋아했다. 일본인들
이 왜성을 독창적인 설
계라고 자랑하기 때문
이다. 그럴 수도 있지만,
인간의 생각은 비슷하
므로 동시다발적으로
발생했을 수도 있다. 그
리고 일본인들은 이 이

다울라타바드(좌)와 일본 왜성(우) 성벽 위에 작은 방을 돌출시켜 아래의 적을 공격하게 한 다울라타바드의 구조(ⓒ김태완)와 일본 히메지 성에서 볼 수 있는 같은 모양의 시설

야기를 들으면 분명 왜성이 인도까지 수출되었다고 우길 거다.

　여기까지만 해도 무시무시한 구조라는 느낌은 없었다. 기본을 잘 갖추
었지만, 전체적으로 성이 너무 넓고 성벽이 그리 높지도 않으며, 방어시설
은 성문에 집중되어 있다. 성문만 피하면 평범한 성이며, 공격 포인트가 너
무 많다. 그러나 바위벽으로 된 내성에 들어서면서 생각이 바뀌었다. 진짜
요새는 지금부터다. 바위산을 깎아 만든 성벽은 수십 미터는 되는 수직절
벽이고 그 아래로 해자가 파여져 있다. 해자가 조금 좁다는 느낌은 들지만,
이 바위성벽에는 발을 붙일 곳이 없다. 여기서부터 설계도 더 꼼꼼해진다.
해자를 건너는 다리는 관람을 위해 새로 놓은 것이다. 원래 통로는 사람 한
명 지날 정도로 좁고 수평으로 놓지 않고 45도로 내려갔다가 다시 올라온
뒤 좁은 지하도를 통해 올라오게 했다. 지하실 입구 같은 이 구조는 공격군
이 문을 열고 들어오는 것이 아니라 땅 밑에서 위로 올라오는 구조이기 때
문에 수비대가 네 방향에서 공격할 수 있고, 흙이나 바위, 기름을 부어 입구
를 봉쇄해 버리기도 쉽다. 여기서부터는 경사가 급해서 모든 출입구가 안
쪽에서 보면 다 이런 구조로 되어 있다.

터널 출구와 그 옆에 뚫어
놓은 또 다른 통로 입구

해자를 지나 내성으로 들어가려면 다시 좁은 그러나 위에서는 훤히 보이는 회랑을 지나 바위벽에 뚫은 동굴을 통과해야 한다. 동굴은 계단인데, 공격군을 힘들게 하려고 여기저기 꺾이고, 중간중간에 구멍을 뚫어 계단을 올라오는 적을 위에서 아래로 공격할 수 있게 했다. 이 구멍으로 기름이라도 들이붓는다면 꼬불꼬불한 계단으로 길게 늘어선 적군은 모조리 전투 불능의 화상을 입을 거다. 기름이 떨어질 때까지는 이곳을 통과할 방법이 없어 보였다.

더 놀란 것은 긴 터널을 통과해 마침내 내성 안쪽으로 나온 뒤였다. 출구 뒤쪽에 사람이 기어들어갈 만한 구멍이 하나 있었다. 철망으로 막아놨는데, 내 추측으로는 터널로 들어오는 적을 공격하는 구멍이 더 있고, 이 통로는 그곳으로 연결되는 비밀통로인 듯하다. 우리가 본 공격구멍은 적이 그곳까지 진입하면 공격을 중단시킬 수 있다. 그러나 이 비밀통로를 통해서 하는 공격은 계단을 완전히 통과해서 안으로 진입하기 전에는 어떻게 할 수가 없다.

터널을 나온 뒤에는 계단을 통해 산으로 올라야 한다. 중간에 또 차단 성벽과 문이 있다. 정상까지 오르니 정상 바로 아래 이슬람 왕조가 세운 모스크가 있다. 모스크 앞마당 또는 모스크 안에서 성의 전체 구조와 성 아래 데칸 고원의 전형적인 풍경이 적나라하게 펼쳐진다. 그 어디서도 이곳만한 전경을 볼 수 없었다.

여기서 보니 외성도 성벽이 이중구조고, 바위성벽 아래로 파인 해자가 아래로 내려가 다시 외성과 중성을 갈라놓고 있다. 평지의 성도 크게 세 구역으로 구분되어 어느 한쪽이 점령당해도 나머지 공간에서 단계적인 저항을 할 수 있게 해놓았다. 생각보다는 방어력이 치밀하지만 역시 너무 넓다는 생각이 든다. 내가 이런 걱정까지 할 필요는 없지만, 정말 전쟁이 벌어지면 해자 안쪽 중성에 병력을 집결시키는 것이 합리적일 듯하다.

그러면 왜 힘들게 외성을 쌓았을까? 상대가 약하고 병력이 충분하다면 외성에서 전투를 벌이는 것이 수비 측에도 좋다. 도시의 가옥과 재산을 보호할 수 있으니 말이다. 그런 이유가 아니라도 중요한 이유가 있다. 외성이 없으면 전쟁이 나면 주민의 가옥과 재산은 보호하지 않겠다고 선언하는 것이나 다름없다. 정말 전쟁이 벌어진 후에 외성을 포기하는 것은 전혀 별개의 문제다. 지도자가 주민을 보호할 의지조차 없다면 누가 믿고 따르겠는가? 그리고 적이 침공하면 적이 성에 도달하기도 전에 배신자가 나올 것이다. 성은 반드시 전투를 위해서만 존재하는 것이 아니다. 전술적으로 허약하고, 실제 전투에서 기능을 발휘하지 못할 것 같다고 생각하더라도 주민들은 성벽이 있어야 안심을 한다. 그것은 성의 기능의 문제가 아니라 지배층에 대한 신뢰의 문제이기 때문이다.

모스크 구경을 하면서 모스크가 끝인 줄 알았는데, 벽 바깥으로 위로 올라가는 작은 계단이 있다. 그곳이 최후의 아성인가 보다. 끝까지 가보기로 했다. 우리 팀에서는 이혜옥 선생님이 최연장자다. 당신 스스로 체력이 걱정이라고 했는데, 웬걸 어디서나 몸이 제일 빠르다. 앞장서서 계단을 오르던 이혜옥 선생님이 갑자기 소리를 질렀다. "이런 성이 또 있어."

정상은 100~200명 정도의 병력이 머무를 만한 평평한 공간인데 끝에 최후의 아성이 또 하나 있다. 그냥 전망대로 쌓은 것이 아닌가 했는데, 가까이 가보니 사각형의 보루는 지하실까지 갖춘 미니 요새다. 정상은 20명이 올라가면 꽉 찬다. 최후로 20~50명이 남았을 때도 항전을 계속하게 만든 시설이다.

정말 이 큰 도시가 50명이 남을 때까지 항전을 하겠느냐는 의문이 들긴 하지만, 전쟁사를 보면 최후의 1시간, 15분을 남겨 놓고 구원부대가 도착하거나, 마지막 공격, 최후의 공세에서 성이 함락되는 영화보다 더 극적인 장면이 의외로 많다. 그래서 군대고 인생이고 최후의 순간까지 끝까지 좌절하지 말고 포기하지 말라고 하는 것이다.

그런 순간이 안 온다고 해도 이런 악착 같은 방어구조는 장병의 정신교육과 자세에 산교육이 된다. 이건 전쟁에만 해당하는 진리가 아니다. 전투든 인생이든 이제 끝이라는 좌절과 공포가 밀려오는 순간이 결정적인 승리의 순간이다. 이것은 결코 군인에게만 해당하는 교훈이 아니다. 전쟁은 평생에 한 번 경험하기 힘들지만 인생에서 이런 순간은 무수히 찾아온다. 나 자신을 돌아봐도 조금만 더 버텼으면 되는 바로 그런 순간에 최후의 한 계단을 버티지 못하고 잘못된 결정을 내렸던 적이 여러 번 있었다. 그 마지막 인내의 부족이 인생의 여정을 수없이 바꾸었다. 돌이켜보면 지금 이 성을 오르는 순간에도 무한한 아쉬움이 명멸한다. 먼 타국에서 이런 생각을 하니 조금은 우울해졌다. 지나간 삶에 미련을 가지고 후회할 필요는 없지만 깨달음은 빠를수록 좋다.

난공불락으로 보이는 이 요새도 딱 한 번 함락된 적이 있다. 성이 뚫린 것이 아니라 배반자가 안에서 성문을 열어주었기 때문이다. 허탈하게 느껴지지만 잘 만든 요새를 정공법으로 공략하려면 엄청난 비용과 희생이 따른다. 성을 공략하는 제일 좋은 방법이 안에서 문을 열게 하는 것이다. 비열하다고 비난하는 사람도 있지만, 나 자신이나 내 아들이 난공불락의 성벽 앞에 서 있다고 생각해 보자. 손자도 말했듯이 전쟁에는 룰이 없고, 공격자의 입장에서 보면 그 방식이 희생도 제일 적은 최고의 방법이다. 그러므로 수비 측도 당연히 대비를 해야 한다. 배신자가 안에서 문을 열어주는 것이 아주 쉬운 방법같지만, 그것도 현대의 정보전처럼 보이지 않는 전쟁이고 치열한 승부의 결과다.

| 임용한 |

아우랑제브의 묘와 판차키

엘로라 석굴 관람을 마치고 점심을 먹은 뒤 다울라타바드로 향했다. 그러나 가는 길에 잠깐 아우랑제브의 묘에 들렀다. 아우랑제브는 무굴 제국의 6대 황제로 타지마할을 지은 샤 자한의 셋째 아들이다. 그는 부친을 축출하고 술탄이 되었고, 아우랑가바드로 수도를 옮겼다(아우랑가바드는 1653년에서 1707년까지 수도였다). 그리고 죽어서 현재는 인구 70만의, 인도 기준으로는 중소도시인 이 도시에 묻혔다. 아우랑제브의 무덤은 관광지로서는 별로 인기가 없다. 볼거리가 없다. 건설광인 부친 샤 자한의 엄청난 낭비와 그로 인해 초래된 국가의 재정파탄에 대한 반발로 아우랑제브는 대단히 검소하게 살았다. 그는 몸소 꾸란을 필사해서 용돈을 벌었고, 그

이티마드 웃 다울라에 안치한 후마윤의 장인 누르 자한의 묘

렇게 모은 돈으로 자신의 무덤을 세우게 했다.

이슬람의 왕이나 귀족의 무덤은 돌이나 대리석으로 석관을 짜고, 그것
을 지상에 두는 것이 전부다. 시신은 그 안에 두지 않고, 그 아래 땅 밑에
묻는다는데, 아무튼 땅 위에는 석관 하나가 혹은 석관의 뚜껑 부위만 덩
그라니 놓인다. 위대한 황제들은 그것이 초라해 보였는지, 그 관을 안치
하는 거대한 건물을 지었다. 대표적인 건물이 타지마할이다. 건물이 너무
크면 외로우므로 보통은 건물에 여러 개의 방을 만들어 일가친척의 석관
도 그곳에 안치한다.

그러나 아우랑제브는 모은 돈이 얼마 되지 않았던지 보통의 무덤처럼
덩그라니 석관 하나뿐이다. 묘 주변은 시골장터가 되었다. 지금은 그 앞
에 작은 모스크가 세워져 있는데, 평범한 시골의 작은 모스크다. 무덤은
하얀 천으로 덮여 있고, 관 위에는 꽃이 뿌려져 있다. 그것이 전부다. 검소
하게 지었다는 말은 들었지만 충격적일 정도다.

이 소박함을 본 사람은 백이면 백, 아우랑제브가 참 훌륭한 왕이었다고
생각할 것이다. 그러나 과연 그럴까? 피라미드나 타지마할 같은 대공사

가 백성에게 반드시 해로운 것은 아니다. 대공사는 수많은 사람에게 일자리를 주고, 세금으로 걷은 돈을 백성에게 환원하고 경제를 활성화시키는 역할을 한다. 그래도 빈민구제사업에 쓰면 더 좋지 않겠냐고 말하는 사람도 있는데, 제일 좋은 빈민구제사업이 바로 일자리를 만들어 내고 경제를 활성화시키는 것이다. 무상으로 제공하는 구제사업도 어느 정도는 필요하지만, 밑빠진 독에 물붓기에 불과하다. 그것으로는 사람도 사회도 변화시키지도 발전시키지도 못한다.

그러나 대규모 개발이든 공익사업이든 국가재정이 과도하게 탕진되면 당장 국방에 위협을 받고, 증세가 필요해진다. 여기서 백성의 불만이 싹트고, 나라가 어지러워진다. 무굴 제국에서 증세로 사회혼란을 초래한 사람은 샤 자한이 아니라 아우랑제브였다. 부친이 결딴낸 재정 때문이라고 할 수도 있지만, 아우랑제브에게에게도 큰 책임이 있다. 그는 건설을 중지시켰지만 건설보다 훨씬 많은 돈이 들고, 낭비적인 전쟁을 확대했다.

아우랑제브는 몸소 꾸란을 필사할 정도로 신앙심이 깊었지만, 통치자가 신앙심이 깊으면 더 위험할 수 있다. 정치가의 미덕은 유연성이다. 한

가지 원칙과 이념에 집착하면 적을 만들고 사회를 분열시킨다. 실제로 아우랑제브는 냉혹하고 가혹한 통치자로 악명 높다. 전쟁을 좋아하고, 패자에게 가혹하고, 지금까지 인도를 지켜온 종교에 대한 관용주의를 폐지했다. 당시 무굴 제국은 인도에서 아프가니스탄까지 포함하는 엄청난 대제국이었다. 그 안에 다양한 왕국과 인종이 살고 있었다. 이런 사회에서 종교탄압을 시행하고, 무슬림을 제외한 모든 타 종교인에게 부가하는 인두세를 부활시키자 전국에서 반란이 폭발했다. 샤 자한은 건설에 엄청난 돈을 썼지만, 그 돈은 인도 민중에게 갚고도 남았다. 어차피 많은 돈이 임금으로 지불되었고, 타지마할, 아그라포트, 붉은 성, 지마 모스크는 모두 세계적인 관광지가 되어 엄청난 수입을 인도에 주고 있다.

하지만 아우랑제브는 별로 남긴 것도 없다. 그는 검소하게 살았다고 하지만 국가는 더 가난해졌고, 무굴 제국은 그의 시대부터 진정한 쇠퇴의 길로 접어들었다. 그의 무덤도 우리 같은 사람이나 찾아와서 지역경제에도 별 도움이 안 된다. 아무리 신앙심이 깊어도 황제는 황제의 자세와 마인드를 지녀야 하는 법이다.

판차키(Panchaki)는 아우랑가바드에 있는 이슬람 사원이다. 이곳은 시간이 남아서 들른 곳이라고도 할 수 있다. 그러나 그건 돌아온 후의 생각이고, 우리는 보는 것에 탐욕스러워서 하나라도 더 보자는 의지가 충만했다. 그리고 그때까지는 이슬람 사원을 제대로 본 적도 없었다.

눈이 번쩍 뜨일 특별한 구경거리를 찾는다면 별로 갈 만한 데가 못 된다. 그러나 호기심이 넘친다면 봐서 손해볼 것도 없다. 인도에는 동네마다 수많은 이슬람 사원이 있다. 힌두교는 다신교이다 보니 한 마을에도 여러 신의 사원이 필요하다. 유명한 관광지를 돌다보면 결국은 모스크 구경을 하게 되지만, 우리는 관광지가 아닌 일상 속의 사원에 들어가 보고 싶었다. 그 기회를 주는 곳이 판차키였다. 판차키는 시골은 아니지만 도심보다는 호젓하고, 작은 성벽으로 둘러싸인 고풍스런 마을에 있다. 입구는 작은 하천이 마을을 감고 있고, 그곳에 성문이 있다. 옛날에는 하천을 해

자 삼아 성문을 둘렀던 마을이다. 이런 걸 보면 한국은 조선시대부터 치안왕국이다. 수천 번 외침을 받았네 어쩌고 해도 조선 500년간 전쟁을 겪은 시간은 10년 안팎이다. 18세기 이전에는 강력사건 한번 나면 나라가 발칵 뒤집히고, 떼강도가 뜨면 계엄령이 떨어질 정도로 조용한 나라였다. 그래서 읍성이 곳곳에 있어도 해자가 없는 곳이 70퍼센트가 넘고, 성도 거의 전투가 불가능할 정도로 형식적이었다.

판차키는 명물은 물레방아다. 사원에서 6km나 떨어진 캄 강에서 물을 끌어다 물레방아를 돌렸다. 하지만 그게 이유는 아니다. 1960년대까지는 방앗간 주인이 마을 유지였던 것처럼 옛날에 물레방아는 동서양에서 모두 마을 유지들이 운영하는 큰 사업체였다. 그러니 이 마을 생계가 판차키에 달려 있었던 셈이고, 종교시설이 경제를 쥐고 있었다는 말이 된다.

물레방아는 없어지고 저수시설만 남아 있다. 덕분에 좀 시원해서인지 피서 겸, 쉴 겸해서 의외로 신자와 인도인 관광객들이 쏠쏠하게 찾아온다. 신자들은 저수시설과 별도로 마당에 만들어놓은 풀에서 몸을 씻고 참배하러 들어간다. 그러나 우리 눈에는 그저 조용한 사원이었다.

| 임용한 |

TIP 무굴의 황제

자히르 알딘 무함마드 바부르(1483~1530년)

티무르의 5대손으로 징기스칸의 후예다. 안디잔(우즈베키스탄) 출신의 모험가로, 여러 차례 실패를 경험했으나 1504년, 결국 아프가니스탄 카불에서 왕국을 세우는 데 성공했다. 그곳에서 군대를 모아 1526년까지 인근 지역을 정복하고, 이후 로디 왕조를 공격하여 Mughal(蒙古)을 설립하였다.

후마윤(1508~1556년)

무굴 제국의 2대 황제. 1530년에 22세의 나이로 즉위하였다. 즉위 초기, 구자라트와 말와를 정복하였으나 1년여 만에 통제력을 잃었다. 아프간계 수르 왕조의 셰르 샤에게 1539년, 1540년 두 차례나 패하고 제국의 통치권을 잃었다. 사파비 왕조에게 몸을 피신한 후, 15년간 망명군주로 지내다 1555년 인도를 재정복해 다시 즉위했다. 델리 동남쪽 교외에 남아 있는 후마윤의 무덤은 인도 최초의 정원식 무덤이다.

악바르 대제(1542~1605년)

무굴 제국의 체제를 확립시키고 판도를 넓힌 3대 황제. 1556년 13세의 나이에 즉위하여 수르 족의 침공을 격파하고 1560년 섭정 바이람 칸을 추방하고 황제권을 확보했다. 권력 기반을 다진 악바르는 정복전쟁과 회유책을 동시에 펼치며 제국 확장에 나섰다. 군사적·경제적 요충지에 자리잡은 말와를 정복하고(1561), 아리안계 힌두교도들인 라지푸트 족에 대해서는 혼인정책으로 회유하여 무굴 제국의 영향권 안에 두었다. 악바르의 지배권을 인정하고 공납을 바치며 병력을 제공하는 수장에게는 혼인동맹과 함께 영지소유권을 보장해주었지만, 반항하는 수장은 패망시켰다. 1573년 악바르는 구자라

트(서부)를 정복하고 1576년에는 벵골 지방(북동부)을 병합시켰다. 이후에도 악바르의 군대는 1586년 카슈미르(북서부), 1591년 신드(인더스 강 하류), 1595년 칸다하르(아프가니스탄 남부) 등을 정복했다. 1600년대 초 악바르의 군대는 예로부터 남북 인도의 정치적·문화적 경계이자 장벽이었던 빈디아 산맥 남쪽으로도 진군하여 데칸 지역을 침공, 제국의 영역을 더욱 넓혔다. 무굴 제국 군사력의 강점은 포병의 화력과 기병의 기동력에 있었다.

누르 웃 딘 살림 자한기르(1569~1627년)

자한기르는 무굴 제국의 황제 가운데 최초로 인도에서 태어난 인물이다. 아명인 살림이라는 이름은 수피 샤이크 살림 치슈티에게서 따온 것이었다. 26세의 악바르는 후계자를 보지 못했기 때문에 종종 성자들을 찾아가 도움을 청했다. 샤이크 살림 치슈티가 세 명의 왕자를 얻는다고 예언을 했고, 1569년에 살림, 1570년에는 무라드, 1572년에는 다니엘이 태어났다. 자한기르 형제들은 새로운 수도인 파테푸르 시크리에서 길러졌다. 이는 왕자들을 각지로 보내 제국의 속령을 다스리게 한다는 투르크식 전통을 깨뜨린 것이었다.

1600년, 악바르가 원정 때문에 수도를 떠난 사이 살림은 알라하바드에서 반란을 일으켜 스스로 황제의 자리에 올랐다가 실패하였다. 1603년 할머니 하미다 바누 베굼이 죽은 것을 계기로 악바르의 궁정으로 돌아와서, 1605년 악바르 사후, 제4대 황제로 즉위했다(아들 호스로의 반란). 1611년 사파비 왕조의 귀족인 아사프 칸의 동생 누르 자한('세계의 아이'라는 뜻으로 자한기르의 스무 번째 아내)과 결혼한다. 자한기르가 말년에 정치에 흥미를 잃었을 때 누르 자한과 아사프 칸이 국정에 관여하였다.

샤 자한(1592~1666년)

무굴 제국의 안정과 번영을 이룬 5대 황제. 자한기르의 셋째 아들로 라호르에서 태어난 샤 자한(쿠람 시하브 웃 딘 무함마드)은 아버지와 할아버지의 가장 큰 총애를 받았다. 어린 시절부터 폭넓은 교양을 쌓았고, 10대 중반부터 원정에 참가하여 군사적 능력도 보여주었다. 16세 때 바부르가 세운 카불의 요새에 군사시설을 짓는 일을 책임졌고, 아그라 성의 건물들을 새로 축조하면서 건축에서도 일찍부터 재능을 나타냈다.

무굴 제국의 황위 계승은 장자에게 권리를 주는 방식이 아니었다. 전공을 세우고 권력투쟁에서 승리한 황자가 황위를 차지했다. 1617년 데칸 지역 원정에서 승리를 거두어 제국의 남쪽 변경을 안정시키는 데 큰 공을 세웠고, 자한기르는 그에게 '세계의 용맹한 왕'(샤 자한 바하두르)이라는 칭호를 내렸다. 1622년 샤 자한이 반란을 일으켰지만 자한기르는 마하바트 칸을 보내 이듬해 아들의 군대를 물리쳤다. 샤 자한은 데칸 지역에서 도망 다니다가 1625년에 겨우 아버지와 화해하였다.

샤 자한은 15세 때 당시 14세인 아사프 칸의 딸 아르주만드 바누 베굼(뭄타즈 마할)과 정혼하고 1612년 혼인했다. 뭄타즈 마할은 19년의 혼인 생활 동안 14명의 아이를 낳고 1631년 열네 번째 아이(딸 가우하라 베굼)를 낳다가 부르한푸르에서 세상을 떠났다. 당시 그녀는 데칸 고원 지역으로 원정을 떠난 남편을 수행하고 있었다. 샤 자한은 값비싼 자재들로 크고 화려한 묘역을 조성하기 시작했다. 중앙의 능을 완공한 것이 1648년, 묘역 전체는 착공 22년 만인 1653년에 완공되었다.

황위 계승을 위한 권력다툼은 그의 말년에 재현됐다. 1657년 그가 병고에 시달리는 사이 아들들이 피비린내 나는 권력투쟁에 나선 것이다. 1658년 권력투쟁에서 승리한 아우랑제브에 의해 아그라 요새의 탑에 감금되어 1666년 사망했다.

아우랑제브(1618~1707년)

무굴 제국의 6대 황제(재위 1658~1707년). 악바르의 증손으로 샤 자한의 셋째 아들. 어머니는 뭄타즈 마할이다. 마우리아 왕조 이후의 인도에서 대륙의 대부분을 정복한 최초의 인물이기도 하다.

학식이 풍부하여 아라비아어·페르시아어 등에 능통하였으며, 이슬람 신학에 깊은 지식을 가지고 있었다. 형제와의 왕위다툼으로 아버지 샤 자한을 감옥에 가두고 즉위하였다. 독실한 이슬람교 신자로 '살아 있는 성자'라고 불렸으나 국민들에게 엄격한 종교 생활을 강요하였으며, 마라타 족을 평정하지 못하고 죽어 무굴 왕국의 쇠퇴를 가져왔다.

아우랑제브는 일찍부터 군사와 통치에 자질을 보여 1636년부터 중요한 지위에 임명되어 두각을 나타냈다. 우즈베크·페르시아와의 싸움(1646~47년)에서 군대를 지휘하여 공훈을 세웠다. 데칸 지방의 부왕(副王)을 두 번 지내며(1636~44, 1654~58년) 데칸의 두 이슬람 왕국을 정복하였다. 1657~58년까지의 권력투쟁에 승리하여 황제에 즉위했다.

통치 초기 페르시아인이나 투르크인들로부터 북서부 지방을 방어했고, 수라트 항구를 두 차례나 약탈한(1664, 1670년) 마라타 수장 시바지에게도 많은 신경을 썼다. 그러나 1680년 이후부터 아우랑제브는 이슬람만을 위한 통치자로 변신하였다.

근 49년간 통치한 뒤 아우랑제브가 죽었을 때, 제국은 수많은 치명적인 문제에 직면해 빈사 상태에 빠져 있었다. 그가 일으켰던 마라타 소탕작전은 제국의 재원을 지속적으로 고갈시켰고 시크 교도와 자트 족의 호전성은 북부를 어지럽게 했다. 또한 힌두교도인 라지푸트 족의 지지를 잃었다. 게다가 토지에 대한 재정적인 압박은 전체 행정체계를 왜곡했다.

가난한 타지마할

엘로라와 다울라타바드를 본 다음 날 아우랑가바드를 떠나 엘로라 못 지않은 대망의 코스인 아잔타로 향한다. 아잔타는 아우랑가바드에서 북 서쪽으로 101km를 가야 한다. 그러나 아우랑가바드를 떠나기 전에 작은 타지마할 혹은 가난한 타지마할으로 불리는 비비 카 마크바라(Bibi-Qa-Maqbara)에 들르기로 했다. 이 묘는 아우랑제브의 첫 번째 부인인 라비 아 우드 다우리니의 무덤이다. 약간 놀랍다. 구두쇠이자 냉혈한인 아우랑 제브가 부인을 위해서는 이런 무덤을 만들어 주었다니! 당연히 그럴 리가 없다. 1678년 큰아들인 아잠 샤가 어머니를 위해 만든 무덤이다.

주차장에 내리니 주변이 꼭 동네 공원 같은 느낌이 난다. 입구에 가니 정문의 아치 사이로 비비 카 마크바라가 보인다. 정말 타지마할과 똑같 다. 나중에 진짜 타지마할과 사진을 대조해 보니 많은 차이가 있었지만, 그냥 머리 속에 있는 이미지와 비교하면 똑같다. 타지마할을 안 봐도 되 겠다는 생각이 들 정도다.

이 건물도 결코 싸고 허접한 건물은 아닌데, 타지마할을 본따 지은 탓 에 타지마할과 비교하니 불쌍해 보인다. 타지마할을 지은 할아버지 샤 자 한 때만 해도 이런저런 건축에 돈을 펑펑 썼건만, 아들 아우랑제브의 시대 는 몸소 아르바이트를 해서 자기 장례비용을 예금했을 정도로 무굴 제국 의 재정이 급속도로 쇠퇴했다. 그 시절의 건축이다 보니 '가난함'이 강조 된 듯하다.

비비 카 마크바라는 그때도 가난하고 지금도 가난하다. 관광객이 없진

비비 카 마크바라

않지만 타지마할에 비할 바가 못 된다. 그래서 그런지 연못은 마르고 정
원은 형식적이고 분수는 꺼 놓았다. 건물은 타지마할을 모방했지만 기단
만 대리석이고 건물 대부분은 벽돌 표면에 회를 바르고 흰 칠을 한 것이
다. 벽면에는 상당히 공을 들여 정교하고 화려한 조각을 했지만 보석은
박지 못했다. 다만 대리석 기단에 타지마할에서 사용한 검은색 보석인 오
닉스를 같은 문양으로 약간 심었다.

　대리석이 아닌 회벽에 새긴 문양이라고 해도 꽤 정교하고 화려하며 디
자인도 아름답다. 그러나 관리가 덜 돼 일부는 녹아내리고 녹물처럼 때로
누런 얼룩이 져 있다. 대리석이었다면 저런 얼룩이 생기지는 않았을 것이
다. 비싼 자재를 사용하면 사치스럽다고 비난하지만, 비싼 게 돈값은 한
다. 정말로 사치를 혐오한다면 저런 얼룩을 참아낼 수 있어야 한다. 열심
히 닦으면 되지 않느냐고 할지 모르나 회칠이 지워진다. 그리고 옛날에는
그 회칠도 꽤 비쌌다. 조선시대는 양반가가 아니면 집에 회칠을 하지 못

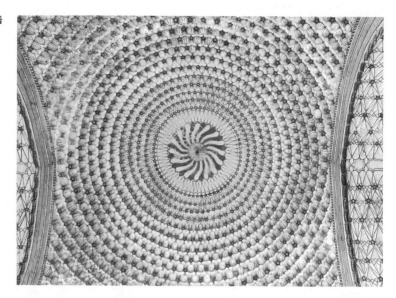

하는 법도 있었다. 하얀 웨딩드레스처럼 동서고금을 막론하고 흰색은 고
귀하고 비싼 색이다. 거듭 말하지만 가난한 타지마할은 결코 싸고 빈티나
는 건물은 아니다. 서울에 있는 고궁 중에는 덕수궁이 작고 아담하다고
한다. 하지만 경복궁이나 창덕궁과 비교하니 그렇다는 것이지 덕수궁은
어떤 양반가보다도 수십 배는 비싼 대저택이다.

　신을 벗고 무덤 안으로 들어갔다. 엘리자베스 여왕이 하회마을을 방문
해서 신을 벗고 마루에 올라가자 신문에서 영국 여왕이 신을 벗은 것이
처음이라고 호들갑을 떨었다. 자이푸르에서 우리가 묵었던 호텔에 엘리
자베스 여왕이 숙박했다는 기록이 있었다. 여왕이 인도도 방문했던 것이
틀림없는데, 인도에서는 신발 벗을 곳이 천지다. 설마 타지마할이나 인도
의 모스크에 신을 신고 들어갔겠나. 정말 왜 그런 유치한 짓을 하는지 모
르겠다.

　중앙에 우물같이 깊게 들어간 공간이 있고, 바닥에 관이 놓여 있다. 그
주변으로 엄청난 동전과 지폐가 떨어져 있다. 사진을 찍었더니 사제 분이
당장 뭐라고 하는데, 찍지 말라는 건지, 기부를 하라는 건지 모르겠다. 줌

렌즈를 당겨 안을 사세히 들여다보니 지폐 가운데에
입장권도 꽤 있다. 가난한 관람객이 입장권이라도 시
주한 건지, 기부를 강요하는 성화에 못 이겨 그걸 던
진 건지 모르겠다. 그래도 분위기가 차분하고 소박해
서 이곳이 타지마할보다 더 좋다고 하는 분들도 꽤
있었다.

이곳에 비장의 무기가 또 하나 있다. 인도를 여행하
면서 문양은 정말 어마어마하게 보았다. 다들 디자인
전공하는 사람은 인도에 꼭 와봐야 한다고 말했을 정
도다. 그런데 노혜경 선생과 윤성재 선생은 그 많은
문양 중에서 이곳 입구의 청동문에 새긴 문양이 제일
예뻤다고 평가했다. 나야 원래 무늬에는 별 관심이 없
고, 기호는 개인 취향인지라 뭐라 할 말이 없다. 단지
그 많은 문양 중에서 그 작은 부분을 어떻게 찾아냈
는지 신기할 뿐이다.

부유한 타지마할이건 가난한 타지마할이건 건축미
를 이해하려면 정 중앙에서 보아야 한다. 그리고 타지
마할을 향해 다가가면서 시각의 높이가 달라지면서
주는 느낌을 체험하고, 마지막으로 좌우로 돌면서 이
거대한 예술품과 미나르가 하늘과 땅을 구획하며 보
여주는 공간의 미학을 체험해야 한다.

비비 카 마크바라의 청동
문 문양

타지마할은 사람으로 붐비니 비비 카 마크바라에서 한번 예행연습을
해보는 것도 좋다. 다만 여기서는 좀 실망할 수도 있다. 실망하지 않고 작
은 백조 같은 아름다움을 느끼는 사람이라도 뭔가 압도되고 숨 막히는
듯한 느낌은 받지 않는다. 너무 실망할 필요는 없다. 그 한순간의 벅찬 느
낌, 어쩌면 방문객의 90%는 느끼고도 깨닫지 못하는 압박감을 위해 타지
마할은 어마어마한 돈을 썼다.

비비 카 마크바라는 얼핏 보면 타지마할과 정말 똑같다. 중앙의 커다란 돔과 돔 꼭대기의 뾰족한 장식물은 복사판이 따로 없다. 하지만 정밀하게 비교하면 겉모양만 대충 가져왔다. 돈이 없어서 그런 것만도 아니다. 타지마할 건축의 원리를 가져오지 못했다. 돔은 비슷하지만, 궁전은 좌우를 너무 잘라내고 홀쭉하게 만들었다. 너무 빈약해서 하늘로 날아오를 기운이 없어 보인다. 이것이 가난하게 보이는 결정적 이유인데, 가난하게 보이기 위해 의도적으로 그랬다면 완전한 성공이다. 상대적으로 사방의 미나르는 더 굵어 보여서 안정감을 주는 대신 본전을 위축시킨다.

일부러 그랬다면 할 말이 없지만, 무언가를 모방하거나 벤치마킹할 때, 겉모습만 베끼면 이류 삼류를 면할 수 없다. 그러면 운영방법, 소프트웨어까지 이해해야 한다고 말하는 분이 있는데, 그것도 전부는 아니다. 진짜 모방은 겉모습을 변형시키더라도 원리를 이해하고 가져오는 것이다. 그러면 모방이 아니라 창조가 된다.

가난한 타지마할은 어디에 해당할까? 어설픈 모방이거나 교활한 창조다. 교활한 창조라면 이미지 마케팅의 완벽한 성공작이다. '가난한'이란 단 한 개의 단어와 오직 가늘게 보이도록 설계한 중앙 건물을 통해서 말이다. 그러나 이렇게 말하면 너무 박정하다. 쇠락해 가는 제국의 가난함, 애잔함과 소박함이 예술가의 예민한 감성에 투영된 것이라고 하자.

| 임용한 |

불교의 성지 아잔타

아잔타(Ajanta) 석굴은 인도 마하라슈트라 주 북서부에 위치한 불교 동굴사원으로 세계문화유산으로 등록되어 있다. B.C. 2~A.D. 7세기에 걸쳐 조성되었으며 굽타 시대(A.D. 5~6세기)에 더욱 크게 발달하였다. 모두 29개의 석굴이 연이어 조성되어 있으며 석굴 안에는 무불상 시대의 것부터 대승불교가 발전하던 시기의 스투파와 불상 등 불교조각, 인도풍속, 부처의 전생담 등을 담은 다양한 벽화가 가득하다.

후에 둔황 석굴이나 중국 뤄양의 룽먼 석굴, 우리나라의 경주 석굴암 등도 모두 인도 석굴의 영향을 받아 조성된 것이라 한다. 우리나라 삼국의 불교미술이 인도의 영향을 받았으리라는 근거의 하나로 7, 8세기경 날란다 사원에서 신라의 스님들도 교육을 받았다는 기록이 전한다는 사실은 매우 흥미롭다(《대당서역구법고승전》). 날란다 사원은 굽타 왕조의 두 번째 왕인 쿠마라굽타 1세(415~454)가 창건한 사찰인데 당시 1만여 명이 공부하던 세계 최대의 대학이자 최초의 불교 종합대학이라고 한다. 2000여 명의 교수가 있었으며 매일 100여 개의 강좌가 개설되어 여러 나라에서 온 수많은 학승과 구도자, 수행자들이 수업을 했다고 하니 실로 어마어마한 규모다. 1500년전 신라의 혜업(慧業) 스님도 당나라에서 천축으로 건너가 대보리사에 머물며 유적을 순례하고, 날란다 사원에서 오랫동안 강(講)을 듣고 불서를 읽었다고 전한다.

이들이 인도에 가서 석굴들을 보고 얼마나 감탄을 했을까? 당시엔 채색과 조각들이 거의 온전히 보존되었을 것이다. 어마어마한 규모와 화려한 벽화를 보면서 중국도 우리나라 스님도 이를 모방하고 싶었을 것이다. 후대이긴 하지만 고려 공민왕 때에도 지공대사가 인도로 가서 날란다 사를 그려가지고 돌아왔다고 한다(《대곡사창건전후사적기》).

석굴암은 아마도 이들 유학승의 체험을 토대로 조성되었을 것이라 짐작되는데 아잔타 석굴이 돌산을 파고 들어가면서 만든 석굴이었다면 석굴암은 외부에서 다듬어 온 석재를 가져와 조성한 작품이었다. 인도의 돌은 사암이나 석회암이어서 굴을 파기 쉬우나 우리나라의 화강암은 단단해서 굴을 뚫을 수 없었다. 따라서 석굴암은 석재를 다듬어서 굴 모양으로 이어붙인 것이다.

그런데 이 어마어마한 아잔타 석굴이 불교의 쇠락과 함께 수백 년 동안 사람들에게 잊혀져 있었다.

아잔타 주요 석굴의 특징

석굴	특징
1굴	흑인공주와 같은 유명한 벽화가 많다. 최고의 벽화굴이다. 그러나 현재 벽화 감상이 쉽지 않다.
2굴	벽화가 볼거리. 붓다를 안고 있는 마야 부인 등
6굴	유일한 2층 석굴
9굴	차이티아 석굴
10굴	차이티아 석굴로 처음 발견. 기둥벽화에 발견자의 서명이 있다.
16굴	벽화가 볼거리. 빈사의 공주라는 유명한 벽화가 있다.
19굴	차이티아 석굴. 스투파와 불상이 결합하고 있으며, 입구의 조각이 화려하다.
26굴	차이티아 석굴. 열반상과 조각이 화려하다.

고고학에서 세기적 발견은 극적인 경우가 많다. 트로이, 앙코르와트, 폼페이 등이 그렇듯 아잔타의 발견도 극적이었다. 1819년 동인도회사 소속의 영국군 병사였던 존 스미스가 호랑이 사냥에 나섰다가 반대편 골짜기에서 우연찮게 10번굴의 입구를 발견하게 되었다.

1000여 년간이나 밀림 속에 숨겨져 있었던 아잔타 석굴이 세상에 모습을 드러내는 순간이었다. 얼떨결에 세기의 발견을 한 병사는 얼마나 놀랐을

아잔타 전경

까? 호랑이가 나오는 산중에 이렇게 어마어마한 석굴들이 숨어 있었다니….

그런데 더욱 놀라운 것은 발견 당시 벽화의 보존 상태였다. 오랜 세월 동안 먼지층이 두텁게 쌓여 벽화의 화려한 색이 고스란히 간직되어 있었다고 한다. 이 벽화는 템페라 기법을 사용한 것으로, 석회벽이 마르기 전에 그림을 그려 안료가 스며들게 한 프레스코 기법과는 달리 진흙에 짚을 섞어 벽에 바른 후 석회를 바르고 그 위에 수성안료를 섞어 채색을 한 것이다. 검정을 제외한 빨강, 노랑, 초록, 남색, 흰색 등 모두 광물질에서 안료를 얻어 화려한 색채를 자랑했지만 현재 석굴과 벽화의 보존 상태는 심각하게 훼손되었다.

어설픈 보수작업으로 보호막 역할을 하던 먼지가 제거되자 벽화의 색이 급격히 바래버리고 만 것이라고 한다. 우리나라 석굴암도 일제가 보수작업을 한 후 심각하게 훼손되었듯이 후손들의 무모하고 거친 일처리가 엄청난 보물들을 이렇게 망쳐놓은 것이다. 관광객들의 관람으로 훼손이 더욱 가속화되리라는 것은 불문가지. 향후 수십 년도 보장할 수 없을 만큼 심각한 상태라고 하니 안타깝다.

초기 석굴

아잔타 석굴은 계곡 사이로 휘어져 나가는 강이 만들어낸 수직절벽으로

된 하안단구에 조성되었다. 현재 29개의 석굴이 있는데, 맨 끝에 있는 29굴은 만들다가 중단되어서 가다가 끊어진 철도역 같다. 29굴 외에도 미완성의 굴이 중간중간에 있다. 아잔타 석굴은 시대순으로 차례로 조성된 것이 아니고 여기저기 중간에도 뚫어서 배열과 조성시대가 맞지 않는다.

29개의 굴 중 B.C. 2~A.D. 1세기 간에 초기석굴이 조성되었는데 가운데 있는 8, 9, 10, 12, 13굴이 그것이다.

석굴의 구조도 용도에 따라 조금씩 다르다. 성전으로 건립한 곳도 있고, 수도원같이 수도자들이 거주하는 승방으로 구성한 곳도 있다. 실내장식을 조각으로 승부를 건 곳도 있고, 그림으로 채운 곳도 있어서 크기와 모양, 예

(상)아잔타 26굴의 내부
(하)아잔타 10번굴의 스투파

술적 가치도 각양각색이다.

그 중 9·10굴은 예배소인 차이티아(Chaitya)고, 8·12·13굴은 승원굴 즉 수행처인 비하라(Vihara)다. 많은 스님들이 한곳에 모여 수행하려면 장소가 필요했고 그래서 등장한 것이 비하라고 이것이 사찰의 효시다.

차이티아의 특징은 불사리를 모신 스투파만을 조성한 예배처라는 것이다. 엘로라 석굴은 주로 횡으로 길게 파서 석실을 조성하거나 산을 통채로 깎아 거대한 사원을 조성했다. 말 그대로 자연을 재료로 건물을 지었다는 느낌이 든다. 반면에 아잔타의 이 세 굴은 폭이 좁고 종으로 깊게 파고들었다. 그래서 동굴 같은 느낌이 더 강하고, 경건하고 신비로운 느낌이 든다. 건물로 치면 외형을 생략하고 내부 공간만 조성한 것이다.

원통형으로 둥글게 올려진 천장, 좁고 긴 동굴, 기둥 밖으로 좁게 만든 회랑, 기둥 위의 공간에 올린 조각들, 당장 "둥~" 하는 종소리가 울려퍼질 듯한 이 구조는 사원으로서는 최고의 효과를 주는 설계가 아닌가 싶다. 굳이 비교하면 바티칸의 시스티나 성당도 궁극적으로는 같은 유형, 같은 설계원칙을 따랐다고 할 수 있다. 그래서 규모와 화려함은 엘로라가 더 뛰어나지만 신심과 향수를 주는 곳은 아잔타가 아닌가 싶다. 노골적인 조각이 드물다는 것도 신심을 더해준다. 그러나 잘 찾아보면 몇 개는 있다.

후기 석굴

초기 5개의 석굴을 만든 후 300여 년 동안 아잔타엔 큰 변화가 없었다. 그러나 대승불교의 영향을 받으면서 아잔타에 큰 변화가 왔다. 초기 석굴 좌우로 후기 석굴을 만들기 시작했다. 다섯 개의 차이티아와 비하라로 시작한 초기 아잔타 석굴은 5세기 후반 바카타카 왕국에서 총 29개 굴을 연이어 파는 대대적 역사를 벌였다. 그리고 석굴은 벽화와 조각과 문양으로 화려함의 극치를 이루며 분위기가 일변했다.

왜 이런 변화가 일어났을까?

초기 소승불교시대에는 별다른 종교의례가 필요 없었다. 불제자들은 부처님의 사리를 묻은 스투파를 경배하는 것만으로도 영적인 힘을 충분히 느낄 수 있었다 그런데 대승불교가 되면서 점차 제반 의례를 중시하기 시작했다. 또한 대승불교가 대중들에게 전파되면서 대중들에게는 좀 더 구체적인 숭배의 대상이 필요해졌다. 불상이 출현하고 불타가 숭배의 대상으로 구체화되게 되는 것이다.

19·26굴은 이런 변화를 나타내는 후기 차이티아다. 스투파만 조성되었던 전기의 차이티아와 달리 후기 두 굴의 스투파엔 불상이 조성되기 시작했다. 19굴은 스투파의 둥근 불란(佛卵)을 지붕 삼아 부처님이 서 있는

후기 차이티아의 불상과 결합한 스투파 주두와 상부 벽면 그득히 돌아가며 조각된 불상들과 전륜법인을 하고 있는 부처

모습을 조성해 놓았다.

26굴에도 스투파 원통 대좌 앞에 부처님이 두 기둥 사이에 무릎을 세워 앉아 있다.

이제 산치 스투파의 불타를 의미하는 상징물들이 불상이 되어 아잔타 초기의 스투파와 하나로 합쳐진 것이다. 법륜, 보리수, 족적 등의 상징물이 불상으로 구체화된 것이다. 뿐만 아니라 사방 기둥, 벽과 스투파 뒤 원통 대좌에도 뺑 둘러 불상이 조각되어 있다. 꼭대기 3층 산개도 단순 원반이 아니라 각 층을 네 인물상이 받치고 있다. 또 기둥 위 주두와 상부 벽에도 온통 불상조각이 조각되어 있다.

또 스님이 거주하던 독방들의 비하라도 불상을 중심에 모시게 계획하여 죽 파 나갔다. 나아가 비하라 뒷벽 제일 깊숙이 별도로 사당을 파서 불상을 모시기 시작한다. 11굴의 계단을 몇 단 올라가 전면에 기둥이 있는 전면 베란다를 들어가면 독방군으로 둘러싸인 안마당이 나오고, 뒷벽 한가운데 독방 하나를 잡아 더 깊이 파고 그 속에 불상을 모셔 사당방으로 만들었다. 이제 비하라에는 스투파 대신 불상을 모시게 된 것이다. 불상의 의미가 스투파보다 더 커진 것을 의미한다.

또한 주목되는 것은 사당 앞의 경배 공간인 '만다파(mandapa)'다. 초기 차이티아에서는 사방을 둘러 독방들로 된 스님 개인 거주공간이 있고 가운데 안마당은 집회가 필요할 때 모이는 공동공간이었다. 그런데, 불상을 모시는 사당이 만들어지면서 안마당은 한가

석주로 둘러싸인 만다파

운데 공동 집회공간이자 동시에 불상 사당 앞 경배공간이 되었다. 석굴은 점차 규모가 커져서 제일 큰 4굴은 무려 한 변이 8개의 기둥으로 둘러싸인 드넓은 만다파 광장을 만들어 놓았다.

아잔타의 신비와 세속성

10굴에는 피부색이 다르고 옷 색깔이 다른 다양한 붓다 초상이 그려져 있다. 인도는 인종이 다양하다 보니 붓다도 흰 피부, 검은 피부로 다양하게 묘사된다. 사람의 취향은 더 다양하다. 맘에 든다는 동굴이 사람마다 다 다르다. 지상과는 다른 신비롭고 화려한 공간이 맘에 든다고 하는 분도 있고, 소박하고 인간적인 곳이 좋다고 하는 분도 있다. 이것도 종교의 영원한 딜레마다. 이스탄불의 성 소피아 사원처럼 건축술의 정수를 발휘해 인간세상에서는 볼 수 없는 천상의 공간, 신비의 공간을 재현해야 감동과 신심이 일어나는 분도 있고, 그런 걸 보면 화가 나고 거부감이 드는 분도 있다. 그러나 누가 옳으냐를 따지면 도에서 멀어진다. 정답은 없다. 공즉시색, 색즉시공 아닌가. 모든 건 개인이 처한 상황과 처지에 따라 달라진다. 병원이나 학교도 똑같은 딜레마를 겪는다. 시설이 뭐가 중요하냐고 하는 분도 있고, 시설이 맘에 들지 않으면 마음이 불안해서 학습과 치료 효과가 나지 않는 분도 있다. 그래서 아잔타가 진정한 성지가 되었다. 모든 취향의 사원이 다 모여 있으니 말이다.

그렇게 마음을 먹고 다양한 석굴을 돌아다니며 모든 것을 긍정하고, 모든 것의 필요를 발견하면서 나와 입장이 다른 사람을 이해하고 공존하는 세상을 받아들이는 넓은 마음을 키워 보면 어떨까?

저절로 득도할 것 같은데, 아 또다시 시험이 든다. 굴에 들어갈 때마다 어둠 속에서 인도인 경비원, 관리인, 안내자, 심지어 굴에서 수행하는 브라만까지 나타나 여기저기 끌고 다니고, 팁을 요구한다. 보통 10루피

아잔타의 가마꾼 가마꾼들이 우리가 코리안임을 알더니 또렷한 한국어로 "물렀거라! 왕비마마 납신다"라고 소리치고 지나갔다.

(180~200원) 정도의 작은 돈이어서 그 돈을 아까워하는 자신에게 화가 난다. 그러나 가는 곳마다 심하면 한 굴에서 2~3명에게 팁을 뜯기다 보면 돈이 아까워서가 아니라 진저리가 나고 인간이 싫어진다. 그리고 이 고귀한 성지가 탐욕에 오염되고, 장사꾼의 소굴이 되었구나 하는 한탄이 절로 든다.

아잔타는 원래 결심을 단단히 한 순례자가 호랑이가 출몰하는 정글과 산길을 지나는 길고 먼 여행을 한 끝에 비경에 도달해서 동굴마다 다른 모습과 다른 광채 속에 머물고 있는 부처님을 만나고, 가상현실의 공간에 들어선 듯 동굴 속의 벽화와 조각을 통해 그의 삶과 고민과 설교를 체험하던 곳이다. 그것이 아잔타를 제대로 감상하는 법이다. 그러나 현대인에게 그것을 요구하는 것도 억지다. 그리고 우리가 상상하는 성스러운 분위기가 아잔타의 순수했던 참모습도 아니다. 순례자들도 밥도 먹고 잠도 자고 설명도 들어야 했기 때문에 상인과 적선을 요구하는 사람들은 그때도 있었을 것이다. 그러니 고귀한 성역이 인간의 욕심과 자본주의에 훼손되었다는 식의 불평을 너무 쉽게 하지 말자. 우리가 생각하는 고귀한 세계, 완전한 피안은 상상과 위선의 공간에 있다. 어디를 가든 무엇을 추구하든 우리는 인간의 약점과 본성을 포용할 줄 알아야 한다. 그래서 진정한 피안과 해탈의 세계는 내 마음 속에 있다는 거다.

| 이혜옥 |

산치 대탑

8시 30분쯤 보팔에서 출발해서 1시간 30분을 달렸다. 산치 대탑의 실루엣이 먼 산등이로 보이자 마음이 설렌다. 산치 대탑은 무척 만나고 싶었던 곳이다. 예전에 인터넷도 없던 시절에 문화사 강의를 하면서 산치 대탑의 사진을 구하느라 무척 고생했던 적이 있다. 우연히 신문에 실린 사진을 구해서 소중하게 스크랩을 해 두었었다. 인간관계든 사물이든 작은 추억이라도 얽히면 괜히 마음이 가고, 더 관심이 간다.

산치 대탑

입구에 만국기를 두른 보리수 나무가 있다. 보리수 나무는 몇 번을 봤는데도 잘 모르겠다. 이번에 구분법을 확실히 배웠다. 멀리서는 구분이 잘 안 가고 나뭇잎을 봐야 구분할 수가 있다. 잎사귀가 타원형에 끝 부분이 벌침처럼 튀어나와 있다. 붓다가 보리수 나무 아래서 해탈을 했다고 해서 유명해졌지만, 보리수 나무가 특별한 나무는 아니다. 뜨거운 인도에서 나무그늘을 제공하는 잎이 무성한 활엽수 중 하나다. 생명력이 엄청나게 강해서 아무데서나 잘 자란다. 한국 같으면 느티나무나 버드나무 아래에 앉았다는 식이다.

산치 대탑은 예전에는 붓다의 묘로 알려졌지만, 붓다의 진짜 묘는 아니다. 기원전 3세기경 불교 중흥에 가장 큰 족적을 남긴 아쇼카 왕이 붓다의 무덤을 상징하는 구조물로 조성한 것이다. 그래서 이 무덤이 탑의 기원이 되었다. 가끔 탑에서 사리가 발견되었다는 소식이 들리는데, 탑 안에 부처나 고승의 사리를 넣은 이유가 탑 자체가 붓다의 무덤을 상징하는 조형물이기 때문이다.

산치에는 3개의 대탑이 있다. 아쇼카 왕이 세운 제1탑이 제일 크고 화려하다. 너무 오래 사진으로 보며 상상했던 탓인지 막상 만나본 대탑은 생각보다 작아 보였다. 제원상의 규모는 직경 36m, 높이 16.4m. 결코 작지 않은 규모인데도 말이다. 마음에 담아놓으면 자꾸 커지는 것은 원한만이 아니다.

사진보다 나아 보이는 것도 있다. 동서남북 4방향으로 낸 탑문의 조각이다. 붓다의 일생과 아쇼카 왕의 행적을 새겼다. 아쇼카의 행적은 잘 모르겠지만, 재미난 사실은 붓다의 일생을 조각한 내용에 붓다의 모습이 없다는 것이다. 붓다는 자기 상을 만들지 말라는 유언을 남겼다. 힌두교의 엄격한 신분제를 비판했던 붓다는 힌두교의 신상이 과시하는 초월적인 권위가 싫었던 모양이다. 이 유언 때문에 고민하던 사람들은 붓다의 일생을 조각하고 묘사하되 붓다의 모습은 법륜(수레바퀴)이나 보리수, 불족적(발자국) 등으로 대신했다. 엄밀히 말하면 붓다의 유언은 이런 것도 만들지 말라는 뜻이었겠지만, 합법적인 위반이라고 할까?

제자들의 행동을 비꼬려는 것은 아니다. 고대와 중세에 특히 힌두교의 영향이 지금도 강한 인도의 환경에서 혹은 타국에서 형상과 상징이 없는 종교가 살아남을 수 있을까? 제자들의 입장에서는 붓다가 말한 자기 상을 만들지 말라는 가르침을 전하기 위해서도 붓다의 상이 필요했다. 역설적이지만 세상이 원래 모순과 역설이다.

중세 가톨릭에서도 성상도 우상이라고 성상 파괴운동을 벌이자 대신 모자이크가 등장했다. 프란체스코는 교회가 재산과 물욕에 타락하는 것을 비판하고 걸식 수도 운동을 벌였다. 프란체스코회 승려들은 열심히 일하고 개인적으로 재산을 축적하지 않았더니 교단인 프란체스코회는 최대의 부자가 되었다. 프란체스코는 이런 폐단을 예상하고 교단도 만들지 않으려고 했다고 하지만 어쩔 수가 없었다. 세상의 이런 역설을 이해하고

산치 탑문의 여성조각

포용해야 인간세상을 이해하고 다스릴 수 있다.

산치 대탑이 또 하나 지우지 못한 것이 힌두교의 원초적 관능미다. 4개의 탑문 중 동문과 서문의 양쪽에는 퍼레이드 걸이 손을 벌리고 방문객을 환영하고 있다. 서문의 여인은 포즈도 정말 요즘과 똑같고, 남문 여인의 의상은 방송불가 수준이다.

내용을 몰라도 탑문의 조각은 그 어떤 부조들보다 뛰어나고 다양하다. 주의 깊게 돌아보면 재미난 장면들이 많다. 부조 속의 남자들은 지금은 시크 교도들처럼 머리를 앞으로 묶는 방식을 사용하고 있다. 시크 교도는 총각의 경우 머리를 앞으로 묶고 결혼하면 터번을 두르는데, 이제 보니 두 개의 다른 문화, 인도의 전통 머리묶기와 이슬람의 터번을 그런 식으로 접목한 모양이다.

이 부조들 중에 세 마리의 사자가 있다. 꽤 정교하고 사실적으로 새겼다. 하지만 사자의 갈기가 부실해서 앞머리가 벗겨진 탈모증에 걸린 사자

(좌)산치의 사자부조
(우)경주 괘릉의 사자상

1부 신이 인간이 되어 사는 세상

같다. 그걸 보는 순간 "이, 이런!"이란 탄성이 절로 튀어나왔다. 우리나라와 중국에도 사자상이 있다. 어떤 것은 사자 같기도 한데, 어떤 것은 해태 같기도 하고, 대체로 개에게 갈기를 붙여놓은 것 같다. 여기에 마모까지 진행되면 사자의 위엄은 완전히 사라진다. 분황사의 사자상 하나는 물개라는 소리까지 듣는다. 나는 사자상의 이상한 모습이 눈에 걸렸지만, 사자를 보지 못하고 상상으로 그린 탓이라고 생각했었다. 산치 대탑의 사자를 보고서야 비로소 깨달았다. 사자상의 모델이 인도사자였던 거다. 인도사자 혹은 아시아 사자는 아프리카 사자에 비해 체구가 작고, 갈기가 짧고 적다. 증명을 위해 인터넷에서 인도사자의 사진을 뒤져보았지만, 멸종 위기라 정확한 사진이 없다. 현재로서는 이 부조가 인도사자의 모습을 제일 정확하게 보여준다. 이 모습이 중국과 한국으로 전해졌지만, 아프리카 사자의 모습에 익숙해진 현대인에게 낯선 모습이 된 거다.

신라 진흥왕 때 이사부는 나무로 만든 사자상을 배에 싣고 울릉도에 가서 주민들에게 사자를 풀어놓겠다고 협박해서 섬을 정복했다. 어린이 역사책이나 위인전을 보면 이 사자를 아프리카 사자로 그려놓곤 하는데, 그 사자도 인도사자였던 거다. 신라는 법흥왕 때 불교를 공인했으니 인도에서든 중국에서든 사자상이 함께 들어왔을 것이다. 이야기를 종합하면 우리에게 낯선 요상한 삼국시대의 사자상들은 머나먼 인도문화가 간접적이고 왜곡되어 전달된 결과가 아니라 인도문화가 정통적이고 제대로 전달된 결과였다. 그래서 삼국시대의 문화와 예술품이 오히려 조선시대보다 나아 보이고 생동감이 있다. 우리는 전통적이라고 하면 늘 순수해야 한다고 생각하고, 뭔가 섞이면 불순하게 여기는 잘못된 풍조가 있다. 세상의 모든 문화적 걸작은 개방과 복합의 결과다. 인도만 해도 인도의 자랑인 엘로라 석굴과 타지마할도 페르시아와 그리스, 멀리 이집트 문화까지 혼합된 결과물이다.

탑문 안으로 들어가면 대탑 주변을 빙돌아 위로 올라가는 길이 있다. 이 길과 기둥 곳곳에 오랜 세월 이곳을 방문한 순례자들이 새긴 서명이 있다. 산스크리트어인지 판독은 전혀 안 된다. 똑같은 낙서도 누가 하면 유적의 품격을 한층 높여주는 보물이 되고, 누가 하면 유적 파괴가 된다. 이런 이야기를 하면 인간사의 부조리라고 금세 우울해지는 분도 있는데, 그건 불합리가 아니라 노력의 대가다.

산치 대탑의 정상부엔 세 개의 둥근 원이 있다. 일산이다. 인도는 더운 나라라 귀족들은 늘 일산으로 햇볕을 가렸다. 근처에 있는 제3탑에도 일산이 있는데, 제1탑에 경의를 표하기 위해서인지 (혹은 파괴되어서인지) 원이 하나다. 이것이 우리 석탑에서 보주로 변형되었다.

제3탑은 제1탑의 축소판이다. 그런데 제3탑은 제1탑에서 빤히 보이니 찾기 쉬운데 제2탑이 보이질 않았다. 거의 포기하고 나오다가 입구에서 설명을 듣고 다시 되돌아갔다. 제1탑 뒤편으로 수도원 터가 있는데, 그리로 내려가 수도원 벽을 타고 우측으로 돌아 다시 내려가야 나온다. 자세히 보면 길가에 안내판이 있다.

외로이 떨어져 있는 제2탑은 탑문도 없고 정상부에 일산도 없어 빈약하고 헐벗은 인상을 준다. 원래 없었던 것인지, 있었는데 파괴된 것인지 모르겠다. 산치 대탑과 주변의 사원들은 이슬람 정복자들에 의해 크게 파괴된 것을 간신히 대탑만 복원한 것이다. 모양은 뻔하고 제일 볼 만한 탑문도 없고, 외곽에 두른 석조 울타리도 허전하다. 거리가 제법 되기도 하고, 더 볼 것도 없을 것 같아 그냥 돌아갈까 하다가 혹시나 하는 마음에서 가까이 갔다. 그러지 않았으면 크게 후회할 뻔했다. 제2탑은 특이하게 석조 울타리 안쪽에 단추처럼 부조를 좍 박았다. 울타리 말뚝에 해당하는 돌기둥에 단추 형태로 3개씩 부조를 새겼다. 나름 지루하지 않고 다양하게 하려고 무척 노력을 했다. 같은 테마라도 조금씩 모양이 다르고 이곳에서만 볼 수 있는 재미난 조각들이 많다. 그리스의 영향을 보여주는 켄타우로스도 있고, 정말 특이하게 용의 뿔 같은 것이 달린 코끼리가 앞뒤 다리를 쭉 뻗고 전력질주를 하는 조각도 있다. 실제 코끼리는 저런 모습으로 달리지 못하는데, 만화 같기는 하지만 꽤 특이했다.

탑의 부조들 왼쪽부터 하늘을 달리는 뿔 달린 코끼리, 켄타우로스, 물고기를 잡아먹는 바다의 괴수

그렇게 재미난 조각들의 사진을 찍으며 가다가 문득 깨달았다. 위 아래로 3개씩 배치한 조각은 하늘과 땅과 물을 의미한다. 그 이상하게 달리는 코끼리도 하늘에서 바람처럼 달리는 것을 묘사하느라 그랬던 거다(그 의미나 배후의 전설은 모르겠다).

가끔 연꽃 같은 기하학적 무늬를 넣어서 이런 해석이 통하지 않는 곳도 있기는 하지만 전체적으로 보면 하늘과 땅과 물이 분명하다. 다만 하늘과 특히 바다는 묘사하기가 어려워 연화문 같은 것으로 때운 것이 많기는 하다. 그래서 구상적인 조각은 땅에 해당하는 중간열이 제일 많다.

산치에는 이 3개의 탑만 있는 것이 아니다. 산치가 성역이 되면서 주변에 묘와 사원이 건립되기 시작했다. 사원들은 다 파괴되어 벽과 기둥만 남았지만, 무너진 돌담과 외로이 서 있는 기둥은 폐허가 주는 독특한 감흥을 준다. 사원 하나는 그리스식 열주가 뻗어 있는데, 여기가 인도인지 그리스·로마 문화권인지 착각이 들 정도다. 이국에서 보는 또 하나의 이국적 분위기이려나.

땅에 넘어져 있는 두 개의 둥근 기둥은 아쇼카 왕의 석주라고 한다. 아쇼카 왕은 불교를 선전하고, 타 종교의 폐단을 경고하는 문구를 새긴 석주들을 전국에 세웠다. 산치에도 세웠는데, 이 석주의 머리 부분은 박물관에 있다. 아쉽게도 박물관이 휴관일이어서 보지를 못했다.

그런데 가만히 보니 석주 하나는 끝부분이 깨져 떨어져 나갔고, 하나

산치의 좌불 광배 조각이
화려하다.

는 몇 개의 구멍이 있다. 이 구멍은 석재를 잘라내려고 뚫은 것이다. 하나
는 뚫다가 말았고 하나는 그만큼 깨져서 조각이 떨어져나갔다. 누가 재활
용하려고 깨다가 중지한 것일 수도 있고, 파괴자들이 석주를 아예 조각을
내려다가 중단한 것 같다.

우리 같은 역사학자에겐 속 쓰린 문화 파괴 현장이지만, 폐허 분위기를
좋아하는 분들에게는 꽤 분위기 있는 곳이다. 여기저기 흩어진 유지들은
크진 않지만 그리스 · 로마에서 찍었다고 해도 속을 듯한 폐허부터 여러
종류의 폐허와 부서진 기둥, 외로운 불상, 나뒹구는 주춧돌까지 한 3개 국
은 돌아다녀야 볼 수 있는 것들이 한군데 모여 있다.

가장 넓은 사원의 폐허에는 중심부에 있던 약간의 방과 좌불 하나가 남
아 있다. 좌불은 광배 조각이 화려하고 특이했다. 원래 그런 위치는 아니
겠지만 벽이 직각으로 만나는 구석진 곳 그늘에 몸의 절반을 가리고 앉아
있어서 더 쓸쓸한 느낌이 든다. 우리나라 같으면 신도들이 차마 두고 볼
수가 없어서 벌써 복원을 하든지 했을 것이다. 그러나 우리 같은 역사학
도들은 있는 그대로의 모습을 좋아한다.

방 하나는 특별실인지 문설주에 화려한 조각을 했다. 그런데 복도에 부

처님이 지켜보고 있건만 이 방의 용도가 러브 호텔인지 조각의 절반이 그렇고 그런 장면이다. 건물의 용도가 정말 뭔지 모르겠다. 사원이 아니라 산치를 방문하는 순례자들을 위한 호텔이었을까?

이런 폐허는 어쩌다 만나면 비감한 감흥을 주지만, 너무 자주 보면 비오는 날 분위기가 난다. 아무리 전공이 역사라고 곰팡내 나는 문서와 인생무상을 느끼게 하는 무너진 건물터가 늘 즐거운 것은 아니다. 그렇게 사원터를 떠나려는데, 이번에도 노 선생이 불상의 몸에 꽃무늬 같은 문양을 새겨놓은 것을 발견했다. 우리가 불상 전문가가 아니라 확신은 못하지만 우리 눈에는 처음 보는 신기한 것이었다. 불상이 얇은 옷을 걸친 형태로 조성되어 있었기 때문에 우리는 그것이 옷무늬를 새겼거나 뭔가 상징적인 의미가 있는 것이라고 추측했다. 그런데 나중에 델리 박물관에서 보니 그 문양의 기원이 확실히 문신이었다. 고대인들은 전쟁, 악귀와 병을 막는다는 의미로 문신을 많이 했다. 특히 따뜻한 지역에서 많이 한다. 중국도 고대 은나라 사람들의 모습을 보면 아프리카 원주민이나 마야 제국 사람들처럼 문신에 기묘한 장신구를 하고 있다. 하여간 이번 인도 여행의 최대 성과는 우리 기억에서는 이미 단절된 많은 것의 기원을 발견할 수 있었다는 것이다.

| 임용한 |

산치(Sanchi) 탑은 단순하지만 웅장한 모습이 압도적이었다. 특히 제1탑의 네 개의 탑문은 화려한 조각들로 가득 메워져 있었다.

초기 스투파를 대표하는 이 유적은 원형의 기단부와 반구형 돔으로 구성되어 있었으며 슝가 시대를 대표하는 불교미술이기도 하다. 슝가 시대(B.C.180~A.D. 72년경)는 인도 조형미술이 처음 꽃핀 시기인데 중심지는 마가다였지만 그 세력은 중인도의 말와(Malwa) 지역까지 뻗쳐 있었다.

당시 불교는 갠지스 강 유역을 중심으로 한 북인도 전역에 뿌리를 내렸으며 상인 계층을 중심으로 불교 신자가 늘어남에 따라 부처님을 상징하는 스투파는 점점 중요한 예배대상이 되었다.

세 탑 중 가장 잘 알려진 산치 제1탑은 부재 뒷면에 새겨진 명문(銘文)에 의해 1세기 초에 건립된 것으로 추정된다. 이 탑은 스투파와 법륜, 보리수, 족적(足跡) 등 아직 불상이 나타나지 않는 무불상 시대 초기 형태의 불교양식을 보여주는 대표적인 건축물이다. 탑문은 남문을 시작으로 북문(北門), 동문(東門), 서문(西門) 순으로 세워진 것으로 알려졌으며, 나무로 만들어졌던 탑의 난간이나 탑문이 돌로 대체되고 여기에 여러 가지 문양과 부처님의 본생담, 설화 등이 새겨졌다.

이런 조각들은 인도 각처에서 볼 수 있는 힌두의 조각과는 매우 다르다. 힌두의 조각들은 어디에서나 전쟁과 사랑이 주요 모티프다. 카주라호의 힌두탑엔 치열한 전쟁과 에로틱한 장면들이 탑면을 가득 메우고 있다. 전쟁의 비참함과 공포 속에서 순간적인 쾌락을 통해 위로와 희열을 얻으려고 했는지도 모르겠다. 그러나 불교는 자타불이(自他不異), 부전(不戰) 등을 통해 한 차원 높은 해결책을 제시했다. 에로틱한 사랑에서 얻는 쾌락보다는 부처의 깨달음을 추구했다. 따라서 힌두의 조각과 달리 불교설화, 부처의 전생과 관련된 동물의 장식문양, 민간신앙의 신들인 수호신, 상징적 도상 등이 다양하게 조각되어 있다.

제2탑은 산치의 세 탑 가운데 가장 단순한 형식으로 제1탑의 서쪽 아래쪽에 있다. B.C. 2세기 말 역시 슝가 왕조에 의해 세워졌으며 발견된 것은 1851년 영국의 고고학자 커닝엄(Cunningham)에 의해서였다. 탑 안에서는 아쇼카 왕 때의 열 명의 고승 이름이 새겨진 사리기가 발견되었다고 한다. 원형의 기단부와 반구형 돔으로 구성되었으며, 이 탑에서도 역시 탑신을 둘러싸고 있는 원형의 난간에 부처를 상징하는 법륜이나 나무, 본생담을 상징하는 동물이나 새들이 조각되어 있어 무불상 시대의 불교미술을 잘 보여준다.

제3탑은 제1탑 근처에 있으며 규모가 작고 탑문이 하나만 남아 있다. 부처님의 제자였던 사리불과 목건련의 이름이 새겨진 사리기가 발견되었으며 연화 등의 장식문양과 탑, 보리수 공양 외에 '인드라의 천국'이 표현되어 있다.

빔베트카 암각화, 원시시대로 들어가다

산치 구경을 마치고 점심을 먹은 뒤 빔베트카(Bhimbetka) 암각화로 향했다. 보팔 시 외곽 빈디아 산맥 기슭에 독특하게 조성된 사암지대가 있다. 검은 바위가 널려 있는 것으로 봐서 이곳도 화산활동으로 형성된 지형 같은데, 용암이 평평하고 두텁게 덮인 엘로라나 아잔타와 달리 기암괴석이 늘어선 독특한 지형을 형성했다. 여기저기 불쑥불쑥 솟아 있는 바위는 마치 모래사장에서 진흙을 쌓아올린 탑이 굳은 것 같다. 그러나 진흙과 달리 주홍과 노란색이 섞인 바위색과 동굴들이 아름답고 신기하다. 여기서 우리는 잠시 화성에 온 것 같다, 아니 목성에 온 것 같다는 식의 쓸데

빔베트카의 기암괴석

없는 논쟁을 했다. 가본 적도 없는 별인데 말이다. 뜬금없이 목성까지 동원된 것은 붉은색의 테를 두른 바위의 컬러가 자연도감에서 본 목성의 색과 비슷하다는 인상을 주었기 때문이다.

울퉁불퉁하게 솟아오른 바위는 작은 동굴과 바위그늘을 무수히 만들어냈는데, 그곳에 수많은 암각화가 있다. 이 산에만 무려 500여 개의 동굴에 암각화가 있다. 그 중 15개가 공개되어 있는데, 그림이 적은 것도 간혹 있지만, 대부분 울산의 반구대 암각화만큼이나 많은 그림들로 빼곡하다. 더 놀라운 것은 그림의 상당수가 놀랄 정도로 선명하다는 것이다. 그림은 흰색 물감으로 그린 것과 붉은색으로 그린 것이 있는데, 어떤 부분은 겹쳐져 있다.

우리는 암각화를 찾고 구경하고 사진 찍느라, 어린아이처럼 정신없이 소리치며 뛰어다녔다. 2시간이 후딱 지나갔다. 사람의 재능은 정말 독특해서 눈이 빨라 암각화를 빨리 찾아내는 사람, 흐리거나 겹쳐진 그림을 빨리 찾는 사람, 판독을 잘하는 사람이 있다. 판독을 잘한다는 말은 약간 어폐가 있는데, 자기 전공이나 관심사와 관련된 것을 잘 찾아내거나 심리분석 카드처럼 관심에 따라 암각화의 형체가 다르게 보이는 경향이 있었다. 그래서 가끔은 지식에 오염된 어른보다 아이들이 정체를 더 빨리 잡아낸다. 인도의 여러 여행지 중에서 아이들이 제일 좋아할 곳이 이곳일 듯하다.

좀 구경을 하다 보니 안목이 생겼다. 암각화를 그리는 곳은 바위가 안쪽으로 깎여 그늘이 지고, 비가 와도 잘 젖지 않거나 물이 흐르지 않는 곳을 선택한 듯하다. 아니면 그런 곳에 그린 것들만 보존되었거나.

그림은 라스코 동굴벽화나 울산 반구대 암각화처럼 원시시대의 달리는 소와 사슴 떼, 멧돼지, 샤먼, 사냥, 그리고 전쟁을 묘사한 것이다. 처음에는 지형의 독특함에 놀라고, 두 번째는 암각화의 양에 놀라고, 세 번째는 암각화의 수준에 놀랐다.

우리가 보지 못한 485개의 동굴이 더 있지만, 우리가 본 동굴의 암각화에서는 라스코나 알타미라 동굴벽화같이 회화적 수준을 이룬 그림은 없다. 얼핏 보면 아이들의 낙서 수준의 그림들 같다. 그러나 자세히 보면 단순한 간략화 같아도 무게중심, 동작의 절도 등이 아주 잘 잡혀 있는 그림이 상당히 많다. 이건 그림이나 만화를 제대로 배운 사람 수준의 솜씨다.

흔히 암각화라고 하면 원시인들의 작품이라고 생각한다. 그런데 이곳의 암각화는 문명이 상당히 발전한 시대의 그림들, 최소한 철기시대 이후의 그림도 제법 많다. 그 분명한 증거가 전쟁도다. 기병과 보병, 코끼리 부대가 접전을 벌이는 그림을 보면 갑옷을 입고 창을 든 기병도 보이고, 인도의 전형적인 끝이 굽은 칼(구르카), 철퇴를 든 병사도 있다. 말을 탄 자세를 보면 갑옷을 입고 안장에 거는 발걸이인 등자를 사용하는 것이 분명해 보이는 전투도도 있다. 이것은 분명 철기시대로 한참 진입한 이후에 그린 그림이다.

원시시대의 벽화는 산에서 사냥을 하며 동굴에 살던 사람들이 그렸다고 해석할 수도 있지만, 철기시대의 전쟁도를 이 바위산에 그린 이유는 난감하다. 이 지역의 동굴들은 원시인들에게는 좋은 주거지였을 수 있겠지만, 농경이 자리잡은 철기시대에는 마을조차 세우기 힘들었을 곳이다. 바로 산 아래로 지평선이 보이는 광활한 대지가 있다. 전쟁에 져서 산으로 도망친 어떤 사람들이 이곳에 숨어들어 전투를 회상하며 그렸던 것일까? 아니면 산으로 도주한 집단이 전쟁의 승리를 기원하는 주술적 의미로 그려넣은 것일까? 아니면 어떤 광화사가 혹은 전쟁의 기억이 있는 염소치기가 온 산 동굴을 돌아다니며 전쟁 장면을 그려넣은 것일까? 전부는 아닐지라도 이 산에 있는 암각화 중에는 한 사람이 그려넣은 것도 꽤 있을 것 같다.

빔베트카 암각화는 일차적인 조사는 되었지만, 아직은 모든 것이 의문투성이다. 일대의 주민과 마을을 조사했지만 암각화에 묘사한 문화와의 관련성은 찾을 수 없었다고 한다.

안타까운 건 선명치 못한 암각화도 있는데, 현장에서는 형체가 구분되는데 사진으로 보면 뭐가 뭔지 모를 것이 있고, 반대로 현지에서는 불분명한데 사진으로 보니 판독이 되는 것도 있다. 특히 장면이 스펙터클하고 복잡한 그림일수록 사진으로는 선명하지 않고 느낌이 살지 않는다. 여기서는 사진으로 비교적 선명하게 보이는 그림들을 소개한다.

제4번 굴 암각화 전면

제4번 굴. 평평하고 넓은 바위면에 초원을 달리는 소떼, 사슴, 영양이 라스코 동굴벽화의 짐승떼보다 더 박진감 있게 그려져 있다. 흰색 안료와 붉은색 안료를 쓴 두 종류의 그림이 있는데, 흰색 그림도 몇 개가 겹쳐 있다. 당장이라도 달리는 소떼의 발굽 소리가 울릴 것 같은 이 멋진 장면에 누군가 덧붙여 그림을 그리는 바람에 중간 이하 부분이 선명하지 못한 것이 너무 아쉽다. 자세히 보면 사슴을 활로 쏘는 사람, 짐승떼 가운데서 창을 들고 사냥을 하는 사람이 보인다. 그 앞에는 한가로이 풀을 뜯고 있는 사슴과 새끼 사슴이 있다. 사냥꾼은 아마 새끼를 노리는 것 같다. 붉은색 그림은 훨씬 후대의 것으로 말을 타고 전투를 벌이러 가는 군상을 묘사했다. 다른 전쟁도에 비해서는 수준이 약간 떨어진다. 말을 탄 사람, 칼과 방패를 든 사람, 활과 창을 든 사람이 있다. 한 사람이 창 여러 개를 든 것은 투창인데, 창날이 강조되어 있다. 말을 탄 사람은 보다 긴 창을 들고 있다. 창의 날이 유달리 크게 강조된 것은 인도군이 옛날부터 백병전에 약하고 투창과 활을 주무기로 삼았던 것이 심정적으로 반영된 것이 아닌가 싶다.

파르티안 사법을 보여주는 그림(좌)과 고구려 무용총 벽화의 일부(우)

말을 타고 몸을 뒤로 돌려 활을 쏘는 무사를 그린 그림. 파르티안 사법이라는 것으로 동양 유목기병의 장기다. 서양인들은 12세기에 몽골군이 쳐들어오기까지는 이런 사법을 몰랐다. 고구려 무용총 벽화에서 몸을 돌려 쏘는 고구려 무사 그림을 연상시킨다. 머리 위로 길게 휘날리는 것은 머리칼인지 투구장식인지 궁금했다. 나중에 다른 조각들을 보니 머리칼이 분명한 것 같다. 긴머리와 긴수염은 병사들에게는 금기다. 적에게 붙잡히기 쉽기 때문이다. 몽골과 만주족은 머리를 길렀지만 대신 체두변발이라고 하여 앞머리를 아예 밀었다. 앞머리가 바람에 날려 눈을 찌르는 것과 적에게 머리채를 잡힐 위험을 줄이기 위해서였다. 하지만 폼과 형식을 중시하는 인도인들은 백병전을 하는 병사도 머리와 수염을 포기하지 않는다. 그래서 적의 머리칼을 잡고 싸우는 장면이 종종 보인다. 생명이 걸린 문제에서도 실용보다 형식을 우선하는 참 이해하기 힘든 인도인의 전통이다. 지금도 시크 교도는 터번을 반드시 써야 하기 때문에 전투할 때 철모를 쓰지 않는다고 한다. 철모의 용도는 총알로부터 머리를 보호하는 것이 아니라 수많은 파편조각, 옆 사람의 총이나 장비와의 충돌에서 보호하기 위해서다. 철모를 쓰지 않으면 부상률이 10배는 올라갈 거다.

멧돼지 사냥을 묘사한 그림. 암각화 관람의 거의 끝부분에 나온다. 라스코 동굴벽화에 있는 사냥도를 연상시킨다. 사냥에서 발생하는 장면을 도표처럼 딱딱하게 묘사한 라스코 벽화보다 훨씬 생동적이고 유머스럽기도 하다. 동물의 형체로 보면 멧돼지 같은데 뿔이 있고 사람보다 훨씬 크게 묘사한 것을 보면 들소 같기도 하다. 들소라도 크기에 과장이 심한데, 상대가 그만큼 무서운 동물임을 암시하기 위한 것이라고 생각된다. 목과 등에 솟은 갈기는 동물이 대단히 흥분한 느낌을 주어 박진감을 더한다. 돌진하는 맹수 앞에서 작은 사람이 오른손에 작은 칼을 들고 뒤를 돌아보며 도망치고 있다. 아니면 오른발에 중심을 싣고 몸을 돌리면서 오른손에 쥔 칼로 최후의 일격을 노리는 용감한 전사의 모습 같기도 하다 하지만 칼을 가지고는 멧돼지나 들소를 당할 수 없다. 이 장면은 비극으로 끝난 그의 최후를 추모하거나 아니면 놀랍게도 작은 칼로 상대를 해치운 용사의 무용담을 그린 것일 수도 있다. 화면 하단에 도끼나 돌팔매를 휘두르는 사람은 몰이꾼인 듯하고 그 아래 사람들이 관람하듯이 이 장면을 지켜보고 있는 것을 보면 사냥 사고가 아니라 무용담이나 성인식 같은 것을 묘사한 것이 아닐까 싶기도 하다.

반구대 암각화처럼 소와 사슴의 몸에 줄이 쳐진 것이 있다. 처음에는 이 줄무늬가 호랑이나 얼룩소, 줄무늬 영양 같은 동물의 얼룩무늬를 묘사한 것이라고 생각했다. 그러나 그 중에는 도무지 줄무늬로 볼 수 없는 것들도 있었다. 나중에 이것이 **동물의 각을 뜨는 방법과 부위를 그린 것**이라는 사실을 깨달았

암각화의 소와 사슴 그림

다. 빔베트카의 암각화에도 줄무늬가 있는 그림이 있다. 다만 이것은 정체가 좀 애매하다. 몸에 있는 줄무늬로 보이는 것도 있고, 반구대 암각화처럼 동물의 각을 뜨는 방법을 그린 것처럼 보이는 것도 있다.

각 뜨는 방법을 굳이 묘사한 이유는 사냥꾼에게 대단히 중요한 문제이기 때문이다. 사냥에 성공하면 최대한 빨리 각을 뜨고 해체하는 것이 무엇보다 중요했다. 일단 내장과 같이 상하기 쉬우면서도 미네랄이 풍부한 부분은 바로 먹어야 하고, 시간을 절약해서 한 마리라도 더 잡을 수 있다. 무엇보다도 위험한 것이 사냥에 성공하면 바로 맹수와 약탈자들이 몰려든다는 것이다. 처음 한두 마리일 때는 구경만 하겠지만 떼가 늘어나면 사람을 공격할 것이다. 원시인들이 맘모스 같은 거대 동물을 잡고, 모닥불가에 둘러앉아 며칠씩 춤과 노래로 캠프 파이어를 하는 장면은 현대인의 잘못된 상상이다. 고기를 놔두면 맹수에 쥐까지 몰려든다. 제일 좋은 저장법은 최대한 먹어서 배에 채우는 거다. 그래서 원시인은 아무리 많은 동물을 잡아도 늘 배가 고프고, 굶주림의 위협에 시달리며 끊임없이 먹을 것을 찾아다녀야 했다.

안으로 들어갈수록 사냥도보다는 전쟁도가 많아진다. 규모도 점점 커져서 말을 타고 지휘하는 양편의 대장까지 묘사한 꽤 장대한 전투도도 있다. 이 장면은 말과 사람을 묘사한 그림 실력은 좀 떨어지지만 표현 방식이 독특하다. 오른손에 들고 있는 작고 둥근 것은 방패다. 주변에 있는 보병들도 같은 방패를 들고 있다. 보통은 큰 방패를 선호하는데, 이렇게 작은 방패를 드는 부대는 전투력에 자신이 있고 공격적인 부대라는 의미다. 기사가 들고 있는 안경 같은 것은 철퇴다. 박물관에서 저렇게 추가 2개로 된 철퇴를 보았다. 재미난 것은 기사가 오른손으로 방패를 들고 왼손으로 철퇴를 휘두르고 있다는 것이다. 이 사진에는 나오지 않지만 주변의 보병들은 왼손에 방패를 들고 있다. 그림의 주인공이 왼손잡이였을 수도 있지만 그림의 구도를 위해 왼손과 오른손을 바꿨을 수도 있다. 광화문의 이순신 장군 동상이 오른손에 칼을 들고 있다고 해서 오랫동안 논란이 되었는데, 예술은 예술의 고유한 영역이 있다. 중세와 현대의 화가들도 가끔 구도와 표현상의 문제로 이런 바꿔치기를 한다. 이 오지의 암각화에서도 이런 기법과 표현방식이 사용된 것이 놀랍다.

이것도 긴 전쟁도의 일부로, **말을 탄 두 명의 기병은 뒤에서 칼을 빼어들고 전투를 독려하는 지휘관급 장수**다. 이들이 탄 말에는 해 모양의 장식이 보인다. 이 말은 특별히 전신마갑을 입고 있기 때문이다. 인도의 전통으로 볼 때 상당히 화려한 장식을 한 갑주였을

암각화 중 전투도 부분

거다. 그것을 이 해와 같은 무늬로 표현했다. 이 그림의 특징은 붉은색과 흰색을 섞어서 사용했다는 것이다. 붉은색으로 윤곽선을 그리고 흰색으로 채워넣었다. 흰색과 붉은색 전통의 만남이다.

이 그림은 이혜옥 선생님이 발견했던 것 같다. 조금 높은 곳에 있어서 눈으로는 그림이 정확히 보이지 않았지만, 보는 순간 뭔가 다르다는 느낌이 모두에게 스치고 지나갔다. 동시에 이 장면은 그 정체를 두고 오랫동안 궁금해하

논란이 많았던 그림 베틀
장례 장면 같지만 죽은 적군의 목을 따는 장면이다.

고, 토론도 많이 했다. 처음 현장에서 봤을 때는 집안에서 베틀에 앉아 베를 짜고 있는 장면 같았다. 나중에 이건 베틀이 아니라 누워 있는 사람 같다는 쪽으로 바뀌었다. 장례를 치르는 것, 아니면 의사가 치료하는 장면인 것 같기도 하다. 그러다가 델리 박물관에서 적군의 긴 머리칼을 잡고 목을 따려고 하는 장면을 새긴 부조를 보았다. 그때서야 이것이 **죽은 적의 머리를 자르는 장면**이라는 생각이 떠올랐다. 서 있는 사람이 한 손으로 잡고 있는 것은 활 쏘는 기사 그림에서 본 적군의 긴 머리칼이다. 머리칼을 잡아 머리를 약간 들고, 오른손에는 칼이 들려 있다. 그림을 자세히 보면 누워 있는 사람의 손 언저리에 가는 선이 있는데, 그것은 죽은 적군의 무기다.

암각화 중 동물사냥 그림

이 바위에는 붉은색으로 그린 두 개의 그림이 있다. **연한 색 그림은 아프리카 초원처럼 동물군을 묘사한 것이다. 그 위의 진한 색 그림은 전쟁도다.** 전쟁도는 그림 실력은 낮지만, 활을 쏘고 말을 타고 달리는 기사 사이로 시체들이 바닥에 널부러져 있다. 시체들은 전쟁의 비참함을 묘사했다기보다는 전쟁영화를 좋아하는 어린이가 신이 나서 그린 그림 같은 인상을 준다. 두 그림은 각기 다른 시대에 그린 것인데, 다행히 전쟁도가 이전 그림을 훼손하지 않았다.

동물그림 중에서는 이 부분이 인상적이다. 초식동물을 사냥하는 것은 인간만이 아니다. 뿔이 커다란 소와 뒤를 따르는 새끼를 여러 마리의 늑대나 개떼가 습격하고 있다. 습격자 중에는 아주 작게 그린 것도 있는데, 개나 늑대는 대개 가족단위가 사냥집단이 되어 함께 사냥에 참가하기 때문이다. 반면 사자 같은 무리는 정해진 정예 멤버가 출동한다. 이들이 노리는 먹이는 어미가 아니라 새끼다. 자세히 보면 소떼는 왼쪽으로 가고 있고, 공격대상이 된 소는 무리와 떨어져 오른쪽을 향하고 있다. 대부분의 육식동물은 소떼나 사슴떼가 놀라 달아나게 한 뒤에 뒤로 처지는 새끼를 노린다. 그러면 어미도 무리에서 떨어져 새끼를 보호하려고 한다.

이 그림의 작가는 마치 내셔널 지오그래픽의 다큐를 보는 듯 동물의 생태를 생생하고 정확하게 묘사하고 있다. 이것이 지혜의 힘이고, 이빨도 발톱도 없는 인간이 야생의 세계에서 살아남고 지배자가 된 비결이다. 가끔 이런 장면을 보면 고대인의 지혜가 놀랍다고 말하는 분이 있다. 그러나 고대인이라고 결코 신비로운 존재는 아니다. 현대인은 재미로 동물의 생태를 관찰하지만, 고대인에게 생태계에 대한 지식은 오늘날 우리가 운전을 하거나 컴퓨터를 다루듯이 생존을 위한 지식이었기 때문이다.

여행에서 돌아온 후 사진을 정리하다가 노혜경 선생이 엘레판타 섬의 사원 안쪽벽에서 빔베트카에서 본 것 같은 붉은 톤으로 말을 탄 기사를 그린 듯한 낙서를 발견했다. 멀리서 보면 색감이나 그림의 형태가 정말 유사하다. 그러나 확대해서 보면 선이 명확하지 않다. 습기 등으로 칠이 번진 것 같기도 하고, 벽에 있는 낙서를 지우기 위해 붉은 페인트를 칠한 것이 암각화처럼

엘레판타 섬의 사원 안쪽 벽에 있는 낙서

보인 것인지도 모르겠다. 현장에서 발견했더라면 안료의 종류나 그림 형태를 통해 정체를 분명히 파악했을 텐데, 이때는 빔베트카 암각화를 보기 전이라 전혀 자각하지를 못했다. 사진으로 보니 판독이 어려워서 아쉽다. 그러나 만약 암각화와 같은 종류의 그림이라면 이 그림이 왜 여기에 있을까? 빔베트카의 산에 살던 화가가 이곳으로 이주한 것일까. 아니면 여기서 작은 낙서를 하던 화공이 그곳으로 이주한 것일까? 우연의 일치일까?

|임용한|

오르차 고성, 고성에서의 하룻밤

해외답사를 하다 보면 아무래도 엘로라나 타지마할 같은 특별한 유적을 고대하게 된다. 그러나 그런 유적은 드물다. 대신에 유적은 조촐해도 스토리가 있거나 역사적 깨달음을 얻는 곳, 풍경이 좋은 곳을 만난다. 그나마도 없는 날도 있기 마련인데, 그런 날은 대화도 나누고 즐겁게 놀면 된다. 그런데 인도 답사는 매일 매일이 특A급 유적에 특A급 깨달음이 이어져서 흥분이 그치질 않았다. 3일쯤 지나자 이 뒤로는 아무리 볼 게 없어도 이미 충분히 만족한다고 말할 정도였다. 그러자 가이드 이 선생이 웃었다. 아직 카주라호도 타지마할도 암베르 포트도 못 보셨어요, 특A급이 절반도 더 넘게 남았습니다.

그 특A급 유적목록의 딱 중간에 해당하는 곳이 카주라호의 사원군이다. 그런데 우리의 흥분을 식히려는지 잠깐의 브레이크 타임이 있다. 빔베트카를 보고 보팔에서 카주라호로 가는 길이 꽤 멀다. 기차를 타고 5시간을 달려 잔시에 도착하여 이곳에서 다시 버스로 3시간 30분을 가야 카주라호에 도착한다. 그 중간에 별미에 해당하는 독특한 유적이 하나 있다. 오르차(Orcha)의 고성이다.

오르차는 강변에 형성된 우리나라의 시골 읍쯤 되는 마을이다. 차가 시내로 들어가자 장이 열렸는지 상점과 사람이 분주하다. 길가의 집들도 마구 헐어내고 있는데, 관광지로 좀 더 키우기 위해 도심을 개발중인 것 같았다.

읍내를 지나자 하천과 다리가 나오고 성이 모습을 드러낸다. 이곳은 인도의 지방왕국이었던 분델라 왕국의 수도였다. 1602년 악바르의 아들 자

한기르는 늙은 악바르를 축출하고 황제가 되기 위해 쿠데타를 일으켰다
가 실패했다. 무굴 제국은 왕위계승자를 미리 정해 놓지 않고, 자식들 간
에도 실력경쟁을 하다 보니 아들이 부친을 상대로 반란을 일으키거나 아
들들 간에 혈전이 벌어지는 경우가 많다. 자한기르도 말년에는 아들 샤
자한과 싸웠다. 샤 자한 역시 아들 아우랑제브에게 축출되었다.

자한기르는 이곳 오르차의 통치자인 비르 싱 데오에게 도망쳤다. 3년
뒤 악바르가 죽자 황제가 된다. 여기 숨어 있는 동안 3년만 참을 걸 하고
후회도 많이 했을 거다. 자한기르는 황제가 된 후에도 은인인 비르 싱 데
오를 자주 방문했다. 스물두 번이나 방문했다고 하는데, 이 궁전은 자한
기르가 살았던 특별한 곳이고, 또 방문도 자주 하므로 술탄의 지위에 맞
추기 위해 지은 것이다. 하지만 자한기르가 죽자 샤 자한은 이곳을 공격
했다. 공격군의 사령관은 열세 살 난 아우랑제브였다. 오르차는 불에 타
작은 마을이 되어 버렸지만, 성은 살아남았다.

성 앞에는 해자 역할을 하는 작은 하천이 있다. 데칸 고원의 강들이 거
의 말랐지만, 이 강은 푸르다. 나중에 성에서 내려다보니 물이 풍부해서
그런지 마을 전체에 녹음이 우거졌다. 풍족하고 좋은 땅이다. 왕국의 수

성의 해자와 다리

오르차 고성 입구

도가 될 만하다.

다리를 건너면 성문이 있고, 성문을 지나면 매표소가 나온다. 처음 안으로 들어가면 작은 광장이 나오고 정면과 우측에 건물이 있다. 다시 그 안으로 들어가면 진짜 메인 광장과 성의 본모습이 보인다. 그곳으로 들어가기 전 성 초입의 광장에서 느낀 소감은 왠지 유럽에 있는 영주의 성 느낌이 난다는 것이었다. 백설공주가 사는 성의 뾰족탑이라든가, 뭐 특별히 닮은 구석이 없는데도 그런 느낌이 든다.

나는 어릴 때부터 뭔가 답이 나오지 않거나, 설명을 들어도 정답이 아닌 듯한 느낌이 들면 마음에 담아 두고 잊지 못하는 버릇이 있다. 이날 생긴 궁금증은 이후 아그라 성이나 암베르 성을 보고, 무굴 제국의 건축양식에 익숙해진 뒤에도 해소되지 않았다. 지금 생각해 보니 우리는 한국, 중국, 일본식이 아니면 그리고 돔과 같이 어설프게 알고 있는 중동 양식이 아니면 다 서구식이라고 생각하는 경향이 있는 것 같다.

십자군 전쟁 이후로 유럽과 이슬람은 서로 많은 문화를 주고 받았다. 이슬람의 선진문화가 유럽으로 전수되었다고도 하지만 문화가 일방통행을 하는 경우는 없다. 그렇게 융합된 것이 이슬람 문명이고 인도는 그리스 문화부터 이슬람 문명까지 받아들였다. 나부터 그런 이해가 부족했기 때문에 서구적인 느낌이 드는 것을 이질적으로 느꼈던 것 같다.

정면에 솟아 있는 사각형 건물은 지금 호텔로 사용되고 있다고 한다. 저곳에 숙박하면서 궁전 체험을 해 보는 것도 좋겠지만 우리가 보는 건물이 전성기의 모습은 아니다. 호텔 건물 위쪽을 보면 코발트 타일을 발랐던 흔적이 보인다. 코발트와 금빛이 섞인 환상적인 자태였을 텐데 상상이 되질 않는다.

안쪽 광장으로 들어가면 3층의 건물이 광장을 사각으로 싸고 있다. 정자처럼 생긴 작은 돔과 천정을 이루는 큰 돔. 아치와 회랑이 적절히 가미된 입체적인 건물, 전형적인 무굴 궁전의 건축양식으로 앞으로 많이 보게 될 구조다. 그러나 양식이 같아도 느낌이 특별하다. 뭐랄까? 한눈에 쏙 들어오고, 마음 속에 착 들어와 앉는다고 할까? 궁전이 화려해도 너무 크고 넓으면 사람 사는 공간 같지가 않다. 오르차는 영주의 성처럼 적당한 규모여서 아기자기하고 친근감이 간다. 그래도 웬만한 저택보다 훨씬 크지만 말이다. 살아보고 싶은 집이라고 할까? 이런 느낌을 주는 고성은 이후로 다시 만나보지 못했다.

아쉽다면 이곳 역시 전성기에는 더 아름다운 성이었다는 것이다. 벽과 벽 사이 처마밑 그늘진 곳을 자세히 살펴보면 남아 있는 페인트의 흔적이 있다. 이곳도 벽을 채웠던 원색의 안료와 금박이 거의 다 벗겨져서 색채의 미를 상실했다.

2층으로 올라갔다. 입체적인 설계로 시선이 향하는 곳마다 독특한 조형미가 있어서 사진 찍기가 힘들다. 이것을 찍으면 저것이 더 좋아 보이고, 저것을 찍으면 더 좋은 앵글이 잡힌다. 여기서 발코니로 나가면 강과 나무로 덮인 아름다운 오르차의 전경을 볼 수 있다. 타지마할이 없을 뿐

오르차 고성 내부

이지, 아그라 포트에서 보는 전경보다 더 아름답다. 이곳에서 보는 일몰과 황혼도 절경이라고 하는데, 솔직히 인도에서 그런 이야기를 하는 곳이 한두 곳이 아니다. 우리나라로 보면 산이 많은 곳이 경치는 아름답다. 바다는 장쾌하긴 하지만 단조롭다. 그러나 일출과 석양은 아기자기한 산이 아니라 다 바다가 명승이다. 이런저런 잡스런 풍경이 사라지고, 빛과 어둠으로 세상이 하나가 되어 사라지거나 나타나는 광경은 바다같이 넓은 곳에서 봐야 제맛인 듯하다.

인도에서는 지평선과 나무들이 점점이 박혀 있는 인도 평원이 바다를 대신한다. 높은 곳에 오르면 지평선은 더 넓어진다. 그래서 이런 성의 창가나 성의 정상이 해 구경하는 명승이 되는 것 같다.

경치 구경을 마치고 본격적인 무굴 궁전 탐험을 시작했다. 이 사각의 공간 안쪽에 또 하나의 건물구역이 있다. 메인 홀의 천정은 황제의 행차와 도시 풍경을 그려놓은 벽화로 꽉 차 있다. 다른 곳은 대부분 벗겨졌거나 기하학적 문양으로 채웠는데, 이곳은 화려하게 치장한 사람과 코끼리, 말로 채워져 있어 분위기가 남다르다.

오르차 고성은 방과 계단
이 모두 미로 같다.

다음 구역으로 건너가 층계를 오르내리며 건물 구경을 계속했다. 방과
방, 계단과 계단이 모두가 사람 하나 지나갈 정도로 좁고 미로처럼 되어
있다. 나중에 알았지만 무굴 제국의 궁전은 다 이렇다. 아버지와 아들 간
에도 맨날 전쟁을 벌이니 모든 건축물에 군사적 설계가 들어간 것 같다.
아무리 그래도 생활에 불편을 초래할 정도로 너무 좁다. 이리 좁으면 가
구는 어떻게 날랐을까? 별 걱정을 다 한다. 자기가 나르나 아랫것들 시키
면 어떻게든 알아서 하겠지. 그러고 보니 어느 궁전이나 벽에 수납장으로
사용하는 감실 같은 것이 많이 만들어져 있는데, 그것이 가구 대용인 것
같다. 확실히 옛날에는 가구를 많이 사용하지 않았던 것 같다. 지진이 나
면 가구가 흉기로 돌변하기도 하지만, 큰 가구나 일본의 오쿠노야(奧の室)
같은 수납공간은 자객이 숨어들 우려도 있다. 무엇보다도 우리 현대인들
처럼 필요한 물건을 손 닿는 곳에 구석구석 비치해 둘 필요가 없다. 멀리
창고에 두고 하인을 시키면 된다. 궁전이나 영주의 저택은 외형은 멋있지
만, 싱크대도 없고 씻을 곳도 멀고 화장실도 없거나 멀다. 집은 끔찍하게
큰데, 안방이나 사랑방처럼 주인공이 직접 거주하는 생활공간은 아주 작

고성 내부의 문과 방들

은 경우도 있다. 그러면 우리는 옛날 사람은 참 불편하게 살았다고 하거나 참 검소하게 살았다고 착각한다. 아니다. 우리가 그렇게 느끼는 것은 대부분 하인이라는 요소를 빼고 판단하기 때문이다. 집은 외형도 중요하지만, 사람이 편하게 살기 위해 만든 공간이다. 어떤 건축이든 이 원리를 포기하지 않는다. 다만 편히 사는 방식이 다른 거다.

여행은 보는 여행이 있고 체험하는 여행이 있다. 지금 생각해 보면 오르차의 고성은 체험해야 하는 곳이었다. 저곳을 숙박처로 잡고, 고성을 눈으로 스쳐 지나갈 것이 아니라 이 방 저 방에 머물러 보고, 발코니에 앉아서 석양과 별을 보며 대화를 나누었더라면 저 성과 공간을 하루는 소유할 수 있었을 텐데. 밤과 아침에 오르차의 마을을 둘러보는 것도 별미였을 것 같다. 생각할수록 정말 아쉽다.

|임용한|

카주라호, 낮 뜨거운 성진

카주라호는 잔시 동남쪽 약 175km 지점에 있다. 카주라호를 중심으로 서부, 동부, 남부 사원군이 있다. 이 사원들은 대개 10~11세기에 지어진 것이다. 80기의 사원이 있었으나 지금 보존된 것은 20개 정도다. 이 사원군을 다 보려면 하루를 다 투자해야 한다. 반나절을 소모한다면 서부 사원군의 칸다리아 마하데바 사원이 대표적이다.

이곳에는 4개의 사원이 있다. 힌두교의 주신인 시바, 비슈뉴, 태양신 수리야를 모신 사원이다. 노란색 돌로 세운 사원은 전체가 황금빛을 발한

카주라호 사원

다. 너무 훼손되어 원 모습을 알기 힘든 앙코르와트가 바로 이런 형태였을 것이다. 겉과 안에는 수많은 조각과 부조로 채워져 있다. 조각들은 크기가 대체로 두 가지로, 건물 외벽의 잘 보이는 곳에 붙이는 큰 것과 그 주변, 축대 등에 붙이는 작은 부조들이 있다. 엘로라의 카일라사 사원이 바위를 깎아 건물과 부조를 일체로 조각했다면 이곳의 현란한 조각과 부조는 모두 따로 만들어서 붙인 것이다. 사원 외부와 내부의 조각 모두가 그렇다. 덕분에 더 현란하고 화려하지만 뜯어내기도 쉬워 약탈도 많이 당했다. 내외부가 그나마 적당히 보존된 곳은 비슈뉴 사원이 유일하다.

사원의 전체 형태는 대략 비슷하지만, 자세히 보면 첨탑의 조성이나 내부의 조각에서 수준이 제법 차이가 난다. 현재는 비슈뉴 사원이 제일 화려하다. 그것은 이 사원이 보존이 제일 잘된 덕분도 있다. 건축의 원리와 완성도라는 시각에서 보면 그 뒤에 있는 시바 사원이 더 잘 지었다. 첨탑을 아래서 올려다보면 층층이 하늘로 솟구치는 느낌을 주는데, 이것은 시바 사원이 제대로 구현했다. 비슈뉴 사원은 외곽에 장식을 너무 붙여서 화려하기는 하지만, 이런 효과가 반감된다. 그러나 안타깝게도 시바 사원은 외벽의 조각은 어느 정도 보존이 되었지만, 내부에 붙여둔 부조가 거의 싹 뜯겨나갔다.

카주라호 사원은 미트나라고 불리는 야한 조각으로도 유명하다. 인터넷 덕분에 더 유명세를 탔다. 특히 단체 관광객들이 우르르 몰려 있는 곳이 대개 미트나가 집중되어 있는 곳이다. 가이드들은 작은 거울로 햇빛을 반사시키거나 레이저 포인트로 민망한 부위를 짚어 가며 열심히 설명을 한다. 그리고 팁으로 가시를 뽑고 있는 여인 같은 약간의 그림 찾기를 한다. 그 민망한 조각들에 대해 설명하자면 이 책이 19금이 될 것 같아서 표현이 곤란하다.

단지 배치 형태에 대해 말하자면 소위 미트나의 배치에는 세 가지 형태가 있다. 첫 번째는 건물 외벽의 중심되는 부조들을 놓은 자리 중앙축에 당당하게 배열하는 것이다. 돌아보면 두세 군데 그런 곳이 있다. 사람들이 제일 많이 몰려 있고 가이드가 목청을 높이는 곳이 그곳이다.

　두 번째는 일련의 스토리 라인 속에서 배치한 것이다. 대개는 전쟁과 관련된 스토리인데, 승리한 군대가 약탈을 한다거나 기타 등등 전쟁에서 발생하는 장면들이다. 파노라마처럼 이어지는 긴 부조를 보면서 전후 장면이 의미하는 바를 유추해 보는 것도 재미있다. 세 번째는 앞의 사원들과 마찬가지로 숨은그림 찾기의 재미를 위하여 요소요소에 간간이 숨어 있는 것들이다. 정말 연인이 밀애를 하듯 조각에서도 기둥 사이, 으슥한 공간으로 표현되는 곳에 숨어 있기도 한다.

　이곳의 부조는 많이 파괴되거나 떨어져나간 것을 다시 붙인 것이 많다. 혹 그때 엉터리로 붙인 게 아닌가 하는 의문도 든다. 그러나 다른 사원에서도 이런 식으로 갑자기 등장하는 것들이 많았던 것을 보면 대부분 제자리가 맞는 듯하다. 대체로 너무 많이 봤다거나 이제 좀 지루해진다 싶으면 하나씩 등장한다. 많이 지루하다 싶으면 쇼킹한 장면이 등장한다. 작은 부조는 주의 깊게 보아야 하는데, 다 찾고 싶다면 전체를 꼼꼼하게 살피는 수밖에 없다.

　대부분의 장면은 신들의 향연과 전쟁을 묘사한 것이다. 대강 보면 다 비슷해 보이지만 자세히 보면 비슷한 장면이라도 조금이라도 다르고, 개성 있게 보이려고 많은 노력을 했다. 소재와 창의력의 고갈로 어쩔 수 없이 같은 장면을 반복하는 경우도 있지만, 정말 조금이라도 다르고 개성적인 장면을 만들어 내기 위해 눈물겹게 노력을 했다. 수없이 나오는 코끼리 군대의 전투장면도 꽤 다양하고 의외로 사실적이다. 아기 코끼리를 데리고 가는 장면이 있는데, 실제로 코끼리 부대는 엄마 코끼리가 물러서지 않고 싸우도록 하기 위해 아기 코끼리를 데리고 갔다는 기록이 있다. 백병전의 묘사도 검으로 적의 몸을 꿰뚫는 장면(이건 노혜경 선생이 찾았다)같이 하나밖에 없는 장면들도 꽤 있다. 수없이 나오는 악기 연주와 춤추는 장면도 자세히 보면 악기와 춤동작이 조금씩 다르고 눈에 익은 춤사위도 발견할

수 있다. 가시 뽑는 여인 외에 우리가 재미로 추가한 장면 중에서 최우수작은 윤성재 선생이 찾은 엉큼한 코끼리다. 그 외 스마트폰 하는 여인, 로또에 당첨된 가네샤 등등이 우리가 찾아서 붙인 조각들이다. 조각들을 자세히 보며 찬찬히 감상하면 반나절을 꽤 바쁘게 보낼 수 있을 것이다.

엉큼한 코끼리 이 부조의 모든 코끼리는 정면을 보고 있는데, 맨 우측의 코끼리만 고개를 좌측으로 돌려 미트나 장면을 보고 있다.

　미트나 상 외에 이 사원의 부조 중에서 재미난 것들을 모았다. 독자들이 찾아보고 더 많은 것을 발견할 수 있도록 하기 위해 위치는 표시하지 않았다.

두 명의 병사가 시체를 밟고 서서 필사적으로 싸우고 있다. 이들이 들고 있는 무기는 그리스식 양날검이다. 오른쪽 병사가 검을 쥔 손을 보면 휘두르기를 포기하고 오직 적의 몸에 밀어넣기 위해 안간힘을 쓰고 있다. 왼쪽의 병사는 밀고 들어오는 적의 검을 맨손으로 움켜쥐고 저항하고 있다. 그러면서 자신의 칼이 적에게 먼저 닿기를 원하는데 안타깝게도 그의 검은 아래쪽으로 밀려나 있어서 다시 칼 끝을 들어서 적을 찔러야 한다. 그러나 당장 자기 몸으로 들어오는 검을 온힘을 다해 막아야 하기 때문에 오른손을 뺐다가 다시 찌를 여유와 힘이 없다. 누구의 승리일까?

인도의 명물 코끼리 부대의 전투 장면이다. 코끼리와 코끼리가 부딪히고 있고, 코끼리는 병사 한 명을 코로 감고 있다. 왼쪽의 코끼리를 보면 코

로 허리를 감은 뒤 땅에 메다꽂고 있는데, 이런 장면은 다른 부조에도 많이 나온다. 이렇게 땅에 메다꽂으면서 허리를 분지르는 전투법을 훈련시켰던 것 같다. 하지만 이런 방식은 코끼리를 공격하는 보병을 저지하는 최후의 방법일 뿐, 느리고, 코끼리도 적이 휘두르는 칼과 창에 부상을 입을 확률이 높아 별로 효율적이지는 않다. 코끼리의 주 전투력은 등에 탄 사수다. 코끼리 등에 세 사람이 타고 있는데 한 사람은 몰이꾼이고 두 사람은 사수다. 이 각도에서는 보이지 않지만 등 뒤를 보면 활을 든 사수는 사슬갑옷을 입고 있다.

두 마리의 코끼리 중 작은 코끼리는 새끼 코끼리다. 코끼리 부대는 어미의 전투 본능을 자극하기 위해 일부러 새끼 코끼리를 데리고 갔다. 전투가 벌어지면 어미는 새끼를 보호하기 위해 맹렬하게 싸웠다.

낙타부대다. 인도는 낙타보다 덩치가 큰 코끼리를 애용했기 때문에 전투 때는 코끼리와 말을 사용하고, 낙타는 수송용으로 주로 사용한 것 같다. 낙타는 말보다 덩치가 월등히 크고 힘도 세서 수송용으로는 그만이었다. 낙타 안쪽으로 가로수인 듯한 나무가 있고, 낙타를 끄는 사람들도 무장이나 갑옷은 없고 표정도 태평하다. 이것은 안전한 도로를 걸어가는 수송대의 한가로움을 잘 보여준다. 엄청나게 많은 부조로 채워져 있지만, 이처럼 부조

하나하나를 꼼꼼히 살펴보면 아주 사실적이고 디테일한 스토리를 지니고 있다.

다양한 악기를 든 연주가와 무희들이 춤을 추고 있다. 팀을 이루는 연주하는 여인들의 부조는 아주 많이 보이는데, 자세히 보면 춤 동작도 악기 부는 모습도 조금씩 다르고 개성이 있다. 인도의 뮤지컬과 TV에서는 이 조각에 나오는 무희들의 동작을 응용한 댄스가 많다. 이들은 귀족들을 위해 공연을 하는 중이다. 우측에는 배가 나오고 몹시 비대한 사람이 텐트 안에서 여인의 시중을 받고 있다. 이 왼쪽으로 신분이 높은 사람들이 앉아 있고, 그 뒷줄에는 무사 내지는 경호원인 듯한 사람들이 서서 도열해 있다. 서 있는 사람들은 수염이 없다. 반면 앉아 있는 사람들은 코에는 지금도 흔히 볼 수 있는 카이젤 수염을 기르고, 턱에는 바빌론과 페르시아 부조에서 볼 수 있는 수염주머니에 넣거나 기름을 발라 땋은 듯한 수염을 하고 있다. 이 수염은 지금은 볼 수 없는데, 당시에는 인도와 페르시아 문화가 만나 귀족들이 두 개의 수염을 병행했던 것 같다.

이것은 전투가 아닌 **사냥 장면**이다. 나무그늘 아래서 두 명의 사냥꾼이 활을 메고 의논중이다. 좌측에 활을 쏘는 사람은 신분이 높은 사람이라 주변 인물에 비해 훨씬 크게 만들었다. 이런 방식은 부조 곳곳에 보인다. 그가 쏜 화살은 우측의 염소 같은 동물의 목을 관통했다. 우측에는 말을 탄 사냥꾼과 사수가 멧돼지를 사냥하고 있다. 말을 탄 사람은 창을 들어 사냥감을 찌르려 하고 있다. 말 아래 작은 사람은 몰이꾼 같다. 다만 작은 멧돼지는 비슈누의 화신인 멧돼지를 상징한 것인지 사냥감인지 분명치 않다.

고구려의 각저총에 있는 **두 역사의 씨름 장면**과 유사하다. 각저총에 등장하는 씨름꾼이 고구려인이 아닌 서역인일 수도 있다는 해석도 있는데, 이 장면을 보면 그런 생각이 더 든다. 두 사람은 턱수염은 기르지 않았지만, 긴 꽁지머리를 한 탓에 서로 상대의 머리칼을 붙잡고 싸우고 있다. 전투 장면인지 스포츠인지는 분명하지 않다. 무기가 전혀 없고, 목에는 목걸이를 하고 손목에는 팔찌를 한 것을 보면 스포츠 같기도 한데, 바로 우측은 코끼리의 전투 장면이라 전쟁터를 묘사한 것 같기도 하다.

각저총 고분벽화 씨름도(하)

카주라호 사원의 조각들은 단절적인 장면도 많지만 전체적으로 스토리를 지닌 것도 많다. 많은 사람들이 이 점을 놓치고 엉뚱한 해석을 한다. 이 장면은 **군대가 출정하는 장면**이다. 중앙에 병사들이 들고 있는 곡식 다발 같은 것은 뭔지 모르겠지만, 두툼한 배낭을

둘러메고 한가하고 우울하게 걸어가는 표정을 보건대 전선에 도착한 것

이 아니라 징발되어 고향을 막 떠나가는 장면을 묘사하고 있다.

그런데 부조의 맨 왼쪽 기둥으로 가려진 집 안에서는 두 명의 여자가 동성애를 하고 있다. 전쟁으로 남자들이 떠나버린 상황을 묘사한 것이다. 전쟁과 섹스, 인간 세상에서 가장 적나라하고 원초적인 욕망이 빚어내는 장면을 여과없이 보여주는 것이 카주라호의 부조가 추구하는 메시지다.

나체의 부처상이다. 가운데의 석가모니가 대좌에 앉아 있다. 좌우측에 서 있는 사람도 귀가 크고 석가모니와 비슷한 용모를 하고 있다. 보통 힌두 신상에서는 좌우에 여인이나 보조인물을 두는데, 이것이 후대의 불교처럼 석가모니와 다른 부처를 함께 두는 형식으로 발전하는 과정이다. 그러나 자이나교의 영향인지 모두가 나체상이다. 더욱 황당한 것은 이 상이 위치한 위치다. 이 공간에는 전부 5개의 똑같은 크기의 부조가 있는데, 왼쪽 3개는 전통적인 신상에서 부호가 시중을 받고 있는 형태다. 그것이 점점 석가의 모습으로 변해 가면서 맨 우측의 아직 완전히 불교화하지는 않은 석가상이 된다. 마치 힌두교의 욕망과 부귀영화를 강조하던 부조가 영적인 성취를 강조하는 불교로 변해 갔다는 과정을 설명하는 듯하다.

| 임용한 |

아그라, 황제의 묘원

아그라는 1526년부터 1658년까지 무굴 제국의 전성기에 수도였다. 덕분에 타지마할과 아그라 포트, 악바르 대제의 무덤인 시칸드라, 후마윤의 장인 누르자한의 묘인 이티마드 웃 다울라가 이곳에 있다. 제일 먼저 타지마할을 보고 이티마드 웃 다울라, 시칸드라, 아그라포트 순으로 돌아다녔다. 거리가 멀지 않지만, 아그라를 남북으로 종횡하며 하루 종일 다닌 덕에 도시 구경은 잘했다.

도시로서 아그라는 델리나 뭄바이 같은 현대식 분위기에 첨단 고층건물 같은 건 없다. 건물들이 대체로 작고 허름하다. 델리와 뭄바이에는 최첨단과 고급스런 상류층이 있고, 자이푸르는 관광지로서 고풍을 느끼도록 상당히 꾸며놓은 도시라면, 아그라는 시골마을이나 읍, 시장에서 보던 사람들을 그대로 모아다 도시로 합쳐놓은 듯한 곳이다. 덕분에 인도의 보통사람과 서민들의 삶, 도시의 그늘이 여과없이 드러난다.

아그라 거리 대체로 작고 허름한 건물들이 들어서 있다.

아그라 풍경 경비가 삼엄한 때임에도 병사들이 가게에 들어가 놀고 있다.

공해도 심하지만 도시도 사람도 우중충해서 온통 회색빛이다. 여성들은 여전히 원색의 사리를 입고 다니고, 가끔 붉은 벽돌이나 벽돌색을 칠한 집도 있지만, 회색빛을 이겨내지 못한다. 우리가 방문했을 때는 하필 전국의 주요 경제인이 모이는 큰 행사가 있어서 도시 전체가 경비가 삼엄했다. 그러나 조금 지나고 나니 전혀 긴장감이 느껴지지 않았다. 무장군인과 경찰이 사방에 깔려 있고 교차로에 탱크까지 포진해 있지만 겁나는 분위기도 잠시다. 경찰특공대인지 군인인지 모르겠지만 배 나온 병사들은 삼삼오오 모여서 잡담이나 하고, 교차로 경비는 앉아서 신문을 보고 있다. 마침내 가게에 들어가 놀고 있는 병사들을 보고는 웃음 겸 한숨이 나왔다. 경비의 핵심인 대회 참가자들의 숙소에서 한 블록 지점인데도 말이다. 한국 같으면 시민들이 당장 부대나 언론사에 신고했을 것이다.

아그라도 교통체증이 심하다. 어디든 사람이 넘치고, 시장은 발 디딜 틈이 없을 정도다. 그 어떤 도시보다도 인구밀도가 높은 듯하다. 그러나 아그라의 혼잡도 올드 델리에는 견줄 바가 아니라고 한다.

아침 거리에서 인상적이었던 광경은 열심히 거리를 청소하고 있는 주황색 유니폼의 청소부들이었다. 일단 남자라는 것이 놀라웠다. 빗자루를 든 남자는 인도에서 처음 본 것 같다. 물론 그 후에도 보지 못했다. 많은 사람들이 인도가 더럽다고 하는데, 내가 볼 때는 나름 열심히 노력을 한다. 기차에서도 운행중에 락스까지 뿌려 가면서 청소를 하고 시트도 열심히 갈았다. 락스 덕에 새로 산 여행가방이 탈색이 되고, 시트도 어떤 물에 빨았는지 의심스럽기는 하지만, 열심히 노력은 한다. 그들이 위생관념이 없고 불결해서가 아니라 아직 사회가 받쳐 주지를 못하는 거다.

2002년도에 일본 여행을 했을 때, 우연히 동행했던 모 교수가 일본인의 친절과 청결에 감탄을 하고 또 했다. 당신이 유럽과 미국에서도 살아봤는데, 이렇게 깨끗한 도시와 친절한 사람들은 보지 못했다고 했다. 그러나 요즘 서울 거리와 상점을 보면 그때 일본 수준은 충분히 된다. 최근 일본을 가보지 못했지만 더 이상 깨끗하거나 친절하기는 불가능할 것 같다. 단 10년 사이에

이런 집에도 사람이 산다.

한국은 일본을 따라잡았다. 그런데 인도는 쉽게 될 것 같지는 않다. 이번 답사를 다니면서 서로서로 한 10년 후에 다시 와보면 좋겠다는 말을 여러 번 했다. 처음에는 동조하던 사람들이 인도를 다니면 다닐수록 점점 회의적으로 변했다. 10년 후에 가도 다름이 없을 것 같고, 20~30년 후에는 늙어서 못 갈 것 같다.

연립주택 규모의 건물이 빼곡하게 들어서 있는데, 부서진 건물, 깨진 건물, 사람이 살지 않는 것 같은 건물이 사이사이에 놓여 있다. 그러나 인도 어디나 그렇지만 겉모습으로 판정하기는 어렵다. 진짜로 버려진 건물은 원숭이떼의 놀이터가 되어 있다. 도심 한복판에 웬 원숭이가 저리 많을까 싶은데, 그런 생각을 비웃기라도 하듯 도심 골목에서 물소가 떼로 나타났다. 조금 후에 야무나 강을 건넜는데, 강변과 강이 물소로 꽉 찼다.

좀 전에 본 물소들도 강으로 가던 길이었다. 명색이 큰 공단이 있는 대도시인데 웬 물소가 저리 많은지 아프리카 초원을 보는 듯했다. 그 중 가장 큰 모래톱에는 빨갛고 노란 천들이 죽 널려 있다. 빨래터다. 물소가 저리 많으니 물소들이 배출하는 배설물이 엄청날 텐데 저 물에 빨래를 한다. 설마 우리 호텔의 시트도 저기서 빤 건 아니겠지.

다른 대도시와 달리 아그라는 시골마을처럼 빈터에 소들이 진을 치고 산다. 소들이 있는 곳에는 더러운 웅덩이와 쓰레기 더미, 걸인이 있다. 인도 도시의 아침과 저녁은 특별히 우중충하다. 노숙자와 걸인은 일찍 자고

인도의 물소 도심을 유유히 행진하기도 하고 야무니 강변을 꽉 채우고 있기도 하다.

늦게 일어나서 유달리 눈에 많이 띈다. 인구밀도 탓인지 아그라는 하루종일 도시 빈민이 어디서나 보였다. 보도와 공터에서 자는 사람, 쓰레기 더미를 뒤지는 아이, 거리에서 떼로 구걸하는 아이들이 그 어디보다 많았다. 가장 이상했던 것은 철길에 모여 있는 사람들이었다. 빈민들도 아닌 듯한데, 아이들 어른 할 것 없이 철길에 모여 무리져서 놀거나 방황한다. 어떻게 된 영문인지 알 수가 없었다.

이런 도시 분위기와 너무나 대조적으로 아그라의 유적은 깨끗하고 우아하다. 악바르 대제의 묘인 시칸드라에서는 넓은 풀밭에 영양을 풀어 놓았다. 악바르는 세계사 교과서 덕분에 우리 모두가 유일하게 이름을 알고 있던 무굴 제국의 황제다. 그가 건축한 아그라 포트와 파테푸르 시크리, 그의 묘는 모두 적사암을 사용했다.

아그라 풍경 도시에서도 한가로운 남자들이 많다. 사원 입구에 사람들이 자리를 깔고 누워 있는데 옷을 보면 빈민은 아닌 듯하다. 검은 비닐봉지를 뒤집어 쓰고 구걸을 하는 아이들은 얼굴을 가리려는 것인지 햇볕을 가리려는 것인지 모르겠다.

　1부 신이 인간이 되어 사는 세상

시칸드라는 꽤 넓은 공간을 차지하고 있지만, 공간에 비해 건물은 많지 않다. 외곽 건물은 많이 허물어졌다. 공간이 그의 권력을 과시하지만, 건축물이 따라주지 못한다고 할까? 내부의 실내장식 역시 코발트 바탕에 금박으로 치장한 화려함을 자랑한다. 보존이 잘 된 탓인지 그 어디보다 화려하다. 괜찮게 지은 건축이지만 외모나 실내장식에서 개성이라든가 뭔가 짜릿함이 느껴지지 않는다.

시칸드라
악바르 대제의 묘

그런 점에서는 오히려 이티마드 웃 다울라가 더 괜찮았다. 첫인상은 그 반대였다. 황제의 장인의 묘라 등급이 떨어지고, 건물 디자인이 좀 낯설다. 하얀 벽면에 채색무늬를 복잡하게 넣어서 아라베스크가 연상되기는

이티마드 웃 다울라와
내부

하지만, 우아하게 느껴지지는 않는다. 그러나 눈에 익으니 딱딱한 시칸드라에 비해 감성적으로 와 닿는 부분이 있다. 천정에 잘 남아 있는 코발트 바탕에 금으로 새긴 부조는 인상적이었다. 훼손으로 인해 아잔타나 엘로라, 오르차에서 보지 못한 아름다움을 연상시켜 준다. 사실 코발트와 금색의 조각은 시칸드라 내부에 더 잘 남아 있고, 그곳이 더 비싸고 화려해 보이지만, 왠지 이곳이 더 집중도가 있다. 벽면에는 감실을 잔뜩 만들고 진짜 도자기 대신 도자기를 상감으로 새기거나 그려놓았다. 이 양반 도자기를 무척 좋아했나 보다. 진짜 도자기는 비싸기도 하지만, 여긴 무덤이라 진짜 도자기를 가져다 놓으면 관리도 어렵고 도난의 우려도 있어서 그림으로 대체한 게 아닌가 싶다. 근데 도자기 상감과 그림의 수준이 차이가 난다. 아무래도 건축비가 딸렸던 것

이티마드 웃 다울라에서 바라다본 강변 풍경 아베크족이 한가롭게 앉아 있다. 그러나 그 아래 강변에는 수상한 불량청소년들이 모여 있었다.

같다.

실내도 처음에는 너무 많은 무늬에 좀 천박해 보였는데, 황제의 묘와는 또 다른 감성이 있다. 이 양반도 최고 귀족이지만 황제보다는 우리와 가깝기 때문일까? 디자인이나 장식이란 참 묘하다. 어떨 때는 나와 전혀 유리된 다른 세상, 다른 차원의 것이 환상적으로 느껴지기도 하고, 어떤 때는 뭔가 나와 조금이라도 가깝거나 연계성이 있어야 마음이 간다.

이티마드 웃 다울라의 또 하나의 장점은 주변 풍경과 분위기다. 면적은 좁지만 강변을 끼고 있어 바다 분위기가 난다. 물소와 빈민, 마약을 하는 듯한 불량청소년들이 어슬렁거리는 강변 풍경이 별로 좋지는 않지만, 같은 하늘이라도 탁 트인 하늘을 향한 실루엣이 훨씬 담백하게 느껴진다.

| 임용한 |

타지마할, 3D로 세상을 나누다

타지마할 앞에서

이집트의 피라미드처럼 인도하면 생각나는 대표적인 유적. 세계 7개 불가사의 중 하나. 이런 대단한 수식어가 붙은 유적을 찾아갈 때는 겁부터 난다. 소문난 잔치에 먹을 것이 없다고 오히려 실망하지 않을까 하는 걱정이다. 인간은 참 특이한 존재다. 어떨 때 보면 세상에 같은 사람이 둘도 없다 싶을 정도로 한명 한명이 다르고 예측불허다. 그래서 유가에서는 개인 한명 한명이 소우주라고도 한다. 하지만 어떨 때는 전 세계 인류가 두세 유형으로 간단없이 분류되기도 한다.

이런 명승을 찾을 때의 마음가짐도 인류를 둘로 나눌 수 있는 경우에 속한다 – 전자제품을 사거나 음식점에 갈 때도 마찬가지다. 첫째 명품 브랜드를 선호하듯이 세계적인 유적이라고 하면 감탄하는 유형이다. 두 번째는 반대로 명성에 반골적 혹은 잠재적인 거부감이 있는 유형이다. 이런 분들은 반드시 속았다고 실망한다. 그런 사람은 차라리 세계 7대 불가사의니 뭐니 하는 말을 듣지 않고 보았다면 아름답고 신비롭다고 감탄했을지도 모른다.

나는 어떤 유형일까? 나도 모르겠다. 분위기에 따라 나도 왔다갔다 한다. 무슨 높은 사람이라도 만나는 듯 이런 불안감과 긴장감이 교차하는 심정을 안고 타지마할로 가는데, 벌써 유명세를 하는지 만나기가 쉽지 않다. 인도의 도시들은 다 공해가 심하지만 아그라는 그 중에서도 최악이었다. 아침 저녁으로 스모그가 안개처럼 낮게 깔려 있다. 밤이 되자 호텔 방 안까지 타는 냄새 같은 것이 들어오고 목이 아플 정도였다. 공해는 아그라 〉델리 〉뭄바이 순으로 심했던 것 같다. 다른 도시는 그래도 숨은 쉴 만했지만 이 도시들은 숨쉬기도 힘들 정도였다. 아그라 주변에 공장이 수백 개라는데, 그 중에는 정말 심각한 공해산업도 꽤 있다. 고도성장기에 한국의 대도시도 공해가 심해 논란이 되었지만 이 정도는 아니었다. 다들 타지마할 보려고 수명을 일년은 단축시킨 것 같다고 투덜거렸다.

입장료도 끔찍히 비싸다. 자국민은 10루피, 타국인은 입장료 250루피에 환경보존금 500루피를 받는다. 전에는 아그라의 유적마다 다 환경보존금을 추가로 받았는데, 그나마 환경보존금은 통합요금이 되었다. 그래서 이 영수증은 꼭 가지고 다녀야 하는데, 당일날만 유효하다.

이게 끝이 아니고 셔틀버스 요금까지 낸다. 솔직히 매표소를 타지마할 가까이 둔다면 셔틀버스를 탈 이유가 전혀 없는데 말이다. 이 상태로 스모그에 시달리면 대리석이 산화되어 200년 후면 타지마할이 사라질 것이라고 한다. 그래서 환경보존금을 내라니 내기는 하겠는데, 전혀 환경보존에 쓰일 것 같지가 않다. 타지마할 보호를 위해 관광을 중단시킨다는 이야기도 있었다고 하는데, 아무래도 입장료를 올리려는 술수 같다. 관광객을 차단시킨다고 한들 저 스모그는 어쩔 거냐고.

입구에 도착하니 자동소총을 든 경찰이 쫙 깔려 있고, 검문이 삼엄하다. 인도는 종교갈등과 인종분열로 약간의 테러 위협이 있다. 얼마 전에 어떤 단체가 타지마할을 폭파하겠다는 협박을 했던 적도 있다. 그래서 타지마할 입구에는 무장군인 혹은 무장경찰이 득실득실하고, X레이 투시기로 가방을 검사한다. 그 어느 곳보다도 엄했다. 우리는 미리 대비를 해서 아무 문제 없다고 생각하고 들어갔는데, 동굴을 관람하려고 가방에 상비

타지마할 입구 자동소총을 든 경찰들이 깔려 있다.

해 가지고 다니던 손전등이 걸렸다. 여기에 맡기겠다고 했더니 자신들은 물품을 압수하거나 보관하지는 않는단다. 난감했다. 매표소에서 셔틀버스로 갈아타고 타지마할로 오기 때문에 밖으로 다시 나가서 버스에 두고 오려면 30분 이상을 날려야 한다. 어쩔 줄 몰라하는데 경찰이 가이드가 어디 있냐고 물었다. 저 안쪽에 있다고 했더니 가서 가이드에게 주란다. 단체 관광객의 경우는 이런 문제가 많이 발생하니까 아예 가이드가 가방을 준비해서 적발물건을 다 수합한 뒤에 사람을 시켜 내보내거나 맡기기도 한다. 우리는 소수라 그런 준비까지는 하지 않았는데, 순간 그 경찰이 말하는 바를 알아들었다. 그래서 가이드에게 주겠다고 하고 안으로 걸어 들어갔고, 그것으로 통과였다. 인도는 참 좋은 나라다.

타지마할은 그 어떤 곳보다도 많은 관광객으로 붐빈다. 사람들과 말을 해 보지 않아서 모르겠지만 첫 번째 유형도 꽤 많은 듯하다. 감탄을 하며 사진 찍기 바쁘다. 많은 사람이 한 팔을 든 기묘한 포즈로 사진을 찍고 있다. 피사의 사탑에 가면 손으로 사탑을 떠받치는 사진이 인기인데, 여기는 타지마할 돔의 꼭대기를 움켜잡는 샷이 인기란다.

역사학자는 아무래도 반골 기질이 강한지 타지마할에 대한 소감이 다들 조금 부정적이었다. 차라리 가난한 타지마할이 더 낫다고 했다. 멋있기는 한데 그 정도로 명성을 얻을 만한 유적은 아닌 듯하다가 그나마 긍정적인 평이었다.

그러나 세계적인 명성이 그냥 얻어지는 것은 아니다. 나름 신의 한 수가 있다. 돌아와서 사진을 보여줬더니 전원이 갑자기 말을 바꾸며 타지마할이 제일 멋지다고 한다. 내 눈으로 봐도 타지마할 사진이 제일 신비하고 강한 여운을 남긴다. 음식도 처음에는 맛있지만 금세 지루해지는 것과, 뚜렷한 특징이 없는 것 같아도 오래도록 질리지 않고, 또 먹고 싶은 생각이 드는 것이 있다. 마찬가지로 명승도 돌아와서 생각해 보거나 사진으로 보면 그저그런 듯한 인상이 드는 곳이 있는 반면, 사진으로 보면 더 멋있고, 그것이 이상해서라도 다시 보고 싶다는 생각이 드는 곳이 있다. 타지마할이 바로 그런 곳이다.

그러면 타지마할의 명성은 오직 사진 빨일까? 아니다. 타지마할은 그만한 찬사를 받을 가치가 충분히 있는 명작이다. 타지마할의 주인공인 뭄타즈 마할은 샤 자한의 세 번째 부인이었다. 샤 자한은 첫째와 둘째 부인도 이곳에 안장했는데, 마치 부속건물처럼 규모가 작다. 자재도 타지마할은 흰 대리석인데, 두 부인의 묘는 붉은색 적사암이다. 이 돌도 궁전건축에 많이 애용되는 좋은 석재지만, 거대한 백조 같은 타지마할에 비할 바가 못 된다. 왕비의 묘뿐 아니라 영빈관, 모스크, 담장도 모두 적사암으로 지어서 하얀 타지마할이 더욱 고상하고 두드러져 보이게 한다.

타지마할은 고차원의 정교한 건축물이어서 감상에도 정밀한 노력이 필요하다. 감상과 사진을 위해서는 먼저 뷰포인트를 잘 찾아야 하는데, 일단 입구로 들어가서 정면 중앙을 확보해야 한다. 타지마할의 상징인 대칭감을 확인하기 위해서도 필요하지만, 양쪽으로 나무가 우거져서 중앙선을 유지하지 않으면 나무에 가리지 않는 깨끗한 전경을 잡기가 쉽지 않다.

가이드 이 선생이 요즘 스모그 때문에 화보에서 보듯 푸른 하늘을 배경으로 한 깨끗한 타지마할 정경을 잡기가 쉽지 않다고 말해 주었다. 정말로 아침에 보니 타지마할은 구름 같은 스모그 안에 있다. 그래도 어쩔 수 없어서 사진을 찍었는데, 그것이 또 독특한 느낌을 준다. 나중에 말하겠지만 타지마할은 구름과 하늘 속의 궁전이란 이상을 구현하기 위해 설계한 건물이다. 사진은 신성한 안개와 스모그를 구분하지 않으므로 스모그가 하늘이 잠시 열리고 구름 속에서 천국의 궁전을 보는 장면을 연출해

타지마할 전경 스모그로 뿌옇다.

준다.

입구에서는 타지마할이 비교적 눈높이에 있다. 아래로 내려가 중앙선을 따라 걸으면 타지마할이 시선보다 높은 곳에 위치한다. 이 시선의 차이가 타지마할의 신비감에 큰 차이를 준다. 아침에 들어갈 때와 보고 나올 때 스모그의 상태가 상당히 달라지므로 들어가고 나올 때 시각을 달리한 두 위치에서 각각 두 번씩 음미하고 촬영도 해 보자. 자꾸 촬영을 강조하는 이유는 눈으로 보는 것과 사진이 또 전혀 다른 느낌을 주기 때문이다.

타지마할의 건축양식이 갑자기 등장한 것은 아니다. 타지마할 이전에 건축된 악바르, 후마윤의 묘 등이 영향을 미쳤다. 앞선 묘들과 비교하면 타지마할은 세 가지 특징이 있다. 첫째 이전 묘들은 건물의 가로 비율이 타지마할보다 좀 길고 미나르는 건물과 붙어 있어 가로비가 더 길어 보인다. 가로를 길게 한 것은 안정감도 주고, 건물이 덩치가 있어야 웅장하고 힘이 느껴지기 때문일 것이다. 하지만 가로비가 길면 건물이 땅을 짓누르는 느낌이 들고, 아무래도 건물이 펴져 보여서 균형감이 줄어든다. 티지마할은 건물의 가로비율이 그렇게 길게 느껴지지 않고 건물 자체가 홀쭉하고 날씬한 느낌을 주게 했다. 날렵한 느낌은 위로 날아오르는 듯한 이미지를 선사했다. 그래서 안개 속에(실제로는 스모그지만) 떠 있는 타지마할은 정말 천상 속의 건물인 듯한 신비로움을 준다.

하지만 자세히 보면 타지마할의 가로비도 절대 짧지 않다. 그럼에도 타지마할이 날렵하게 느껴지는 것은 디자인의 승리다. 다른 황제의 묘와는 비할 데 없이 거대한 중앙의 아치와 건물의 좌우를 일직선으로 건축하지 않고 양쪽 끝의 벽을 45도 정도로 꺾어놓은 덕분이다. 그래서 가로비율이 주는 안정감과 세로비율이 주는 상승감을 동시에 실천했다. 여기에 거대한 기구처럼 잔뜩 부풀어오른 중앙의 아치와 보조풍선처럼 그 양쪽에 작게 배치된 아치가 어울려 더더욱 하늘로 오르는 듯한 상승감을 준다.

그런데 건물 양쪽을 꺾은 덕분에 좌우가 마무리가 되지 않고 선을 긋다가 만 듯한 느낌을 준다. 이것을 커버하는 것이 좌우로 떼어서 배치한 미나르다. 미나르를 본 건물과 분리시켜 배치한 것은 여러가지 효과를 주는 대단한 발상이었다. 예를 들어 우주왕복선이나 전투기의 실루엣을 볼 때 좌우에 꼭 미나르처럼 붙은 보조연료탱크를 제거하면 뭔가 허전해 보인다. 그렇다고 해서 이티마드 웃 다울라(자한기르의 장인 묘)처럼 미나르를 본체에 딱 붙여두면 허전함은 상쇄하지만 땅에 박혀 있는 듯한 느낌을 준다. 악바르 대제의 묘인 시칸드라는 나름 웅장하지만, 미나르가 본전에 올라가 있어 건물을 누른다. 타지마할은 사방 4개의 미나르를 독립건물로 배치함으로써 땅에 박혀 있는 느낌과 허전함을 제거하는 동시에 풍부한 공간감과 안정감까지 주었다.

서로 떨어진 4개의 미나르를 개별적으로 보면 높이에 비해 좀 가늘다. 타지마할의 본체보다도 더 가냘퍼서 외롭고 고독한 느낌을 준다. 호리호리한 몸매는 요절한 아름다운 왕비에 대한 애잔함과도 어울린다. 그러나 이 4개의 탑은 함께 사방을 누름으로써 강한 안정감과 균형감을 주고, 전

체가 하늘로 솟아오르는 듯한 이미지를 더 강화한다.

　건축학에서 이런 용어를 사용하는지 모르겠지만 타지마할은 건축물의 감상에 영화에서 사용하는 몽타주 기법을 사용했다는 느낌이 든다. 몽타주 기법은 하나의 스토리를 기승전결로 설명하는 것이 아니라 여러 개의 단편적인 이미지를 짧고 반복적으로 보여줌으로써 시청자가 스스로 프로세스를 구성하고 종합해서 이해하게 하는 기법이다.

　세상의 모든 사물에는 장단점이 공존한다. 무게감이 있으면 날렵함이 없고, 역동성이 강조되

시칸드라(상)와 이티마드 웃 다울라(하)

면 안정감이 떨어진다. 물과 기름처럼 반목적인 이미지를 하나로 구현하기

란 불가능하다. 그러면 어떻게 해야 할까? 여러 구조물을 동시에 겹쳐서 구성함으로써 실제로는 각각 독립적이고, 각자의 장단점을 지니고 있지만, 사람들이 그것을 볼 때는 두뇌에서 종합적으로 이해하도록 하는 방법은 어떨까? 정지된 장면이 아니라 프로세스를 통해 상반된 장점을 하나로 복합해서 이해하게 하는 것이다. 타지마할의 분리된 미나르는 바로 이런 효과를 준다. 타지마할의 설계는 단지 미적인 디자인 감각과 능력이 아니라 건축과 미의 이해 방식에 대해 근본적인 사고의 차이와 혁신에서 출발한 것이다. 이처럼 새로운 원리를 창출하는 것이 진정한 천재의 능력이다.

평행을 이루며 위로 사선을 그리는 미나르와 타지마할 이 사진은 광각렌즈를 사용해서 실제 시선보다 더 기울어져 보인다.

사실은 타지마할에서는 이런 생각을 하지 못했다. 일정상 후마윤과 악바르의 묘를 타지마할을 돌아본 뒤에 보아야 했기 때문이다. 그러나 나중에 두 건물을 보고, 사진으로 비교하고 전체를 회고하니 타지마할의 대단함을 진정으로 느낄 수 있었다.

타지마할의 미나르는 약간 기울어져 있다. 착시현상 때문에 그래야 오히려 직선으로 보여 균형감이 살아난다는 것이다. 지진이 났을 때, 궁전 쪽으로 쓰러지는 것을 방지하기 위해 그렇게 했다는 설도 있다. 그런데 그 효과뿐일까? 미나르와 본건물의 중간에 서서 보면 착시현상에 의해 미나르와 타지마할이 안쪽으로 기울어져 마치 로켓이 하늘로 향하는 듯한 느낌을 준다. 미나르가 정확하게 수직으로 세워졌어도 착시현상에 의해 이런 효과가 발생하지만 기울어진 미나르는 이런 효과를 더욱 분명하게 드러낸다. 이 또한 첨탑을 기울인 이유 중의 하나가 아닐까?

건축의 걸작을 감상하려면 이런 부분적인 요소만이 아니라 그것이 합쳐져 전체가 주는 실루엣과 아름다움을 보아야 한다. 비비 카 마크바라 (가난한 타지마할 편)에서도 말했지만, 타지마할에 근접하면 보통 내부의 화려한 문양과 벽에 박힌 보석과 마노에 시선을 빼앗긴다. 하지만 타지마할 전체를 감아돌면서 본전과 미나르가 만들어 내는 조화를 감상해야 진짜 감상이다. 타지마할은 일종의 3D 설계여서 어느 쪽에서 보든지 갑자기 허전하고 볼품없어지는 뒷모습을 드러내지 않는다. 그리고 타지마할을 볼 때는 멀리서든 근접해서든 절대로 건물만 봐서는 안 된다. 건물만 보는 사람들은 건축의 수학적 대칭과 정교함만을 이야기 하는데, 타지마할은 식탁에 올려진 작은 조형물이 아니다. 타지마할의 공간미와 공간분할은 땅과 하늘과 마음의 세계를 아우른다. 어느 쪽에서 보든지 내 시야가 허락하는 전체로 공간을 가르고 공간에 박혀 창출해 내는 공간감을 허락하고 가슴으로 포용해야 한다.

이전에 세워진 묘들과 비교할 때 타지마할의 또 하나의 장점은 간략함과 단순함의 미를 구현했다는 것이다. 여기서도 차원이 다른 천재적인 역발상의 힘이 느껴진다. 일반적으로 황제가 최고의 건축물을 짓겠다고 결심하면 007 시리즈의 모토처럼 보다 크게, 보다 화려하게, 보다 비싸게로 가는 것이 보통이다. 인도의 궁전과 묘에서 007의 모토는 현란하고 다양한 부조로 구현된다. 그러나 타지마할은 내부를 값비싼 수입보석으로 치장하기는 했지만, 벽면과 내부의 장식과 조각은 오히려 매끈하고 깔끔하게 처리했다.

대부분의 인도의 고급 건축들은 화려한 장식과 부조가 과하다. 007 모토의 부작용이다. 힌두교, 불교, 이슬람교에 가톨릭까지 들어온 덕에 다양한 문양이 혼합되면서 시너지 효과를 일으켰다. 현란한 채색과 금빛이 뒤섞인 시칸드라의 실내장식은 정말 압권이었다. 다른 궁전과 묘도 굉장한 곳이 많은데, 벗겨진 곳이 많아서 본모습을 볼 수 없을 뿐이다.

그런데 이런 식으로 가면 결국 과잉이 된다. 타지마할은 사방에 온갖 문양을 있는 대로 붙이는 대신 채색을 흰색 위주로 가고, 도안도 몇 가지

테마를 일부에 집중함으로써 집중과 생략, 간결함의 미를 살렸다. 다른 건물이 온몸에 문신을 하고 온갖 장식을 붙인 사람이라면, 타지마할은 하얀 드레스를 입고 최고의 보석으로 포인트를 준 귀부인 같다. 이런 면이 현대인에게 더 크게 어필하는 요소인 듯하다.

타지마할이 세계의 불가사의로 불리는 이유는 외적인 아름다움 때문만이 아니라 놀라운 건축기술 덕도 있다. 샤 자한은 타지마할 건설에 엄청난 비용을 들였을 뿐 아니라 건축가들에게 무모하고 불가능한 요구를 했다. 이 거대한 대리석 궁전을 지반이 약한 강변에 세우도록 한 것이다. 왜 이런 무리한 입지를 요구했는지는 아그라 포트 편에서 살펴보겠지만, 현대 건축기술로도 쉬운 과제가 아니었다. 1970년대 여의도에 15층 아파트를 처음 세울 때, 모래땅에 고층건물을 세운다고 한바탕 난리가 났었다. 1980년대에 63빌딩이 세워질 때도 사상누각이 될 거라고 걱정하는 분들이 꽤 있었다. 타지마할은 17세기에 그런 우려를 불식하고, 수많은 지진에도 끄떡없이 버틴 견고한 건물을 강변 늪지에 세웠다. 그 놀라운 기술 덕에 세계의 불가사의라는 명성을 얻은 것이다.

| 임용한 |

아그라 포트, 술탄의 꿈

아그라 포트는 물소떼가 점령해서 아프리카를 연상케 하는 야무나 강변을 해자 삼아 서 있다. 아그라 포트 앞에 서자 아그라 시내가 주는 허름하고도 값싸 보이는 분위기가 돌변한다. 마침내 스모그도 걷혀서 구름 한 점 없는 짙푸른 하늘을 배경으로 서 있는 붉은 성은 웅장하면서 고급스

아그라 포트　로빈후드 시대의 유럽 성을 연상시킨다.

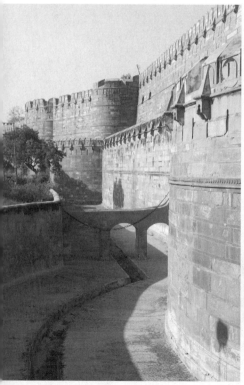
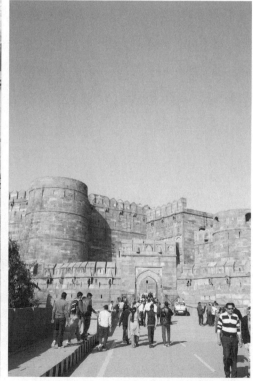

런 분위기를 풍긴다. 어딘지 로빈후드 시대 영국 혹은 유럽풍의 성 느낌이 난다.

성 전체는 붉은색 사암을 큼지막하게 재단한 돌로 축성되었다. 적사암은 단단하면서도 고급스런 느낌을 준다. 처음에는 그냥 빛깔 좋은 돌로 쌓았구나 싶었는데, 이게 보통의 돌이 아니다. 적사암은 델리 남쪽에서 생산된다. 지금도 그 지역은 채석과 석재 가공의 중심지다. 얼마나 파냈는지, 지역의 산들이 썩은 이빨처럼 깎여 있다. 델리로 가다 보면 길가에서 석재공장을 무수히 볼 수 있는데, 석재의 색이 저런 진한 붉은색이 아니고 대부분 연한 핑크빛이다. 아그라 포트뿐 아니라 적사암을 사용하는 모든 궁전이 연한색보다는 진한색 적사암을 사용했다. 그러나 석재공장을 보면 진한색 돌은 상당히 귀해서 10%나 20%밖에 되지 않는다. 너무 파내서 이젠 연한색 돌만 생산되는 것일 수도 있고, 원래부터 진한 적사암은 귀했을 수도 있다. 두 번째 가정이 맞다면 궁전건축에 사용하는 짙은 색 적사암은 적사암 중에서도 특A급 석재다. 진한 색이라도 적사암의 색이 돌마다 상당히 달라서 색과 톤을 맞추기도 쉽지 않았을 것이다. 그것까지 고려하면 채취한 돌에서 1~5% 정도만 골라 사용한 거다.

아그라 포트는 1566년, 무굴 제국의 전성기를 이룬 제3대 황제 악바르가 세운 성이다. 성벽의 높이는 20m, 폭은 2.5km다. 용도는 궁전이 아니라 오직 요새였다. 성의 뒤쪽에 야무나 강을 두고, 앞쪽은 끝이 약간 둥근 삼각형 형태로 돌출했다. 출입문은 이 삼각형 꼭지점 부분에 하나만 두었다. 처음에는 10m 가량의 해자까지 있었다. 그러나 나중에 타지마할을 세운 샤 자한이 요새 안에 궁전을 지어 요새와 궁전을 겸하게 되었다.

하지만 궁전은 안으로 들어가야 보이고, 겉모습은 완연히 강력한 요새다. 16세기에 세운 조선의 성을 떠올리자 한숨만 나온다. 성벽에는 위가 뾰족한 방패형의 여장과 성벽에 붙은 적에게 기름이나 돌, 공성장비를 투하하기 위한 구멍이 촘촘하게 뚫려 있다. 중국 병서에 의하면 방패형 여장은 활보다는 노를 거치하기 위한 것이다. 이때는 이미 16세기이므로 활보다는 노나 총이 주무기가 되었을 것이다.

하나뿐인 성문에는 옹성이 있고 그 뒤로 두 개의 돈대형 탑과 ㄱ자로 꺾인 성벽이 옹성을 엄호한다. 옹성을 지나 본 성문으로 들어가려면 해자를 건너야 한다. 해자 뒤의 성벽은 이중성으로 되어 있고 돈대가 촘촘하게 돌출해 있다. 이중성벽은 안쪽 성벽이 바깥보다 두 배는 높고 두 성벽의 간격이 좁아서 해자를 건너도 안쪽 성벽을 공략하기가 대단히 까다롭다. 성문을 들어서면 좁은 공간이 ㄱ자로 꺾이며 또 하나의 문을 지나야 한다. 그 안쪽에는 내성 성문까지 직선의 도로가 깔려 있는데, 경사가 져 있고, 좌우로 한 10m는 되는 방벽이 솟아 있다. 전체적으로 다울라타바드와 같은 구조의 방어장치라도 훨씬 강하고 크게 설계되어 있다.

이제 안쪽으로 들어가면 또 어떤 구조물이 기다리고 있을까 흥분이 되는데, 안타깝게도 요새 관람은 여기까지다. 이 성에는 지금도 군대가 주둔하고 있어서 요새의 구조는 더 이상 볼 수가 없다. 관광이 허용되는 곳은 샤 자한이 세운 궁전 부분이다.

궁전 구역으로 향하는 광장 가운데 돌을 깎아 만든 높이가 2m는 넘는 커다란 석조가 있다. 샤 자한의 욕조라나. 글쎄 여기서 목욕을 했을 것 같지는 않은데, 안쪽 면에는 계단까지 깎아놓았다고 한다. 확인해 보려고 난간을 밟고 올라가 사진을 찍었다. 나와 김태완 선생이 번갈아 올라가서

샤 자한의 욕조 이걸 보기 위해 난간까지 밟고 올라갔다.

사진을 찍자 갑자기 주변에 있던 인도인들이 너도 나도 난간을 밟고 올라가 들여다보기 시작했다. 군중심리란 참, 혀를 끌끌 차고 있는데 어떤 할머니까지 난간을 밟고 올라서는 것을 보자 좀 미안했다.

궁전 안쪽으로 들어가면 하렘이 나온다. 가운데 광장을 두

1부 신이 인간이 되어 사는 세상

고 사각형으로 건물을 누른 2층짜리 선물이다. 붉은색과 흰 대리석이 아름다운 조화를 이룬다. 이 건물군의 맨 위층에 샤 자한의 유폐지가 있다. 샤 자한의 유배지는 방은 훌륭하다. 화려한 부조가 도드러진 하얀 방이다. 부조는 타지마할에 새긴 부조와 유사한 것들이 있어 타지마할의 분위기를 느끼게 한다. 냉방을 위해 아름다운 분수까지 설치했다. 이곳은 원래 샤 자한이 접견실로 만들었던 곳인데, 셋째 아들 아우랑제브가 샤 자한을 축출한 뒤에 이 방에 유폐했다. 아우랑제브의 어머니는 타지마할의 주인공인 뭄타즈 마할이었다. 그는 부친을 축출한 뒤에 평생 아버지를 만나지 않았고, 이 방 밖으로는 절대 나올 수 없다는 엄명을 내렸다. 이 방 바로 앞에 전망대 같은 곳이 있고, 검은 오석으로 만든 샤 자한을 위한 대좌가 있다. 샤 자한은 1658년 66세에 아그라 포트에 유폐되고, 1666년에 74세로 사망했다. 8년을 이 방에서 지낸 셈인데, 이 방 창문으로 타지마할을 쳐다만 보아야 했다. 많은 분들이 이 이야기에 연민의 정을 느낀다. 그러나 샤 자한에게 더 고통스러웠던 것은 오래 전에 죽은 부인의 묘가 아니라 10m 눈 앞에 있으나 앉아볼 수도 없는 검은 대좌와 눈 아래 강변에 흉측하게 벌려져 있는 기초공사를 하다가 중단한 자신의 묘, 검은 타지마할

아그라 궁전 정상부 아래쪽 회랑은 하렘이다. 위쪽의 사각형 건물이 샤 자한의 유폐지다.

의 부지였을 것이다.

타지마할을 짓기 위해 전 세계에서 일류 기술자를 모집했다. 설계자 우스타드 아흐메드 라호리는 페르시아인이었다고 한다. 타지마할이 완성된 후 샤 자한은 세상에 타지마할과 필적할 건물이 지어져서는 안 된다고 하여 장인들의 눈을 뽑고 손을 잘랐다고 하는 전설이 있는데, 그건 사실이 아니라고 생각된다. 순장을 하는 것과 이런 짓을 하는 것은 차원이 다른데, 그랬다간 국가의 모든 공사와 공무에 공포와 유언비어가 난무해서 완전히 통제불능의 국가 마비 상태가 올 거다. 그리고 그 장인들을 모은다고 해서 타지마할 같은 건물이 만들어지는 것도 아니다. 세계 축구 올스타를 모은다고 해서 세계 최강의 팀이 되지 않는 것과 같다.

타지마할에는 또 하나의 낭만적인 전설이 있다. 많은 사람들은 타지마할 뒤편 야무나 강 건너편에 자리한 정원을 검은 타지마할이라고 부른다. 많은 사람들이 샤 자한이 자신의 묘를 타지마할과 동일한 디자인(다만 색상은 검은색 대리석)으로 만들려고 했다는 전설을 믿고 있었다. 하지만 1990년대 중반 고고학자들은 야무나 강변과 타지마할 반대편의 농지를 발굴하기 시작했다. 발굴의 결과는 묘가 아니라 거대한 정원이었다.

아그라 성에서 바라본 타지마할 강이 꺾이며 하늘과 수면이 맞닿는 곳에 위치하고 있다.

샤 자한은 아내가 죽자 외로움을 견디지 못해 매일 밤 술과 함께한다. 그러다 어느 날 야무나 강 건너편에서 타지마할을 바라보는데 달빛에 비친 모습이 너무도 아름다워 그 자리에 정원을 만들도록 지시했다. 달빛정원이라고 불린 이 정원 가운데 연못 부분을 강가 쪽으로 배치하게 했고, 연못은 모두 검은 대리석으로 만들도록 했다. 1990년대 중반 유적지 발굴에 의하면 8각형 연못은 야무나 강변 가까이에 자리하고 있는데, 검은 대리석으로 연못을 만든 이유는 달빛에 의해 연못에 비치는 타지마할의 그림자가 더욱 잘 보이도록 하기 위함이었다고 한다. 무영탑이라고 불린 석가탑의 전설이 생각난다. 아사달의 아내 아사녀는 오직 자연에 의지해서 연못에 그림자가 비치기를 하염없이 기다렸고, 샤 자한은 첨단 건축술을 이용해 그림자를 선명하게 만들어 냈다는 것이다. 발굴 현장에서 나온 8각형 연못에 검은 비닐을 깔고 물을 채워 실험을 해보니 정말로 그렇게 되더라고 한다.

연못이 완공된 후 샤 자한은 매일 밤을 타지마할 건너 정원에 나와 달빛에 의해 반사되는 검은 대리석 연못의 반영을 바라봤다고 한다. 하지만 발굴로 드러난 정원에는 연못을 지탱해 준 검은 대리석은 남아 있지 않다. 그 터만 존재할 뿐이다. 홍수가 반복되면서 정원의 연못 부분이 유실되어 대리석이 모두 쓸려갔다.

그것마저 완성했다면 아그라의 관광수입이 두 배로 늘었겠지만, 샤 자한이 폐위되면서 기단만 쌓고 공사가 중단되었다. 그러면 샤 자한의 무덤은 어디에 있을까? 그의 시신은 강을 따라 타지마할로 운구되었다. 본인의 소망은 아니었어도 인도의 역대 제왕 중에서는 제일 좋은 무덤에 누워 있다.

검은 대좌가 있는 전망대에서 봐야 타지마할의 진짜 전경, 샤 자한의 기준에서 보는 타지마할의 모습을 볼 수 있다. 여기서 보면 절묘하게 강이 꺾이며 하늘과 수면이 마닿는 곳에 타지마할이 서 있다. 마치 물 위에 떠 있는 듯, 혹은 하늘에 놓여 있는 듯하다. 타지마할의 위치는 바로 이곳을 기준으로 잡은 것이다. 강변은 원래 안개가 잘 끼는 곳이다. 안개 속에서 물 위에 떠 있는 타지마할은 말 그대로 구름에 싸인 천상의 궁전처럼 보일 것이다. 우리가 도착했을 때는 스모그도 걷혀서 그 광경을 볼 수 없었지만, 그것이 샤 자한이 붕괴의 위험을 무릅쓰고 굳이 강변이라는 무른 지반 위에 타지마할을 세운 이유다.

전망대 말고도 아그라 포트에서 타지마할이 잘 보이는 위치는 여러 곳 있다. 그런데 묘하게 타지마할의 크기가 조금씩 다르게 보인다. 한번 비교해 보는 것도 재미나다. 제일 크게 보이는 곳은 유폐지로 가기 전 창문을 통해서 보이는 곳이다. 너무 신기해서 사진으로 찍어 비교했더니 크기는 매 한 가지다. 눈으로 볼 때는 구멍을 통해서 보기 때문에 착시현상을 일으켜서 그렇다. 나는 이곳에 오기 전 아래층에서 발코니로 나가 난간에서 보는 광경이 제일 좋았다. 타지마할을 배경으로 인물사진을 찍기에도 이곳이 최고다.

이곳에서는 타지마할만 보이는 것이 아니다. 강변에는 물소떼와 빈민들의 삶이 여과없이 펼쳐진다. 샤 자한도 그것을 보았겠지. 샤 자한은 건축에 관한 한 세계 최고 수준의 매니아였다. 타지마할과 아그라 포트의 궁전과 델리의 붉은 성, 델리의 지마 모스크도 지었다. 우리의 여행코스 중에서 제일 뛰어난 건축물 10걸을 뽑으라면 샤 자한의 작품이 최소한 3개는 들어간다. 가보지 못했지만 파키스탄에도 몇 개가 있다. 세상에는 굶주리는 사람이 많다는 사실을 조금만 생각하고 건축을 조금만 자제했더라도, 왕위를 아들에게 뺏기고 이 방에 유폐되는 비극은 당하지 않았을지도 모른다.

이 구역을 벗어나면 진짜 광장, 경복궁 근정전 마당과 같은 곳으로 나온다. 술탄이 앉던 자리는 마침 공사중이어서 제대로 감상을 못했다. 황제의 공간이 있고, 그 주변으로 회랑을 치고, 그 앞에 광장이 있다.

이 광장 한복판에 한국인들이 보면 깜짝 놀랄 시설이 하나 있다. 영국 총독의 무덤이다. 한국 같으면 경복궁 근정전 앞마당에 일본 총독의 무덤이 있는 셈이다. 이런 무례하고 모욕적인 짓이 없다. 한국 같으면 당장 폭파했거나 어디로 옮겼겠지만 여기는 그것이 멀쩡하게 잘 모셔진 상태로 세계의 관광객을 맞는다.

인도 곳곳에서 이런 모습을 보면서 이상하다고 고개를 갸웃거리는 사람이 많다. 이상하다고 생각하지 말고, 인도 사람들은 왜 우리와 다르게 행동하는지를 고민해야 한다. 그들이라고 식민지를 좋아하는 것이 아니고, 자존심도 없지 않다. 인도는 중국보다 넓은 땅과 인구를 거느렸던 세계 최고의 문명국이자 부국이었다. 그들의 자존심은 우리의 상상 이상이다. 그러나 인도는 영국 이전에도 무수한 정복왕조를 겪었다. 그리고 민족과 문명이 하나가 되는 과정도 겪었다. 기분 나쁜 기억이라고 무조건 부정하고, 원망하고 맹목적으로 배척하고 외래문화를 솎아내는 것이 이기는 방법이 아니라는 것을 그들은 역사 속에서 체험한 것이다.

복잡한 건물 사이로 돌아다니며 조각과 장식 같은 세밀한 아름다움을 감상하다가 갑자기 넓은 광장에 서니 시야가 허전하다. 인도 답사의 애로는 먼 전경과 실루엣에서 작은 조각까지 시선을 정신없이 넓혔다 좁혔다 해야 한다는 것이었다. 그러므로 허전한 기분이 든다고, 많이 본 정경이라고, 쉽게 포기해서는 안 된다. 이 광장의 관람 포인트는 회랑이다.

무굴 건축은 회랑을 참 좋아한다. 곳곳에 회랑이 있다. 많은 회랑 중에서도 아그라 포트의 회랑이 제일 인상 깊다. 그리스풍의 산뜻함에 아치와 벽면 조각을 도입하고, 층층이 누적시키는 회랑은 지루하지 않고, 회랑의 독특한 효과인 주어진 공간을 자르고 어딘가 다른 세계로 이끌어주는 느낌을 강하게 준다. 간다라 이후 인도인들이 좋아하는 그리스풍 기둥도 회랑과 참 잘 어울린다. 우리나라에서는 회랑이 별로 인기가 없다. 경복궁, 창덕궁 등 고궁에나 회랑이 있지만 춥고 으슥한 곳으로 인식된다. 회랑은 덥고 건조한 기후에 적합한 건축이다. 우리나라는 추운 날이 많고 여름에도 습해서 회랑의 그늘이 별 효과가 없다.

하지만 그 이유만은 아닌 듯하다. 일본은 우리보다 더 덥고 습하지만

아그라포트의 회랑

종교시설들이 회랑을 좋아한다. 차안에서 피안의 세계로 건너가는 느낌, 하나의 기둥을 통과할 때마다 무언가 수많은 속세의 억겁과 껍질, 질곡을 뚫고, 벗어버리고 신 앞으로 가는 느낌을 좋아한 듯하다. 우리는 종교도 너무 딱딱하고 교리적이다. 윤회를 믿는 사람들은 억겁의 삶의 공간을 통과하듯, 그렇지 않은 사람은 인생에 겹쳐지는 수많은 터널을 지나듯, 아니면 늘 새롭고 희망과 떨림으로 내 앞으로 다가오는 인생의 공간을 지나가듯, 회랑이 주는 정감과 탈속의 느낌은 아름답고 독특하다.

|임용한|

파테푸르 시크리, 사막 속의 도시

파테푸르 시크리(Patehpur Sikri)는 승리의 도시라는 뜻이다. 이곳도 유네스코 세계문화유산이다. 아고라 포트와 마찬가지로 붉은색의 적사암으로 이루어져 있다. 건물 안쪽으로 들어가 보면 전통적 양식대로 가운데에 광장을 두고 사방으로 건물을 둘렀다. 그러나 사방을 두른 건물이 전통적인 무슬림 방식인 폐쇄형 건물이 아니라 그리스식 원주가 들어선 회랑으로 둘렀다. 푸른 하늘과 회랑, 그 아래 바다처럼 펼쳐진 전형적인 인도 평원은 지중해식 분위기를 느끼게 한다. 개인적으로는 이 궁전의 분위기

파테푸르 시크리 그리스식 원주가 들어선 회랑이 두드러진다.

가 제일 마음에 들었다.

악바르는 1571년부터 1585년까지 15년 동안 이곳을 수도로 삼았다. 그래서 지은 궁전이 파테푸르 시크리다. 이곳에 천도하게 된 계기는 아들이 없던 악바르가 이곳에 살던 수피교 성자인 살림 치슈티(Salim Chishti)로부터 예언을 받고 아들을 얻은 것이 계기였다고 한다. 그러나 이 지역은 물이 부족해 얼마 버티지 못하고 다시 환도했다. 궁전 건축에 걸린 시간이 더 길었을 것 같다. 하지만 건물 자체가 왠지 별장 분위기를 느끼게 하는 것을 보면 처음부터 오래 살 맘은 없어서 별장 분위기로 건축한 것은 아닐까 하는 생각도 든다.

파테푸르 시크리의 볼거리는 세 부인의 방이다. 악바르는 힌두교, 이슬람교, 가톨릭교도 아내를 두었다. 이 세 부인 중 인도 서부 고아(Goa) 출신인 가톨릭교도 매리엄이 자한기르를 낳았다(자한기르의 생모에 대해서는 힌두교도 부인인 조디 바이라는 설 등 다양하다). 악바르는 이 궁전에서 서로 종교가 다른 세 부인을 위해 서로 다른 별도의 생활공간을 지어 주었다. 이렇게 신앙이 다른 부인을 둔 이유는 악바르의 취향이 특별해서가 아니다. 다민족 다종교 국가인 인도에서는 그들을 포용해야 하므로, 일찍부터 이런 관행이 생겼다.

인도의 사회와 문화에는 우리에게는 낯선 이런 다원주의적인 포용력과 관행이 있다. 관용적인 종교정책에 감동받는 분이 많은데, 이 넓은 땅과 다양한 민족과 종교를 다스리려면 그럴 수밖에 없다. 사실은 인도라고 늘 관용적이었던 것도 아니다. 탄압도 하고 파괴도 해보다가 깨달은 결론이다. 민족성의 차이가 아니고 환경과 경험의 차이다. 그리고 차별이 없지도 않다. 외적으로는 감싸는 대신 내적으로는 확실히 구분을 한다. 우리는 반대로 이질적인 문화에는 대단히 배타적이지만, 우리 안에서는 하나고 한민족이라는 강한 동질감이 있다. 그렇다고 신분적·지역적 차별이 없지 않지만 차별은 나쁜 것이고, 그러면 안 되는데 하는 심정이라도 있다. 하지만 인도는 이미 한번 포용을 했기 때문인지 카스트 제도에서 보듯이

내적인 차별이 확실하고 당연시한다. 그 사례가 세 부인의 거주지다.

처음에 간 곳은 회교도 왕비의 방이었다. 파테푸르 시크리는 겉과 속이 다르다. 외양은 지중해적 분위기지만 궁전의 내부로 가면 전통적인 힌두 이슬람 문양을 총동원해서 화려한 부조로 기둥과 벽을 꽉 채웠다. 창문의 창살도 적사암을 깎아 만들었는데, 같은 문양이 없을 정도로 다양하다. 온 몸에 문신을 한 검은 원주민이 토가(그리스·로마인의 겉옷)를 입은 듯한 느낌이다. 장식에 공을 들였지만, 크기는 방 하나 혹은 작은 단독주택 한 채다. 반면 힌두 부인은 사각형의 궁전 한 구역을 통째로 차지하고 있다. 광장을 사각으로 빙 두르고 있는데, 건물의 북쪽 중앙은 모스크고, 좌측은 겨울거주지, 우측은 여름거주지다.

그러면 이곳으로 천도한 계기가 된 아들(자한기르)을 낳은 매리엄의 궁전은 더 화려할까? 아니다. 회교 부인의 처소보다 조금 나은 수준이다. 이 두 부인의 방보다 악바르가 제갈량처럼 귀하게 여겼다는 재상의 방이 더 화려하고 조각도 정성들여 새겼다.

옛날 사람이라고 악해서 차별을 하는 것이 아니다. 모두에게 공평하게 대해 주면 사람들이 고마워하고 더 존경하고 더 잘 따를 것 같지만 절대 그렇지 않다. 음모자가 그들 사이로 들어가 누군가에게 특별히 더 잘해주겠다고 하면 당장 배반이 발생할 것이다. 물자가 부족하던 옛날에 골고루 나누면 모든 사람이 불평을 할 수도 있다. 무엇보다도 인도같이 다양한 인종과 문화가 공존하는 지역에서는 평등과 공정한 분배, 대우가 더 어렵다. 아무리 공정하게 나눠주어도 사람들은 불평할 거다. 힌두교도에게 닭고기 1kg, 회교도에게 소고기 1kg을 주면 받은 사람들이 공평하다고 여길까? 서로 다른 문화적 요소를 공정하게 비교하고 배정한다는 자체가 불가능하다.

파테푸르 시크리의 또 하나의 건축적 특징은 석조이면서도 목조건축의 기법을 그대로 적용했다는 점이다. 미륵사지 석탑처럼 석재를 목재처럼 다듬어 목조건축을 하듯이 쌓아올린 곳도 있고, 그냥 겉모양으로만 목조건축에 있는 공포, 서까래 등을 조각해 놓은 곳도 있다. 아무튼 건물 밖에서 보면 그리스에서 온 지중해의 분위기, 벽과 문을 보면 전통 힌두교와 이슬람의 분위기, 건물 내부구조를 보면 중국의 전통건물 안에 있는 느낌이 드는 희한한 곳이다.

파테푸르 시크리의 궁전 관람을 마치고 모스크로 향했다. 우리가 방문했던 궁전, 능묘에는 다 모스크가 있었다. 그러나 이곳의 모스크는 특별하다. 가장 넓고 가장 웅장하고, 진짜 순례자들로 붐볐다. 모스크는 종교시설이라 입장료가 없다. 그러나 입장료 아닌 입장료를 받는 사람들이 진을 치고 있다. 신발을 벗고 들어가야 하는데, 입구에 주저앉은 사람들이 신발 보관료를 요구한다. 보관료를 줘도 제대로 보관해 줄 것 같지도 않아서 그냥 손에 들고 다니기로 했다.

모스크는 사각형으로 성벽 같은 담을 두르고, 안에 광장이 있다. 모스크의 입구인 볼란드 문은

거대한 집수조와 수로
파테푸르 시크리에 한쪽 면만 남은 2m 높이의 통이 있다. 이 석조 항아리는 천장 수로에서 흘러내리는 물을 받던 통이다. 인도는 더운 지역이라 정원과 분수, 수로가 중요하다. 그런데 이 지역도 건기가 있어서 물을 알뜰하게 이용해야 한다. 저수지를 만들고 허니문카 같은 거대한 수차로 궁전 지붕에 물을 퍼올린 뒤 정교한 수로를 따라 물을 흘려보냈다. 그러나 이런 시설에도 불구하고 파테푸르 시크리는 물 부족을 버티지 못했다.

궁전의 문보다 더 크고 웅장하다. 문을 보려고 밖으로 달려나갔는데, 이 문은 밖에서 보는 것보다 안에서 보는 것이 더 멋있다. 나가 보면 타지마할의 정문과 형태가 거의 똑같다. 드높은 성문 천장에 벌집이 엄청나게 달려 있다. 겨울같지 않은 겨울이지만 그래도 겨울이라 그런가 벌집이 이렇게 많고, 간간이 벌통도 봤는데, 날아다니는 벌은 한 번도 못 봤다. 성문은 웅장하지만, 성문보다 달려드는 상인과 걸인, 그리고 그 아래 펼쳐진 마을과 인도의 평원이 더 눈에 들어온다. 지평선이 보이는 초원에 나뭇잎이 둥굴게 달린 나무들이 점점이 박혀 있는 평원은 지금까지 죽 봐 왔지만, 엘로라와 빔베트카, 그리고 이곳에서 보는 인도 평원의 모습이 제일 선명하고 인상적이다.

순례자들도 그리 많은 성역임에도 불구하고 성문과 모스크, 광장에는 잡상인과 가이드 해주겠다고 들이대는 사람, 걸인들로 귀찮을 정도다. 광장 마당과 회랑에도 빈민 같은 사람과 아베크족이 섞여 있다. 인도의 유적지 어딜 가나 볼 수 있는 풍경이지만, 왠지 이곳이 심하다는 느낌이 들었다. 예수가 채찍을 휘둘러 성전에서 장사꾼을 쫓아냈다는 성경의 내용이 생각났다. 우리는 성전이란 성스러운 곳이라고 생각하지만 장사꾼의 입장에서 보면 사람들이 제일 많이 붐비는 사업요지다. 이것도 인정할 수밖에 없는 사바세계의 역설이려나.

사람이 많으니 경찰도 있다. 경찰 한 명이 소총을 메고 어슬렁거린다. 그 양반이 메고 있는 총을 보니 제2차 세계대전 때 영국군의 제식소총이었던 리엔필드 소총이다. 저게 발사되기나 할까? 나중에 알아보니 리엔필드가 1980년대까지 인도군의 제식소총이었단다. 보팔 역인가 어디 역에서와 어느 시골마을 시장터에서는 총명은 모르겠지만, 19세기에나 사용하던 단발식 소총을 메고 있는 경찰도 보았다. 최신식 MP5 기관단총부터 제1차 세계대전 때나 쓰던 소총까지 들고 있는 것이 인도의 경찰이다.

총 이야기가 나왔으니 말이지만, 곳곳에서 무장한 경찰을 볼 수 있다. 복장을 보면 경찰인지 특공대인지 모르겠다. 그러나 어딘가 엉성하다. 인도의 테러 진압 특공대는 뭄바이 테러사건 때, 범인과 민간인을 가리지 않고 특공작전을 일반 전투처럼 진행한 악명(?)이 있다. 주로 메고 있는 소총은 인도군의 제식소총인 INSAS이다. 처음에는 소련제 AK 소총인 줄 알았다. 다만 총구가 좀 길어서 신형이나 개량형인가 보다라고 생각했는데, 돌아와서 알아보니 AK를 모델로 만든 인도군의 독자제품이다. 이 총은 독특한 특징이 있다. 자동발사 기능이 없고, 2점사, 3점사 기능만 있다. 스리랑카에서 타밀 반군과 전투가 벌어졌는데, 인도군이 하도 총을 무작정 난사해서 탄약이 고갈되는 바람에 이렇게 만들었단다. 모양만 AK이지 위력이 떨어지고 잔고장이 많아서(AK는 고장 없기로 유명한 총이다) 군의 불만이 팽배하다는데 개선이 되지 않고 있다.

그뿐인가, 인도의 아준 탱크는 1974년부터 개발을 시작해서 아직도 끝나지 않았다. 인도는 자존심이 강해서 세계 최고의 탱크를 만들겠다며 전 세계 일류 탱크의 장점을 다 모아서 아준을 설계했는데, 이 탱크가 비 새고, 포는 안 나가고, 하여간 개발에 수십 년이 걸렸다. 억지로 100여 대를 실전 배치했는데, 지금도 제대로 구르지를 않는다고 한다.

이게 인도의 묘한 현실이다. 자존심은 높고 허세는 좋아하지만 기능성과 실전 능력은 떨어진다. 어찌 보면 기원전 4세기 알렉산더가 인도에 쳐들어올 때부터 그랬다. 리엔필드를 멘 경찰 아저씨는 나중에 심심한지 성자의 묘에 들어와 참배까지 하고 나갔다. 경비가 아니라 총 들고 근무지 이탈해서 참배하러 온 사람인가 하는 생각이 들 정도였다.

순례객들이 제일 붐비는 곳은 모스크가 아니라 광장 중앙에 있는 수피 성인의 묘다. 붉은 색으로 지은 모스크, 담장과 달리 하얀색 건물이라서 두드러진다. 델리에 있던 묘를 악바르가 천도하면서 이곳으로 이장했다고 한다. 묘 앞에는 연못이 있어서 참배자들이 몸을 씻는다. 이 광경은 아우랑가바드의 사원과 이곳에서 딱 두 번 보았다. 꽤 열심히 씻는데, 순서는 정확치 않지만 얼굴 씻고, 머리 감고, 손, 팔꿈치, 발을 씻고 양치질도 한다. 어떻게 저 물에 양치질까지 하나 싶은데, 머리와 발을 씻을 때는 물을 밖으로 퍼내서 씻는다. 물이 다 튀어서 들어가기는 하지만. 이 하얀 사원은 벗은 신발을 손에 들고도 들어갈 수 없다. 10루피 내고 신발을 맡기기는 화나고, 그렇다고 그냥 두기는 불안해서 서로 교대로 맡아 주기로 했다. 들어가고 보니 여자들은 또 머리에 천을 써야 한단다. 여성분들은 스카프를 꺼내 60년대 아줌마 패션으로 머리 위에서 아래로 감고 잡아맸다. 이젠 하도 많이 봐서 그런지 건축이나 조각에서 특별한 감흥을 느낄 수는 없었다. 다만 참배객들의 모습이 인상적이었는데, 여기서는 천을 사서 끊임없이 천을 덮어준다. 사제인 듯한 사람은 긴 총채 같은 것을 들고 있는데, 참배를 마치고 나오는 사람들 머리를 총채 끝으로 한 번씩 쳐 준다. 축복을 내리는 거라나. 너무 어둡고 플래시를 터트릴 수 없어서 사진은 찍지 못했다.

광장 중앙에 있는 수피 성인의 묘

관람을 마치고 나오다 흰 토가 같은 옷을 걸친 순례자 집단을 만났다. 남부지방에서 온 사람들이라고 한다. 인도도 남아 선호사상이 대단한데 황제의 아들을 낳게 해준 성인이라 그런가. 이 모스크의 명성이 생각보다 대단한 듯했다.

|임용한|

참배에 앞서 몸을 씻고 있는 순례객

자이푸르, 사바세계의 안과 밖

자이푸르 시가지를 들어서면서 보이는 첫 장면은 담홍색 건물들과 하늘을 날고 있는 연이었다. 이 도시에는 아이들의 놀이뿐만 아니라 어른들의 놀이로 연날리기가 유행하다고 한다. 과연 전깃줄과 나뭇가지마다 쓰레기처럼 시커멓게 변색된 연들이 잔뜩 걸려 있다.

시선을 땅으로 돌렸더니 인도 여러 마을의 복잡한 시장 풍경과 마찬가지로 탈것과 사람들과 동물들이 뒤엉킨 모습이 보였다. 자전거로 움직이는 인력거에 사람들이 가득 타고 있고, 운전자는 힘겨워하고 있었다. 스카프로 머리와 얼굴 전체를 가렸음에도 거기에 헬멧까지 쓴 두 여성이 오토바이에 함께 타고 있는 것도 보였다. 도로 가득한 차들 중간에 설치된 부스 속에서 교통경찰은 호루라기를 연신 불어대고 있지만 자동차 경적 소리에 묻힌다. 시장보러 나온 사람들 사이로 관광나온 여행객들이 자주 보이고 오토바이, 자전거, 릭샤, 버스, 마차 등이 매우 혼잡하다. 각자 비닐 주머니에는 구입한 물건들을 손에 쥐고 또 다른 물건을 사기 위해 여기저기 두리번거리고 있다.

우리가 자이푸르에서 머물기로 한 숙소는 구시가지의 시장통을 거쳐 들어가게 되어 있었다. 그 복잡하고 지저분하고 좁은 골목을 차가 아슬아슬하게 통과했다. 여러 명의 관광객들이 줄지어 이동하는 것이 보였는데, 가이드의 말로는 큰 버스가 이 좁은 골목을 통과하지 못해서 걸어서 이동하는 것이라 했다. 시장통 안에 있는 호텔은 처음이라 그 복잡한 곳을 걸어서 이동하지 않은 것이 다행이라는 생각이 들었다. 호텔 입구는 작은

안내판만 하나 있고, 육중한 철문이 막고 있다. 그러나 경비원이 열어주는 철문을 통과하여 들어선 곳은 문 밖의 시장통과는 전혀 다른 아주 색다른 곳이었다.

비사우 팰리스 호텔은 1919년에 지어진 건물로 비사우 듀크가 살던 곳을 현재 호텔로 개조한 곳이다. 우리 차가 본관 건물 앞에 서자마자 전통 복장을 한 직원들이 우르르 몰려나와 차를 에워쌌다. 이미 다른 호텔에서 경험한 것처럼 우리를 마중 나왔다기보다는 우리들의 가방을 영접한 것이겠지만, 이제 팁이라면 진절머리가 난 우리는 각자의 가방을 꽉 움켜쥔 채 가이드가 체크인을 하는 동안 두리번거리며 기다렸다. 각자 방키를 받아든 순간 손이 묵직했다. 열쇠고리가 큰 종이었다. 종 표면에는 방 번호가 적혀 있다. 각자 적힌 방을 찾아 이동했다. 트렁크가 많았던 이 선생님은 호텔 직원의 도움을 받아 방으로 이동했고, 사계절 옷이랑 장비를 챙

비사우 팰리스의 공작
서재

겨 무거웠던 내 짐은 2층의 바로 옆방을 배정 받은 김 선생님이 옮겨주셨
다. 나중 얘기지만 1층 방을 받으셨던 이 선생님은 몇 발짝 되지 않았는
데, 트렁크 팁을 주셨다며 살짝 아쉬워하셨다.

　방문은 여닫이로 된 무거운 나무로 되어 있었고, 커다란 자물쇠와 걸
쇠를 열어야만 문이 열렸다. 안쪽에서도 같은 방식으로 걸쇠를 걸게 되어
있었다. 문을 열고 안으로 들어가니 따뜻한 빛을 내는 스탠드와 전체적으
로 노란 분위기의 여러 그림들이 걸려 있다. 아기자기하고 예쁘다. 오래된
침대와 낡았지만 정겨운 소파가 있다. 이곳의 방 배정은 운이 좀 따라야
한다. 각 방마다 내부 인테리어와 분위기가 다르다. 임 선배님이 배정받은
방은 본채 옆에 있는 건물 1층이었는데, 관리인이나 집사가 사는 곳 같았
다. 방안 인테리어도 별것이 없이 밋밋했고, 들어가는 문 또한 다른 방과
는 달리 조각장식도 없었다. 이 선생님은 팁을 뺏기기는 했지만 제일 멋진
방을 배정받았다. 다만 이 방에서 부부싸움을 했다간 뭔일 날 것 같았다.

벽에 걸어둔 장식이 화승총과 도끼창, 삼지창이었다.

궁전이었던 만큼 건물의 구조와 외관, 정원은 정말 아름다웠다. 특히 정원 가운데 공간이 있어 꽃구경을 하며 차 마시기에 그만이었다. 날이 어두워질 무렵 도착했고 저녁식사를 하기 전 호텔 밖의 성곽과 시장을 구경하기로 했기 때문에 가방만 던져두고 외출을 서둘렀다.

육중한 쇠문을 뒤로 한 채 밖으로 나서니 가장 먼저 보이는 광경은 쓰레기 더미와 그곳을 뒤지고 있는 돼지였다. 호텔로 들어올 때 창문 밖으로 보이는 풍경에 내가 뛰어든 것이다. 혼잡한 시장 골목을 체험하는 순간이다. 인도와 차도는 구분되어 있지 않고, 상점과 노점이 혼재되어 있다.

구시가지라 옛건물이 많이 눈에 띄었는데, 마침 예배시간인지 확성기에선 요란하게 기도 소리가 들리고 여러 사람이 모여 기도를 드리는 모습도 보였다.

조금 걸어나가니 야채가게들이 보였다. 가판대에 여러 채소나 과일을 얹어놓고 팔고 있는 사람들 사이로 사람들이 비좁게 지나다니는 모습은 한국의 시장과 별반 다르지 않다. 그런데 좀 이상한 것은 야채의 종류가 그다지 많아 보이지 않고, 인도에 와서 샐러드로 먹어온 야채들 종류가 대부분이었다. 우리가 인도를 여행하면서 본 밭의 풍경에서 이상했던 점이 재배하고 있는 작물의 종류가 많지 않았다는 것이다. 같은 종류의 작물이 넓은 면적으로 펼쳐져 있어서 눈에 보이는 모습은 마치 몬드리안의 구상처럼 노란색과 초록색, 연두색 등 몇 가지 색이 면적으로 분할된 것이었다. 이렇듯 몇 가지 작물만 재배하는 사정은 카주라호를 다녀오다가 만난 인도인 지주에게서 들었다.

카주라호로 오가는 버스가 들르는 관광상품점이 있다. 그 옆으로 철조망을 친 넓은 밭이 있는데, 밭 가운데 움막이 있었다. 움막 사진을 찍으러 철조망 밖으로 나가려고 하니 그곳에 있던 몇몇 아저씨들이 막아섰다. 처음엔 사진을 못 찍게 하는 것이라 생각했는데, 알고 보니 고압선이 있어서 조심하라는 의도였다. 오해한 것이 좀 쑥스러웠다. 용감한 김 선생님은 철조망 사이로 넘어가 사진을 찍었고, 이어서 여러 선생님들이 용기를 내어 철조망을 넘기 시작했다. 나도 조바심을 느끼며 쭈뼛쭈뼛 넘다가 철조망에 걸려서 상처가 났다. 아픈 것보다 창피함이 컸지만 재배하는 작물을 직접 보고싶은 생각이 더 컸다. 그 관광상품점과 밭이 모두 자신 것이라 소개하는 아저씨가 다가오길래 작물의 이름과 재배기간 등을 물었더니, 다짜고짜 경작자를 부르더니 그 사람에게 물어보고 나에게 대답해 주었다. 작물은 우리 완두콩과 같은 종류였는데, 직접 따서 내게 건네주며 먹어보라고 했다. 약간 단맛이 돌았다. 다 자라려면 6개월 정도 걸린다고 했다. 그런데, 자신의 밭에 재배되고 있는 작물과 생육기간조차 모르는 그 밭주인 아저씨가 더 대단해 보였다. 소작을 맡기면 소작인이 작물을 알아서 심고, 계약한 부분의 소작료를 내는 구조여서 정작 밭주인은 자신의 밭에서 일어나고 있는 자세한 사정은 모르는 듯했다. 그곳도 전체가 완두콩과 밀이 재배되는 곳이었다. 지역적 특색인가 생각해 보았지만 인도 음식을 찾아보니 우리처럼 다양한 야채로 음식이 만들어지는 게 아닌 것을 보면 재배하는 작물 자체가 단순한 듯하다.

자이푸르 시장 길가의 노점에서는 사탕수수즙을 짜주는 곳도 있었다. 큰 롤 두 개가 맞물려 돌아가면서 즙을 짜는 기계와 사탕수수대가 가득 쌓여 있고, 기계 아래에는 사탕수수대 찌꺼기가 널려 있다. 서둘러 지나가는 길이라 사먹어 보지는 못했지만 흔히 볼 수 있는 광경이었다. 고속도로에도 사탕수수를 가득 실은 화물차를 여러 번 본 터라 사탕수수의 생산과 이동량이 상당한 듯했다.

좁은 골목 사이로 빠져나가자 어둑해졌다. 길을 잃을까 봐 가로등이 켜져 있는 찬드폴 문을 확실하게 확인해 두고 옆골목으로 들어섰다. 회랑구조로 되어 있는 기둥 사이사이에 상점들이 빽빽이 들어차 있다. 우리가 지난 곳은 곡물을 파는 곳이었는데, 쌀·콩 같은 곡물과 마카로니 같은 건조식품을 쌓아놓고 파는 건물이었다. 곡물가게에는 옛날 저울이 보였다. 양쪽에 큰 쇠로 된 그릇이 사슬에 매달려 있고, 한쪽 그릇에 여러 규격의

상품들을 즐비하게 내놓은 인도의 상점들

추를 놓고, 다른 한쪽에 곡물을 넣어 무게를 달고 있었다. 또 다른 가게에서는 현대식 전자저울을 쓰고 있었다. 인도를 여행하면서 늘 느끼는 것이지만 고대와 현대가 공존하고 있음을 시장에서도 직감했다.

곡물가게들 중간에는 향신료 가게도 있었다. 갖가지 향신료가 큰 포대와 통에 가득 담겨져 있었는데, 카레 종류가 많은 인도에 걸맞게 다양한 색을 가진 향신료가 즐비했다. 이어서 고추 종류를 파는 곳을 지났는데, 지나기만 해도 코가 매울 정도였다. 손수건을 호텔에 놓고 와서 겉옷 주머니에 있던 티슈를 급하게 꺼내 코를 막고 지났지만, 금세 재채기와 콧물로 티슈가 젖어버렸다.

인도 전통과자를 만들어 파는 가게에는 여러 모양의 과자가 보였다. 그중에는 인도에 온 이후 호텔 부페에서 본 과자 종류도 있었다. 먹어보지 않고 보기만 하는데도 얼마나 달지 입에 침이 금방 고일 정도였다. 아마도 부페에서 먹은 과자가 연상되어서일 것이다.

인도의 상점에서 상품을 진열하는 방법은 대부분 걸어놓는 것이었다. 시골동네의 조그만 가게나 노점상에서 흔히 사탕을 줄줄이 걸어놓는 것처럼, 버젓이 꾸려놓은 신발가게에서조차 신발을 벽걸이처럼 걸어 진열해 놓았다. 가방가게에서도 상점 안쪽뿐만 아니라 걸어다니는 통로 위쪽 공간까지 모두 주렁주렁 가방을 매달아 놓아서 키 큰 사람이 지나려면 얼굴에 부딪히지나 않을까 걱정스러울 정도였다. 심지어 탄두리 치킨 가게에서도 주황색으로 물들인 닭을 양쪽 다리를 위로 묶어 주렁주렁 매달아 놓아서, 어둑해진 거리의 불 밝힌 가게에 비친 닭그림자가 웃음을 자아냈다.

그렇지만 한눈에 자신 가게의 상품을 모두 볼 수 있게 하려는 의도는 충분히 짐작할 수 있었다.

이미 어두워진 거리에 서로 떨어져 걷지 않으려고 썼다. 캄캄해져 갔지만 아직도 사람들이 가득해서 자칫 지나온 길을 잃어버리기 십상이고, 많은 인도인들 사이에 낀 우리의 모습이 너무나 확연히 달라보여서 시장구경도 좋지만 호기심 반 두려움 반이었다.

건물 사이에는 힌두 사원이 있었는데, 종을 요란하게 흔드는 사람 사이로 여러 남자들이 기도하고 절하는 모습이 보였다. 시장 속에 또 다른 공간이었다. 온통 밝게 불 밝혀 놓고, 건물 사이에 큰 나무가 드리워진 사이로 제단과 기도하는 사람들의 모습은 경건해 보였지만 또 다른 으스스함이 느껴졌다.

시장을 한 바퀴 돈 뒤, 돌아오는 길에 과일가게에 들렀다. 흥정을 잘하시는 김 선생님이 오렌지와 포도를 샀는데, 사과도 사보기로 했다. 인도 사과였다. 다른 과일들보다 상당히 비쌌지만 향이 굉장히 좋았다. 나중에 먹어보니 지금 우리들의 취향엔 별로였다. 좀 퍽퍽하다고 해야 하나. 호텔로 돌아오는 길은 완전히 어두워져 이제는 돼지도 잘 곳을 향해 갔는지 보이지 않았다.

저녁식사 준비가 아직 덜 된 상태로 우리들은 본관건물 로비 테이블에 앉았다. 찬찬히 살펴보니 이 호텔에 영국 엘리자베스 여왕과 찰스 황태자, 다이애나 비가 다녀간 사진과 비사우 공작 시절 여러 인사들의 방문 사진이 걸려 있었다. 건물 안 로비에는 비사우 공작의 가족이 쓰던 가구, 서재, 여러 장식품들이 진열되어 있었는데, 서양 갑옷, 무기, 액세서리 등이 눈에 띄었다. 특히 사슬갑옷은 벽에 걸려 있어 바로 눈앞에서 확인할 수 있었다. 회전 모양 3인용 의자는 정말 우아하면서 쓰임새 좋은 가구였다. 세

사람이 서로 비스듬하게 앉아 세 병 다 얼굴을 마주 내하게 했다. 집에 당장 가져다놓고 써도 유행에 뒤지지 않을 정도로 훌륭했다.

저녁식사는 인도식 부페였다. 식당과 서빙이 좋았다. 유리로 장식한 벽에는 호화로운 문양과 그림이 그려져 있었고, 인도 인물화가 걸려 있었다. 장식장에는 인도 그릇도 진열되어 있었다. 호텔의 식당이라기보다는 성에 마련된 연회장이란 표현이 맞을 것이다. 또 식사가 시작될 무렵 인도 전통악기를 연주하는 악사가 앉아서 식사가 끝날 때까지 연주했다. 참 색다른 경험이었다. 마치 인도 귀족에게 초대받은 것처럼 느껴졌다.

방으로 돌아와서는 방에 놓여 있는 가구며 욕실 등을 사진으로 남겼다. 세면대와 샤워시설이 있었지만 물바가지와 물통도 함께 있어 이전에 이슬람식 호텔의 욕실을 기억나게 했다.

다음 날 아침, 전날 저녁식사중에 찍지 못했던 호텔의 여러 풍경을 찍기 위해 서둘러 준비했다. 떠날 준비를 해둔 채 식사 전에 호텔을 돌아보고 있는데, 어젯밤에는 어두워서 보지 못했던 새로운 전경이 눈에 들어왔다. 본관 뒤에는 수영장이 갖춰져 있고, 독립된 공간으로 구성된 2층의 건물은 장기 투숙자나 여러 가족이 동시에 머무를 수 있게 한 예쁜 건물이었다. 수영장 주변에는 새로 뭔가를 꾸미기 위해 공사를 하는지 흙과 자재가 쌓여 있었다. 그 옆으로는 차양이 쳐진 야외 벤치와 테이블도 비치되어 있었다. 여러 건물마다 독특한 문양의 출입구와 스테인드 글라스 장식의 창문이 달려 있었다. 본관 옆에는 구형의 클래식 카가 있는데, 재규어였다. 자동차 경주도 나갔는지 트로피도 몇 개 있다. 차에는 "BISSAU"라는 글자와 함께 공작가문의 문장이 새겨져 있는 것이 특이했다. 이 문장은 가구 곳곳에도 박혀 있다.

본관 건물 2층에는 호텔 주인이 거주하고 있었다. 아침식사 전 송아지만한 세인트 버나드의 호위를 받으며 학교 가는 아이와 아이를 데려다주는 사람이 차에 올라타고 출발하는 광경을 보았다. 단순히 호텔로 쓰기보다는 주인이 거주하는 개인적인 공간과 함께 운영되고 있는 모습을 보니 그 옛날 공작이 살던 성이 이런 방식으로 유지되고 있구나 하는 생각이 들었다. 또 이 호텔 안에서는 부족할 것 없이 평화롭게 살고 있다는 느낌이 들었다.

전날 저녁 시끄럽고 지저분하며 혼잡하기 그지없던 시장과 호텔 문을 경계로 호텔 안에서 펼쳐지는 풍경은 너무나 대조적이었다. 그야말로 부처가 궁궐 밖을 나서면서 생로병사를 경험하게 된 것과 같은 충격을 연상할 수 있었다. 호텔 문과 담장을 사이로 부족한 것 하나없이 평화롭고 풍요로운 삶의 바깥에는 온갖 인간의 군상과 살아내기 위해 치열하게 살아가는 사람들과 동물들이 겹쳐 보였다. 인도인이 아닌 이방인이 본 자이푸르 비사우 호텔과 그 주변의 시장은 세상살이의 단면을 적나라하게 깨닫게 한다.

아침 일찍부터 자이푸르 탐방에 나서 전날 보지 못했던 다른 시장의 풍경을 차창 밖으로 볼 수 있었다. 회랑 구조로 된 옛 건물의 상점들은 아직 본격적으로 장사를 시작하지 않았지만 그 앞쪽 길가에는 노점상들이 좌판을 펼쳐 놓고 있고 사람들은 이곳저곳을 기웃대고 있다. 그 차림새도 아이를 안고 온 몸을 검은 천으로 감싼 채 눈만 내놓고 있는 아줌마, 백팩을 멘 청년, 간단한 반팔 셔츠 차림의 아저씨, 망토처럼 긴옷을 늘어뜨린 아저씨 등 갖가지다.

바람의 궁전(하와마할)을 보기 위해 잠깐 차에서 내린 와중에도 주변의 상인들이 손님들을 끌어당기는 게 보였다. 노점상이 펼쳐 놓은 상품들 중에는 마치 떡살처럼 보이는 물건이 있었는데, 나중에 암베르 성에서 보니 문에 장식된 조각이었다. 진품을 떼어 판 것인지 모조품인지는 알 수 없지만 인도의 숨은그림찾기는 시장에서도 계속되었다.

상점건물 위로는 낡은 옛 건물이 여실히 보이는데 원숭이들이 연신 뛰어다니거나 사람구경을 하며 앉아 있었다. 꽤나 심각한 표정이다. 에어컨이 설치되어 있는 것으로 보아 호텔인 듯이 보이는 2~3층짜리 건물에서도 사람이 주인인지 원숭이가 주인인지 모를 정도로 함께 살아가고 있다.

건물 꼭대기 옥상은 모두 원숭이 차지다.

시장통을 조금 지나 건물벽에는 남자용 공동화장실이 설치되어 있었다. 공중화장실인데, 아무런 가림막이 없고, 남자용 소변기가 몇 개 벽에 붙어 있었다. 집이 부서져서 화장실 벽이 노출된 것 같다. 마침 유럽인

인도의 남자 공동화장실
처음에는 건물이 무너져 화장실이 노출된 줄 알았다.

관광객이 지나가다가 이 광경을 보고, 웃으며 사진을 찍는다. 여성들은 눈살을 찌푸리며 연신 코를 막았다. 그래도 볼 일 보는 아저씨들은 아무렇지도 않은 표정이다.

그 옆에 수레에 짐을 가득 실은 낙타가 보였는데, 주인을 기다리고 있는 듯했다. 낙타 냄새도 만만치 않을 듯한데, 이젠 만성이 되었는지 잘 느끼지 못한다. 아니면 그 모든 악취가 하나로 섞여 구분이 안 가는 것 같기도 하다. 힌두어와 영어로 표기된 간판 아래에는 꽃으로 목걸이처럼 장식한 것들이 주렁주렁 걸려 있다. 액을 물리치는 것이라나.

|노혜경|

잔타르 만타르, 동양의 천문학으로 서양에 대항하다

무굴 제국 황제들이 황금과 보석으로 상감을 한 화려한 칼과 방패를 들고 있을 때, 총과 대포로 무장한 서양인들이 찾아왔다. 인도의 식민지화 과정은 우리하고는 많이 다르다. 인도는 엄청난 부와 생산물이 있었기 때문에 공정거래는 아니었어도 인도인 전체가 일방적으로 약탈당하고 수탈당한 것은 아니었다. 무굴 제국 황제와 지방의 왕과 영주들은 원래 부자였지만, 동인도회사와 거래를 하면서 엄청난 돈을 벌었다. 무굴 제국이 망할 때도 술탄의 수입은 영국 여왕의 두 배가 넘었다. 그 돈으로 무기를 사고, 영국군 장교와 하사관을 두 배의 봉급을 주고 고용했다.

나름 근대화 정책도 시행했다. 그들은 16세기부터 서양과 교류했으므로 그들의 문명과 기술을 일찍부터 접했다. 그 기술을 도입해서 혹은 자극을 받아서 진흥시키려고 했던 과학 중 하나가 천문학이다. 18세기에 인도의 주요 도시에 거대한 천문 관측 시설이 들어섰다. 그것이 잔타르 만타르다. 이 단어의 의미는 기계와 경전이라는데, 서양기술을 받아들이지만 도는 우리의 것을 유지하자는 중체서용, 동도서기적인 발상인 듯하다. 이 천문대들은 다 파괴되고 델리와 자이푸르에 있는 것만 남았다. 자이푸르의 잔타르 만타르는 1725년에 세운 것이다.

천문대는 9시에 개장하므로 시간을 맞춰서 나갔다. 그런데 입구는 개장했는데, 매표소가 문을 열지 않았다. 입구의 검표원에게 사연을 말해도 아무런 조치를 취하지 않는다. 이젠 놀랍지도 않다.

오히려 여기서 우리를 놀라게 한 것은 자이푸르 입구 근처에 있는 횡단

잔타르 만타르의 거대 해
시계 오전·오후용으로
2개가 있다.

보도였다. 인도에서 횡단보도를 본 적이 있었던가? 확신은 못하겠지만 식
당을 찾아 뭄바이 시내를 헤맬 때도, 어젯밤 자이푸르 밤거리 산책을 나
갔을 때도 본 기억이 없다. 나중에 마지막 기착지였던 델리에서는 횡단보
도를 좀 볼 수 있었는데, 횡단보도뿐 아니라 요 앞으로 가면 횡단보도가
있다는 안내판까지 있었다.

20분쯤 기다린 끝에 매표소 직원이 출근을 해서 표를 구입했다. 우리나
라의 전통적 관측기구인 혼천의나 해시계인 앙부일귀 같은 관측장비들
이 거대한 크기로 조성되어 있다. 해와 별자리, 위도, 달 등을 측정하는 장
비들이다. 이곳의 해시계는 세계에서 제일 큰 해시계란다. 아침 저녁으로
해의 방향이 바뀌므로 태양 관측기구는 쌍으로 두 개를 두었다. 그게 무
슨 의미가 있나 싶지만, 해시계가 크면 그만큼 정밀한 측정이 가능해서
초단위까지도 측정할 수 있단다.

해시계 하나가 가리키는 시간을 손목시계의 시간과 비교해 봤더니 25
분 정도 차이가 난다. 해시계가 틀린 것이 아니라 우리가 사용하는 시간

은 특정 경도를 기준으로 한 표준시이기 때문이다. 엄밀하게 이 지역의 시간을 기준으로 하면 해시계가 맞다.

여러 가지 기구가 있는데 천문학에 대한 기초지식이 없으면 알기 어려운 것도 있다. 별자리 관측기구는 서양의 12성좌에 맞춰서 성좌별로 하나씩 만들어 놓았다. 자기 별자리를 찾아 기념사진을 하나씩 찍었다. 나는 별자리를 몰라서 포기했다. 양력에 음력 생일까지 외우는 이중과세도 귀찮은데, 12지에 별자리까지 외우라니 나 참. 돌아와서 알아본다고 했는데, 아직 알아보지 못했다.

거대하긴 하지만 이게 과연 전통과 근대의 만남일까? 근대과학의 수용, 서양과의 경쟁에 얼마나 도움이 될까? 이 관측기구들은 15세기 이전의 발명품들이고 우리나라에도 있다. 가끔 서구의 근대과학이나 기술 수용을 말하면 우리의 전통과학과 기술을 무시하지 말라고 한다. 무시하는 것과 과거에 집착하는 것은 전혀 다르다. 영국인들이 동굴에서 가죽옷을 입고 살 때, 동양인들은 일식과 월식을 계산하고, 천문 연구를 통해 우주만물의 섭리를 알아내려고 했다. 하지만 18세기가 되면 인도인들이 10m가 넘는 구덩이를 파고 해시계 바늘을 설치하는 동안, 서양인들은 로마자를 버리고 인도에서 온 아라비아 숫자를 사용하면서 훨씬 정교하고 간편한 기구를 사용해서 경도와 위도를 측정하고, 복잡하고 불편하긴 하지만, GPS처럼 현지 위치를 측정할 수 있는 휴대용 장비와 기술도 갖추었다. 서양인들이 천문학과 숫자는 동양에서 온 것이라고 배척하고 끝까지 가죽옷과 동굴문화로 무언가를 이루려고 했다면 그들은 영원히 정체되었을 것이다.

자기 문화에 대한 자존심과 존경심도 필요하다. 그러나 잔타르 만타르 식의 대응은 슬픈 결말을 초래할 뿐이다. 진정한 자존심과 긍지는 과거와 우리 것에 대한 맹목적 사랑이나 변호가 아니다. 내가 지금은 상대의 기술을 배우는 처지고, 아무리 격차가 크다고 해도 노력하면 따라잡을 수 있고, 이길 수 있다는 신념이다.

|임용한|

암베르 포트, 코끼리가 지키는 환상의 요새

자이푸르의 메인 이벤트는 암베르 포트 구경이었다. 자이푸르 시내에서 차로 30분쯤 걸린다. 암베르 포트의 건립시기는 16세기 말에서 17세기 초다. 뒷산 정상에는 18세기에 건축한 산성인 자이가르 포트가 있다. 자이푸르 시내를 벗어나 산을 넘고, 차창 밖으로 두 개의 요새가 모습을 드러내자 탄성이 절로 나왔다. 산 중턱에 돌출해 있는 궁전 같은 요새, 요새 밑으로 해자 역할을 하며 흐르는 강. 딱 알맞은 높이에 있는 산 정상의 배후 요새, 황금빛의 요새는 푸른 하늘과 강 사이에 정말 터번을 쓰고 잘 치장한 거인처럼 서 있다.

그뿐 아니라 주변의 산 전체로 산성을 쌓아 이 지역 전체를 강력하게 방호하고 있었다. 북인도의 산지에서 대부분의 도시가 평원에 있는데, 이 자이푸르는 절묘하게 호수와 도시를 빙 둘러싼 산맥 안에 들어선 분지다. 그래서 아예 산을 따라 성을 쌓아 완전한 성벽도시로 만들었다.

산성은 산 능선을 따라 정교하게 축조되었다. 암베르 포트는 겉에 회를 바르고 노란 칠을 해서 돌이나 벽돌이 보이지 않는다. 그러나 산성을 보면 벽돌이 아니라 우리나라 성벽돌처럼 꽤 큰 돌을 사용했다. 하지만 석재를 벽돌처럼 균일하게 제작해서 축조한 덕에 지형적응력이 상당히 좋다. 그래서 산 정상에서 산등성이 능선을 따라 자연스러운 방벽을 구축했다. 산 능선이 아래로 흘러내린 곳이나 적이 접근하는 통로가 되는 지역에는 탑을 쌓고, 이중방어선을 치기도 하고, 아예 그곳에 아래로 흘러내리는 성을 쌓아 성을 구획했다. 이렇게 하면 산성을 공격하는 적을 측면에서 공격하기

암베르 포트의 전경

도 쉽고, 일부 구역이 함락되어도 2차, 3차 저지선을 만들 수 있다.

　이 거대한 도시 방어선의 전체 규모와 구조는 구글 지도로 봐야 제대로 볼 수 있을 정도다. 구글 지도로 보면 암베르 포트와 자이가르 산성은 이 전체 방어선의 중심축이다. 하지만 현지에서 보면 암베르 포트는 요새라기보다는 그저 아름다운 성으로 보인다. 성이란 무얼까? 성은 태생적으로 전쟁을 대비하는 군사시설이다. 자고로 군사시설은 질박해야 한다. 성능과 실용이 최우선이므로 편리함과 미적 감각은 포기해야 한다. 그러나 동서양을 막론하고 가장 아름답고 화려한 건축물은 성이다. 왜 그럴까?

　전쟁은 몇 십 년에 한 번, 운이 좋으면 몇 백 년에 한 번 일어난다. 그 긴 기간 동안 성을 비워둘 수가 없다. 사람이 살지 않으면 건물은 금세 망가진다. 빈 요새를 반군이 들어가 점령할 수도 있다. 그럼 군대를 주둔시켜 놓으면 되지 않을까? 최고의 요새에 군을 주둔시켜 놓으면 왕이나 영주는 잠을 편히 잘 수가 없다. 말 타면 견마 잡히고 싶다고, 군대가 반군으로 변할 수도 있다. 자식도 부인도 믿을 수 없는 것이 권력이다. 하물며 무굴 제국은 자식과 싸우지 않은 황제가 없다시피 하다. 잠을 편히 자려면 자신이 성에 들어가 살아야 한다. 최소한 일 년 중 일정 기간만이라도 말이다. 그런데 왕이나 영주가 아무런 장식도 없는 회색빛 병영에 들어가 살면 본인이 힘들기도 하지만, 갑자기 구차해 보이고 권위가 서지 않는다.

나도 젊었을 때는 왕이나 권력자들이 집, 의복, 장식물을 가지고 그렇게 위엄과 체면을 따지고, 백성들에게 조금이라도 초라한 모습을 보이면 안 된다고, 안달복달하는 것을 자기 욕망과 사치를 위한 변명이라고 생각했다.

그러나 세상을 살아보니 그 말도 일리가 있다. 인간은 언제나 이중적이다. 가끔 다큐멘터리에 옷과 집에 돈을 투자하지 않고 소박하고 검소하게 사는 권력자나 재벌 총수 이야기가 나오면 사람들은 훌륭한 분이라고 칭찬을 한다. 그러나 막상 자신이 거래를 하려는 회사나 은행이 누추한 건물에 들어가 있거나, 재건축을 맡길 건설회사의 사장님이 점퍼를 입고 경차를 타고 나타난다면 우리는 당장 불안해진다. 심지어 현대의 선거에서도 사람들은 슬리퍼를 끄는 서민보다 재산도 좀 있고, 외모와 옷 입는 센스가 뛰어난 그러나 스스로 서민적이라고 말하는 지도자를 요구한다. 지배자들이 백성들에게 그런 인식을 주입했기 때문이라고 말할 수도 있다. 그러나 세뇌는 있는 것을 부풀리는 거다. 아무리 교육하고 세뇌를 해도 없는 욕망을 만들어 내지는 못한다. 그런 이유로 암베르 포트도 왕의 거주지가 되면서 단장을 시작했고 투박한 거인에서 아름답고 매혹적인 전쟁의 여신으로 변모했다.

요새로서 암베르 포트는 갖출 것을 다 갖추었다. 성 아래 강을 호수같이 넓혀 해자를 만들고, 해자 안에는 사각형의 작은 요새인 인공섬을 두었다. 이것도 일본 왜성에서 참 좋아하는 구조다. 성문으로 가는 길은 호수 옆으로 돌아 성과 호수 사이에 지그재그로 난 긴 통로를 만들었다. 공격군은 이 길을 따라 길게 늘어서야 하고 그만큼 오랫동안 성 안의 공격군에게 노출된다. 잉카의 마추피추가 산을 빙빙 감아 올라가게 도로를 낸 것과 같은 원리다. 길의 우측은 담이 높고 그 위에서 수비대가 공격할 수 있게 했다. 성벽에 돌출한 치와 중간 중간에 설치한 차단문과 중간 방벽을 이용해서 삼중, 오중으로 이 길에 공격을 퍼부을 수 있게 되어 있다.

이 접근로의 폭은 코끼리 두 마리가 서로 몸을 맞대며 스쳐 지나갈 수 있을 정도다. 코끼리로 비교한 이유는 성 아래에서 성문안 광장까지 코끼리를 타고 갈 수 있기 때문이다. 물론 돈을 내야 한다. 여성분은 타고 남성들은 걸어서 올라가기로 했다. 남자 걸음으로 빠르게 걸으면 한 15분쯤 걸린다. 코끼리는 5~10분 정도 늦다. 걸어서 올라가기로 한 것은 돈이 아까워서가 아니라 성의 구조에 관심이 있었기 때문이다. 매표소에서 작별을 하고 진입로에 들어서는데, 이게 웬일, 바닥이 온통 코끼리똥 투성이다. 갓 배출한 코끼리똥은 처음 보았다. 사자가 코끼리똥을 좋아한다고 해서 TV에서 코끼리똥을 본 적이 있는데, 그것은 대개 변색이 되어 짙은 색이었다. 그러나 여기 널린 싱싱한 똥은 황금색으로 찬란하게 빛난다. 그러나 빛깔이 좋아도 똥은 똥이다. 다행히 냄새는 거의 없지만, 분량이 워낙 큰데다가 코끼리들이 밟고 다닌 덕에 사방에 너저분하게 널려 있어 조금이라도 밟지 않고는 지나갈 방법이 없다. 가끔 치우기도 하는데 하나마나한 수준이다. 아무래도 코끼리를 타지 않을 수 없게 하려는 의도가 아

돈을 내면 암베르 포트 안까지 이런 코끼리를 타고 갈 수 있다.

1부 신이 인간이 되어 사는 세상

닌가 하는 의심이 든다.

성문에 도달했다. 성문의 장식을 보면 요새임에도 투박하지 않고 미적 감각을 유지하려고 무척 노력한 흔적이 보인다. 안쪽에 사각형의 광장이 있고, 그 안쪽으로 다시 같은 구조의 중성과 내성이 있다. 첫 번째 광장의 성벽을 보니 성벽 안쪽으로 벽을 바르고 방을 만들었다. 광장 안쪽으로도 총안 같은 창을 냈다. 들어가 보고 싶었는데, 입장금지였다. 이 방들은 세 가지 기능이 있다. 성벽의 수비대가 적에게 노출되지 않아 방호력을 높이고, 수비대의 규모와 위치를 알 수 없게 한다. 수비대를 비바람과 이슬에서 보호함으로써 체력을 보호한다. 전쟁에서 사상자보다 많은 손실을 주는 것이 병자다. 밤 근무 두 번만 하면 감기를 피할 수 없고, 항생제가 없던 시절에 감기 몸살은 의외로 치명적이다. 세 번째, 적이 성벽을 통과해 광장으로 진입했을 때, 광장의 적을 공격하는 방호벽이 되어준다.

조금 후에 코끼리를 탄 분들이 도착했다. 겨우 15분 정도 타는 코스지만 그래도 즐거웠는지 웃으며 손을 흔들었다. 그러나 광장을 가로질러 하차장인 성벽에 도착해서는 표정이 영 좋지 않다. 아나나 다를까 몰이꾼들이 팁을 요구했는데, 2명분으로 100루피를 요구하더란다. 코끼리를 태웠으니 배짱이다. 내려주질 않더란다. 참고로 하차장 근처에 화장실이 있는데 글씨가 큼지막하게 써 있다. "돈을 받지 않는 화장실"이라고 말이다. 그 말은 다른 곳에서는 돈을 받는다는 이야기지.

중문을 지나 성벽 모서리 탑이 있는 구역으로 향했다. 전망이 훌륭하고, 해자와 인공섬, 최대 5중으로 층층이 형성된 방어시설이 한눈에 들어온다. 하지만 더 놀라운 것이 이 모서리 지역 내부의 방어시설이다. 목욕탕에 화장실까지 갖추어 이 구역의 수비대가 자체적으로 생활할 수 있게 했다. 그뿐 아니다. 입구와 복도는 모두 좁고, 복도로 들어온 적을 공격하기 위해 복도 양쪽으로 작은 공간을 파두었다. 공격자 입장에서는 이런 공간이 전혀 보이지 않는다. 지하로 파여진 곳도 있는데, 어딘가 통로로 연결되는 모양이다. 또 복도를 통과하면 작은 방이 나온다. 인도의 방들은 벽

성벽에서 본 암베르 포트
해자와 인공섬, 그리고 진
입로

을 약간 파서 수납공간이나 장식공간으로 사용한다. 그것을 수없이 보았는데, 이 방의 장식공간에는 그 안쪽에 작은 공간을 파두었다. 이건 분명 장식공간을 위장한 트랩이다. 화병 등을 두어 수납공간으로 위장하고 벽 안쪽 공간에 숨어 있다가 들어온 적을 공격한다. 대신 탈출구가 없다. 이런 식으로 적을 몇 명이나 죽일 수 있으며, 과연 어떤 병사가 죽기를 각오하고 이런 공간에 매복할까 하는 의문이 든다. 그러나 옛날 전쟁은 의외로 병력이 많지 않다. 이런 트랩이 수백 개에서 1천 개만 있고, 하나의 트랩에서 한두 명의 적을 죽인다고 해도 1~2천 명의 적군을 죽일 수 있다. 게다가 그들은 공성전에 앞장선 정예 부대원들이다. 군대가 10만이라고 해도 이런 정예는 1만도 되지 않는다. 그러므로 이런 트랩이 제대로 기능한다면 적에게 무서운 손실을 입힐 수 있다.

이런 트랩이 전부 몇 개나 되며 어디에 있는지 확인하려면 성 전체를 일일이 뒤져야 하는데 쉽지는 않다. 게다가 이 성의 모든 출입구는 사람 하나 지날 정도로 좁고 구불구불하다. 비밀통로도 꽤 많다. 내성에 갔더니 사람이 기어서 통과할 수 있는 건물 환기통 수준의 통로도 있었다. 한번 들어가서 기어가 볼까 하다가 쥐똥과 먼지에 허파가 남아나지 못할 것 같아서 꾹 참았다. 그 용도는 두 가지인 듯한데, 성이 포격을 받는 동안 대피호도 되고, 다른 통로로 들어온 적을 공격하는 비밀통로도 되는 듯하다. 실제로 이곳의 방을 보면 간간이 천장에 작은 구멍이 있거나 바닥에 있는 작은 구멍으로 아래쪽 공간을 볼 수 있는 곳들이 꽤 많다. 성 곳곳에서 저격이 가능하다는 거다. 성 전체가 삼중성벽과 격자구조, 비밀통로와 비밀방, 좁은 복잡한 통로와 계단, 저격용 구멍, 이런 것이 어우러져 거미줄 같은 방어망을 구성한다.

이런 구성의 전쟁이 이슬람의 특징인지, 걸프 전쟁 중 이라크에서 벌어진 시가전에서 아랍군 게릴라들은 이런 공간의 구조를 이용해서 미군을 괴롭혔다. 중동의 가옥은 대개가 지붕이 평평한 사각형 모양인데, 사각형 홀로 미군이 들어오면 미리 파둔 매복처나 구멍으로 공격하고, 역시 미리 파둔 구멍이나 비밀통로를 통해 옆집으로 달아난다. 미군 입장에서는 도시 전체의 가옥을 파괴하지 않는 한, 벌집 같은 사각의 공간을 일일이 소탕하는 수밖에 없고, 긴 시간과 희생, 천문학적 비용이 소모된다.

모든 구역을 뒤지며 방어장치와 트랩을 다 확인해 보지 못했지만, 자세히 보면 정말 재미있을 듯하다. 그러나 무엇보다 놀란 것은 성의 관람을 다 마치고 나올 때였다. 조그만 문에 터널이라는 표시가 있었다. 그 안으로 들어가니 한 양반이 따라오라며 설명을 해준다. 보나마나 돈 내라고 하겠지만, 호기심을 누를 수 없어 내려갔다. 그랬더니 지하 깊숙이 두 개의 터널이 있다. 하나는 산 정상에 있는 자이가르 산성으로 연결된 통로다. 정말 놀랐다. 영화나 만화에서나 보았던 이런 통로가 실존할 줄이야. 다른 하나는 탈출용 통로로 10km 밖으로 연결된단다.

성 전체가 이런 방어구조를 지니고 있지만, 중성부터는 군사적 기능은 골조 속에 숨고, 외형과 분위기가 확 바뀐다. 중성의 광장은 먼지가 이는

거울의 방 사진으로만은 설명하기 어려울 정도로 매우 인상적이었다.

연병장이 아니라 아름다운 정원이다. 우리가 방문한 계절이 겨울이라 조경이 평범했지만, 봄 여름에는 화초가 만발한다. 사방을 둘러싼 벽의 절반은 총안으로 채워져 있지만, 양쪽으로는 우아한 회랑과 거울의 방이 있다. 방 전체를 은색 거울과 채색 거울 모자이크로 화려하게 장식했다. 거울의 방은 정말 인상적이었는데, 사진으로는 도저히 그 방의 느낌을 표현할 수가 없다. 백문이 불여일견이라고 할밖에.

그 안쪽 내성으로 들어가면 하렘이 나온다. 이층으로 된 하렘은 이층벽에만 핑크빛 바탕에 꽃무늬 그림이 그려져 있다. 그림들이 금단의 구역에 들어왔다는 느낌을 준다. 1층은 일하는 사람의 공간이고 하렘의 여인들은 2층에 거주했던 것 같다. 정말 이 많은 방을 꽉 채웠을까? 1층 처마 밑에도 쭉 그림이 그려져 있다. 오리나 백조 같은 가금류를 기계적으로 나열해서 별다른 감흥을 주지 않는데, 방문객의 심정을 눈치 챘는지 그 틈바귀에 딱 하나 춘화가 들어 있다.

이곳도 알고 보면 충분히 시가전을 벌일 수 있는 구조와 장치로 채워져 있지만, 하렘의 분위기가 병영의 분위기를 압도한다. 이곳도 입구와 출구는 상당히 복잡하게 되어 있는데, 통로를 잘 찾아 3층으로 올라가면 산 위의 자이가르 성이 보이는 전망대를 찾을 수 있다. 반대로 아래쪽으로 내려가는 묘한 통로가 하나 있는데, 이곳은 지하 물저장고다. 단, 가는 곳마다 직원인지 경비원인지 누군가가 기다리고 있다가 안내를 하고 사진을 찍어주고 사례를 요구할 것이다. 물저장고에 있던 분은 한국인이라고 하자 대뜸 우리 말로 "머리조심", "머리조심" 하며 지하로 안내한다. 아무

리 한두 단어라고 해도 저 양반 도대체 몇 개 언어를 구사하는지 궁금했다. 발음도 참 좋다. 인도를 돌아다니며 느낀 것인데, 우리와 가까운 중국이나 일본 사람들보다 한국어 발음이 더 정확하다.

여기서 델리까지 긴 여행을 해야 했기 때문에 산 위의 자이가르 요새는 포기하고 암베르 포트를 떠나야 했다. 이번 여행의 최대 단점은 일정이 너무 빡빡했다는 것이다. 학생도 아닌 우리들이 12일이라는 여정을 빼내기 쉽지는 않았지만, 그래도 너무 빡빡해서 뛰면서 보고, 사진 찍고, 다시 뛰느라 정신이 없었다. 그렇게 허겁지겁하는 나를 보니 여행 내내 임어당의 《생활의 발견》에서 본 한 구절이 생각났다.

"여행을 가면 어떤 사람은 돌아다니며 보느라고 정신이 없고, 어떤 사람은 사진 찍느라 바쁘다. 여행은 그렇게 하는 것이 아니라 천천히 관조하는 것이다."

나는 이 말에 전적으로 동의하지는 않는다. 여러 나라의 여행지에서 본 중국 관광객들의 하염없이 빈둥거리는 태도를 보면 더더욱 임어당식으로 관조할 마음이 사라진다. 그랬다가는 이 코스의 1/10도 보지 못할 것이다. 그러나 여행에 느림과 여유의 미학이 필요한 것도 사실이다. 그 중에서도 제일 안타까운 곳이 이곳이다. 하루 전체를 잡고, 암베르 포트를 보고 산 위의 자이가르 포트까지 보았다면 좋았을 거라는 아쉬움이 넘쳐난다. 구글 지도로 보니 암베르 포트에서 산성까지 코끼리를 타고 온 길과 비슷한 길이 나 있는데 대략 20분 정도 거리인 듯하다. 전체 구조는 암베르 포트와 거의 비슷한데, 보다 후대에 지은 성이고, 철저하게 군사적 기능이 강조된 요새인 만큼 세부적인 장치들이 더 뛰어날 듯한데, 보지 못해서 정말 아쉽다.

암베르 포트는 미와 기능성을 겸비한 요새다. 그러나 17세기가 되면 축성에서 제일 중요한 요소는 견고함이 된다. 대포가 전쟁의 여왕이 되었기 때문이다. 서양에는 이 무렵부터 대포에 대응하기 위해 콘크리트 건축술이 개발되었다. 잘 만든 성은 제2차 세계대전 때까지도 대포의 공격을 견뎌낼 정도로 튼튼했다. 암베르 포트의 견고함을 눈으로 확인할 수 없지만, 대포를 견뎌낼 것 같지는 않다. 아무리 잘 만든 성이라도 시대의 흐름에 뒤처져서는 의미가 없다. 암베르 포트의 기본적인 방어구조는 왜성에서도 똑같이 발견된다. 이런 수준이 16세기 아시아의 축성 수준이다. 그러나 조선의 성은 이런 구조로 전혀 발전하지 못했다. 심지어 임진왜란 때 일본군이 왜성을 쌓고, 점령한 조선의 성을 개선해서 밀폐식 성벽이나 다중 방어구조를 도입해도 조선은 왜군의 잔재를 청산한다며 헐어버리기에 바빴다. 그리고 한말까지도 이런 기본적인 구조도 도입하지 않았다.

그랬던 우리가 지금 인도의 도시나 농촌을 보고 우리의 60~70년대 수준이라거나 그보다도 못하다고 놀라고 있다. 축성술로만 보면 거의 400년의 간격을 50년 만에 따라잡아 건너뛴 셈이다.

|임용한|

쿠트브 미나르, 아름다운 폐허

델리의 아침. 드디어 오늘이 인도 여행의 마지막 날이다. 어제 자이푸르에서 델리로 오는 길은 정말 길었다. 암베르 포트에서 3시쯤에 출발했는데, 9시 조금 지나 델리에 도착했다. 교통 사정이 좋지 않아 한참 도로를 넓히고 가운데는 고가도로를 놓고 있는데, 그 바람에 도로가 공사장이 되어 더 막혔다. 이 길은 지금까지 본 어떤 도로보다 화물차도 많았다. 델리가 수도고 그 주변이 다 공단이라 그런 것 같다.

그래도 반가웠던 건 델리의 호텔이었다. 지금까지 인도의 호텔은 난방을 하지 않아 너무 추웠다. 낮에는 30도가 넘는 더위여도 습도가 낮아 밤이 되면 온도가 급속히 떨어진다. 벽과 바닥이 온통 돌이라 더 썰렁했다. 델리의 호텔도 난방은 하지 않았지만, 바닥이 마루로 되어 있어 지금까지 들렀던 호텔과 달리 한기가 올라오지는 않았다. 이불도 두툼한 솜이불이다. 하지만 그 솜이불에 긴장이 풀렸던지, 나는 그만 반팔 차림으로 이불 옆에 쓰러져 잠이 들어버렸다. 그 바람에 여행 마지막 날에 감기가 들었다. 코감기약을 가져오지 않은 것이 후회가 되었다. 인도 여행의 필수품은 감기약이 아니라 코감기약이다. 심한 일교차와 난방이 안 되는 호텔 때문에 우리 일행 대부분이 코감기에 걸렸다. 아무리 조심해도 아차 하는 순간 병마는 침투한다. 우리 중 연세가 제일 많으시고 내내 건강과 체력을 걱정하시던 이혜옥 선생만 멀쩡하시고, 젊은(?) 우리는 대부분 감기에 걸렸다. 이혜옥 선생은 비실거리는 우리들을 보며 대놓고 좋아하신다.

어쩌겠어 오늘 하루만 버티면 되는 걸. 오늘 코스는 오전에 쿠트브 미나르(Qutb Minar)와 후마윤의 묘, 오후에 델리 박물관이다. 쿠트브 미나르는 제법 번화한 시내 복판에 있다. 현대화된 도심에서 갑자기 진정한 폐허인 쿠트브 미나르로 들어서니 차원이동을 한 것 같다.

미나르는 이슬람 사원의 첨탑이다. 쿠트브 미나르는 높이가 72.5m로 인도 최대의 미나르다. 델리도 아침은 스모그가 심해 탑이 뿌연 안개 속에 갇혀 있어 사진이 제대로 나오지 않았다. 이곳의 볼거리는 쿠트브 미나르만이 아니다. 모스크와 여러 건축물의 잔재가 꽤 넓게 퍼져 있다.

이 중에서 완전한 건물은 쿠트브 미나르뿐이다. 그 외는 모두가 폭격 맞은 듯한 형태로 남아 있다. 그 중에는 궁전급인 훌륭한 건물의 잔재도 많다. 인도에서 많은 폐허를 보았지만, 규모로나 잔재의 형태로나 이곳이

쿠트브 미나르 오히려 스모그 때문에 더 스산한 분위기가 연출되었다.

최고였다. 사진작가들이라면 정말 좋아할 곳이라는 생각이 든다. 다만 스모그 덕에 탑뿐 아니라 모스크, 주변의 폐허들이 사진에 모두 희미하게 나왔다. 너무 아쉬웠는데, 델리의 교통체증 때문에 동선을 가까운 곳부터 잡다보니 이렇게 되었다. 그것만 아니면 박물관을 오전에 보고 쿠트브 미나르는 오후에 보는 것이 좋겠다. 하지만 달리 생각하면 그 안개가 없었다면 폐허가 주는 아련하고 스산한 분위기도 사라질 것이다.

이 폐허를 창건한 사람은 노예왕조의 술탄들이다. 쿠트브 미나르는 노예왕조의 창시자인 웃 딘 아이바크가 1193년에 착공해서 1198년에 완공했다. 주변의 건물들은 후대의 왕들이 세웠

다. 폐허 중의 폐허는 짓다가 중단한 알라이 미나르다. 알라 웃 딘 힐지가 쿠트브 미나르보다 더 큰 미나르를 짓겠다는 야심을 가지고 시작한 건물인데, 힐지가 1층을 완공하기도 전에 요절해 버리는 바람에 건설이 중단되었다.

노예왕조란 12세기에 델리를 중심으로 번성했던 인도의 왕조다. 황제 중에 노예 출신이 많아서 이런 이름이 붙었다. 노예왕조의 창시자인 웃 딘 아이바크는 전 황제의 무장이었다. 그가 사망하자 그의 노예였던 일투트미시가 아이바크의 아들을 쫓아내고 술탄이 되었다. 일투트미시는 쿠트브 미나르를 개축하고 모스크를 완공했다.

그러나 이 노예가 스파르타쿠스 같은 진짜 노예는 아니다. 중세의 영주가 왕을 주인(LORD)이라고 부르고 자신을 종(SERVANT)라고 한다고 해서 노예는 아니다. 일종의 사적인 충성관계를 의미할 뿐이다. 일투트미시

회랑 그리스식과 인도식이 섞인 듯하다.

도 아이바크의 노예였지만 그의 장군이 되었다가 사위가 되었다.

노예왕조는 인도에서 최초로 설립한 이슬람 왕조였다. 처음이다 보니 그들은 각박했다. 이슬람 이외의 종교에 대해 강력한 탄압정책을 폈다. 한 때 이슬람은 한 손에는 칼, 한 손에는 꾸란을 들고 "꾸란이냐 죽음이냐?" 식으로 이슬람을 강요했다고 알려졌다. 그 다음에는 그에 대한 반동으로 이슬람은 개종을 하면 인두세를 면제하고, 개종하지 않으면 인두세를 부과하는 식으로 온건한 관용정책을 썼다고 한다. 어느 말이 진실일까? 도대체 수천 년 동안 지구의 절반을 지배한 이슬람의 종교정책을 하나로 설명하는 자체가 틀렸다. 종교는 이상이고 정치는 현실이다. 그러므로 종교 정책은 무수히 변한다.

노예왕조시대에 힌두교와 불교 사원들이 박해를 받아 무수히 파괴되었다. 쿠트브 미나르와 그 옆에 있는 모스크는 자신들이 파괴한 힌두 사원의 자재를 모아 건설한 것이다. 사필귀정인지 그런 탄압이 이 거대한 유적이 현재까지 가장 폐허다운 폐허로 남아 있는 이유인지도 모르겠다. 이 폐허 자체가 폐허들의 원한이자 무덤이다.

폐허 중에는 일투트미시의 무덤도 있다. 벽면 장식을 보면 상당히 정교하게 잘 만든 무덤이다. 건물 중앙에 기단을 쌓고 그 위에 관처럼 생긴 그의 무덤이 있다. 그러나 그 위 둥근 천정 윗부분이 날아가버려 구멍이 뻥 뚫리고, 그 사이로 보이는 하늘로 잉꼬가 날아다닌다.

죄의 대가라고 말하면 좀 잔인한가? 아무리 신념에 찬 정책이라도 인간의 상식을 넘어선 개혁은 성공도 못하고 모든 사람을 피해자로 만든다. 실패한 개혁가들이 자신은 신념을 가지고 했다고 곧잘 변명하는데, 잘못된 신념은 멍청한 무능보다 더 무섭다.

짓다가 만 알라이 미나르는 만화영화에서나 보던 밑동에 입이 달린 말하는 고목처럼 보인다. 가까이 가도 그렇다. 1층과 입구만 짓고, 외장공사를 전혀 하지 못한 덕분이다. 지금 이곳은 잉꼬떼의 아파트가 되어 있다. 초록빛 몸체에 노란 꼬리를 지닌 잉꼬는 인도에서 본 새 중 공작 다음으

로 예쁜 새였다. 폐허 위로 쉴 새 없이 날아다니는 잉꼬는 처연하면서도 아름다운 풍경을 연출한다. 잉꼬를 모티프로 한 사진을 찍기에는 이곳이 최고인 듯하다.

참고로 갈매기를 찍으려면 엘레판타 섬으로 가는 배가 최고다. 독수리를 찍으려면 아그라 포트와 델리에 있는 후마윤의 묘가 최적지다. 아그라 포트의 발코니나 전망대에 있으면 독수리들이 눈앞을 스치며 날아간다. 워낙 많아서 좀 참고 기다리면 멀리 타지마할을 배경에 두고 활강하는 독수리도 찍을 수 있다. 가끔 보면 이놈은 날 때보다 앉아 있는 모습이 더 멋있다. 성벽 위나 탑 꼭대기에 앉은 모습도 전망대가 높아서 가까이 볼 수 있다. 후마윤의 묘 상공에도 독수리가 상당히 많

일투트미시의 묘 천장이 뻥 뚫려 있어 하늘이 훤히 보인다.

다. 이놈들은 사람 가까이는 여간해서 내려오지 않는데, 유독 후마윤의 묘에서는 잔디밭까지 내려온다. 단, 사람이 많지 않은 뒤쪽 잔디밭이다.

아무리 가까이 온다고 해도 새를 찍으려면 300mm 이상의 줌 렌즈가 필요하다. 쿠트브 미나르도 마찬가지다. 망원렌즈로 두 마리의 잉꼬가 경쟁하듯 비행하는 장면을 찍었다. 구도도 좋고 색조도 아름다운데, 안개 때문에 사진이 흐리다. 조금 기다리면 공기가 맑아지겠지만, 델리의 공기도 최악인데다가 시간이 없었다. 사진을 좋아하는 분들은 꼭 오후에 가기를 권한다.

|임용한|

델리 박물관

길었던 인도 여행의 마지막 코스는 델리 박물관이었다. 비행기에서 보내는 시간을 포함해서 12일의 여정이 특별히 긴 여정이라고 할 수는 없지만, 너무 새롭고, 너무 대단하고, 너무 많은 것을 정신없이 뛰어다니며 보았더니 다듬기만 하고 요리하지 않은 재료를 머리 속에 꽉꽉 쟁여넣은 느낌이다. 촬영한 사진도 7천 장에 육박해서 충분히 챙겼다고 생각한 메모리 카드도 이제 한 장 정도만 남았다. 그래도 이제 마지막 날이라고 하면 섭섭하고 서운해야 하는데, 서운함이 없지도 않지만, 가슴 밑에서는 이젠 떠날 때가 왔다는 생각이 꿈틀거린다. 나는 워낙 세상구경을 좋아해서 외국에서 몇 달을 체류해도 이제 마지막 날이라고 하면 마음이 늘 시큰하다. 해외로 나와서 떠난다고 하는데 시원섭섭하다는 식의 생각이 든 건 이번이 처음이다. 심한 일교차에 늘 추운 방에서 생활했더니 감기 기운까지 있어서 몸이 피곤한 탓일까? 그보다는 델리의 숨쉬기 힘든 공기가 원인이다. 델리 구경은 딱 하루가 부족했다. 마음은 하루만 더 연장해서 올드 델리와 모스크, 붉은 성을 보고 싶다고 하는데, 몸이 그러고 싶지 않단다.

델리 박물관 관람도 시간이 넉넉하지 않다. 델리의 극심한 교통체증 때문에 이동시간이 많이 걸리고, 공항으로도 넉넉하게 출발해야 한다. 마지막 순간까지 뛰게 생겼다. 델리 박물관은 입장료 300루피에 사진촬영 요금 300루피를 받는다. 우리 돈으로 6천 원의 촬영 요금을 냈으니 악착같이 찍어야겠다고 다짐한다. 그러나 그 생각은 곧 좌절로 바뀌었다. 실내가 어두워서 감도(iso)를 최대치로 올려도 뭐 하나 제대로 찍힐 것 같지가 않다. 그렇다고 명색이 문화재 위원인데 조명이 어둡다고 투덜거릴 수도 없고. 사실 유물보존을 위해서는 조도를 최대한 낮추는 것이 맞다. 그러나 이 박물관이 정말 유물보존을 위해 어두운 건지 성의부족이거나 전기를 아끼려는 심보인 건지는 모르겠다. 좌우간 열심히 누르자.

델리 박물관 입구에 아마 황제가 타던 물건인 듯한 거대한 전차가 있다. 바퀴가 사람 키보다 크고, 건물 2~3층 높이는 되는 거대한 전차다. 나무로 만든 바퀴는 하중을 견디기 위해 바퀴 겉면에 가로대를 지저분할 정도로 댔다. 이런 건 처음 보았는데, 유리로 전면을 씌워서 사진을 제대로 찍을 수가 없다.

하라파와 모헨조다로의 토용

델리 박물관은 3층이다. 1층은 그 유명한 세계4대 문명 중 하나인 모헨조다로, 하라파의 유물로 시작한다. 인더스강의 상류와 하류에 각각 위치한 이 두 도시의 이름을 외우기 시작한 게 1975년 중학교 2학년 때부터다. 그리고 이제야 유물을 본다. 이집트 문명이나 황화 문명은 그래도 화보라도 접할 기회가 많았지만, 이 둘은 정말 미스터리의 세계였다. 감격스럽지만 유물이 많지는 않고 아직 전시 기법이 떨어져서 장님 코끼리 더듬는 식이다. 인도가 아직 저개발국이긴 하지만, 상위층의 재력이나 지력은 세계적이다. 그래서 델리 박물관에 대해서는 좀 기대를 했다. 그러나 박물관의 전시 기법은 고리타분하고 형식적이다. 거리 풍경과 도로와 마찬가지로 그 능력이 아직 전혀 사회화가 되지 않고 개인 영역에 머물러 있는 듯하다.

여러 가지가 맘에 들지 않아도 4대 문명의 저력은 있다. 초장에 만나는 토우 여인상은 그 시대 사람의 체형까지 알 수 있을 정도로 사실적이다.

이 여인상은 외국의 인도 문화 연구서에 수록될 정도로 유명하다. 인도

인의 선조답게 여전히 적나라하게 묘사한 조상이지만, 마르고 가슴이 납
작한 여인상은 크기가 작은데도 불구하고 정교하고 사실적이다. 석기시
대의 인물상은 의외로 뚱뚱하거나 풍만한 것이 많지만 그건 그들의 소원
이자 로망을 표시한 것이다. 대부분의 사람은 이 여인처럼 말랐다. 중국도
한나라 시대까지만 해도 토용은 거의가 비쩍 말랐다. 이 여인도 표정과
자세에 편안함과 여유가 넘치고, 목걸이를 하고 팔 전체에 팔찌를 잔뜩
채우고 있는 것을 보면 일반 하층민이 아닌데도 거식증에 걸린 모델 수준
으로 날씬하다. 그만큼 먹을 것이 부족하고 척박한 시대였다. 반면 비사
실적으로 느껴지는 부분은 눈을 감은 것인지 뜬 것인지 알 수 없을 정도
로 눈두덩이 퉁퉁 부은 눈이다. 왜 눈을 이렇게 묘사했는지 궁금했는데,
나중에 후대의 여인상을 보니 인도 미인의 특징인 크고 강렬한 눈을 묘사
하려고 했던 것이 분명하다.

　인더스 문명을 창출한 인도의 원주민은 드라비다족으로 알려져 있다.
드라비다족은 피부색이 진하고 코가 납작하고 입술도 두텁다. 하지만 백
인계인 아리안족이 들어오면서 원주민과의 혼혈로 피부는 검어도 눈이
크고 코는 오똑한 오늘날 세계 최고의 미녀로 꼽히는 인도 미녀가 탄생했
다고 한다. 그런데 최근에는 아리안이 먼 곳에서 온 종족이 아니고, 하라

파, 모헨조다로 일대가 아리안의 발생지라고 보는 견해도 있다. 적어도 이 여인상을 보면 아리안이 오기 이전에 눈이 큰 여인이 이 지역에 살고 있었던 것이 분명해 보인다.

인더스 문명은 청동기 문명이다. 그러나 청동기 문명이란 모든 사람이 청동기를 사용하는 시대가 아니다. 청동기가 등장하고 제사 용구나 무기로 조금 사용될 뿐, 일반인들은 석기와 토기를 사용하며 살았다. 여인상 뿐 아니라 개와 돼지와 같은 가축들, 아마 짚으로 만든 닭장을 묘사한 듯한 토우, 소가 끄는 수레를 묘사한 청동 조각은 가축이 사육되고, 수레도 제작되었음을 말해준다. 단 수레의 바퀴는 바퀴살이 없는 통바퀴다. 무겁고 흙에는 박히기 때문에 단단한 땅이나 도로에서나 사용되었을 것이다. 모헨조다로와 하라파는 정교하게 설계한 도시로 세계를 놀라게 했는데, 그것이 수레를 발전시켰는지도 모른다.

이번 여행에서 이 도시까지 방문할 시간이 없는 것이 아쉽지만, 도시 유적보다도 유물을 보는 것이 그 시대에 대한 더 많은 정보를 주기도 한다. 유물 중에서 특히 놀라운 것은 저울과 화폐의 문양을 새기는 인장이었다. 만(卍)자가 새겨진 도장도 있지만, 문자보다는 소와 코끼리 등의 형상에 상형문자 같은 것이 적혀 있다. 기하학적 문양을 새긴 것도 있다. 이 인장의 정확한 용도는 미스터리다. 순수한 도장인지, 화폐에 찍는 문양인지는 확실하지 않다. 그러나 중국에서도 청동기 시대에 이미 화폐가 사용되었다. 문자형 도안보다는 동물 도안이 많고, 후대에 인도에서 만들어진 코인의 문양과 비슷한 것을 봐도 개인적인 생각으로는 화폐용 문장이거나 상업적 계약을 위해 사용한 도장 같다. 박물관의 설명에도 메소포타미아 지방에서 사용한 점토판에 새긴 계약서와 비슷하다고 적어 놓았다. 그것이 상품의 가치를 증명하는 용도가 되고 화폐로 발전하는 거다.

하라파와 모헨조다로는 도시유적이다. 농업과 어업도 번성했던 지역 같지만, 역시 도시의 번성을 좌우하는 요소는 상공업이다. 화폐를 발행할 만큼 경제가 발전했던 것이 미스터리의 문명이라는 모헨조다로와 하라파 도시 문명의 비밀이다.

그러나 전시도 너무 평면적이고, 모헨조다로와 하라파의 도시를 보여주는 전시가 없어서 일반인들이 보면 그런 역사적 배경과 의미를 알아내기 쉽지 않다. 또 이 도시가 누군가의 침공에 의해 하루아침에 몰락했다는 이야기는 내가 혹시 보지 못한 것인지 모르겠지만 아무데도 없다. 이 도시를 처음 발굴했을 때, 수십 구의 뼈들이 집과 거리에서 엉킨 채 방치되어 있었다. 누군가의 침공, 어쩌면 아리안의 침공에 의해 주민들이 학살당한 것이 분명했다. 대피하지도 못했고, 제대로 저항도 못해 본 것이 분명했다.

이 설에 반대하는 사람들은 시체들은 그것뿐이었고, 그 후에도 도시와 삶이 지속되었던 흔적이 있다고 한다. 나는 이 주장은 잘못되었다고 생각한다. 세상에 정복에 의해 파괴되었다고 해서 인더스 유역의 전 주민과 도시가 몰살당할 수는 없다. 정복과 지배는 약간의 학살만으로도 충분하다.

정복설에 반대하는 사람은 지형의 변화로 강이 마르고 땅이 건조해진 것이 몰락의 원인이었다고 한다. 이 도시를 유지하던 인더스강의 지류들은 지금 완전히 말라 있다. 그 말이 맞다고 해도 도시에 닥친 비극을 설명하지는 못한다. 생산물이 줄어들고 인구가 줄고 가난해지면, 결국 적의 침공에 취약해지고, 침공을 부른다.

인더스 문명의 최후가 말해주는 역사적 교훈은 국가의 기본적 의무는 부와 국방이라는 사실이다. 어느 것 하나에 소홀하거나 하나에 치중하면 사회는 멸망의 위기에 직면하는 것이다.

석상과 인간

아쉽게도 하라파와 모헨조다로 파트는 짧게 끝나고, 나머지 전시실은 석조의 신상과 불상들이 가득 점령하고 있다. 뭄바이 박물관과 달리 마우리아 왕조부터 간다라, 굽타 왕조의 시대순으로 진열되어 있다. 적어도 우

우는 소녀상

리 입장에서는 델리 박물관이 마지막 순서인 점이 맘에 들었다. 완전한 총복습이었다. 그동안 보았던 신상들, 힌두교와 초기불교, 소승불교에 대한 단상들이 죽 정리된다. 간간이 의심스러웠던 것, 뭔지 애매했던 것들의 해답도 숱하게 발견했다.

깨달음을 얻는 순간은 뿌듯하고, 내 추측이 맞았다고 확인할 때는 더 뿌듯하다. 유치해도 할 수 없다. 나이가 아무리 들어도 인간이 그렇지 뭐. 인도를 돌아다니면서 배운 진리가 인간의 기본적 욕구에 충실하라는 것이다. 인도는 너무 충실해서 문제이긴 하지만.

불상과 신상을 제외하고 여기서 눈길을 끌었던 것은 마우리아 왕조관에 있는 〈우는 소녀상〉이었다. 머리를 길게 땋은 소녀가 두 무릎을 세우고 앉아 웅크리고 있다. 10대 소녀들에게서 자주 보는 포즈다. 사실 이 그림의 주인공이 소녀인지, 여인인지, 주부인지, 무희인지 가출소녀인지도 모른다. 그러나 포즈를 보면 누구나 10대 소녀가 연상된다. 어린 소녀가 어디에 갇힌 걸까? 주인집 접시를 깨트렸나, 아버지가 돌아가셨나? 심청이처럼 돈에 팔려 집을 떠나게 된 건가? 하는 뭔가 안타까운 상황들이 연상되는 건 세계 공통인가 보다.

그러나 정답은 우리의 상상과는 전혀 다른 장면일 거다. 차림새로 보면 하녀나 평범한 여인도 아니다. 머리를 다듬고 길게 땋았고, 옷도 장식이 있다. 끝을 뾰족하게 마무리하는 머리 땋기 방식은 현재의 인도 여인들에게서도 그대로 볼 수 있다. 다른 부조에 있는 무희들이 똑같은 머리와 복장을 하고 있다. 원래 이 부조는 어떤 거대한 전체 부조의 일부인데, 주변이 잘려져 나간 바람에 전체 상황을 알 수 없게 되었다. 그것이 상상력을 자극하여, 제멋대로 상상하고 느낄 수 있는 자유를 준다. 이 부조 역시 인노 문명을 다룬 책에 소개될 정도로 유명하다. 신들의 세계가 되어 버린 전시실에서 너무나 인간적인 몇 안 되는 작품이어서 더 눈에 띈다.

조금 후에 간다라 관에서 더 많은 인간적인 장면을 만났다. 전시물을 대상으로 열심히 데생을 하고 있는 미대생들이었다. 외국의 박물관에서는 이렇게 데생이나 스케치를 하는 학생들을 자주 볼 수 있다.

우리는 강의실과 어두운 작업실을 떠나려 하지 않고, 박물관을 오가는 수고는 시간낭비로 여긴다. 그건 죽은 학습이다. 오늘날 인문학이고 예술이고 교육에서 제일 중요한 요소가 '창의'다. 그런데 우리는 대상을 놓고 그리면 모방이고, 아무것도 보지 않고 그리고, 아무도 보지 못한 디자인을 그려내면 그게 창의력 훈련인 줄 안다. 전혀 그렇지 않다.

화가가 되려면 테크닉이 당연히 필요하지만, 사물의 뒤에 있는 스토리, 분위기를 잡아내는 영감이 필요하다. 그래서 외국의 교수들은 박물관에 가서 전시물을 그려오라는 과제를 자주 준다. 그래야 대상과 진정한 교감이 되고, 자신이 원하고 찾는 세계를 발견할 수 있다.

《시튼 동물기》의 저자 시튼의 원래 직업은 화가였다. 그도 매일 박물관에 와서 동물들의 박제를 스케치했다. 그가 서부로 간 이유는 동물기를 쓰기 위해서가 아니라 동물을 그리고 싶어서였다. 그렇게 동물을 그리던 그는 카우보이나 사냥꾼도 이해하지 못하던 동물의 세계를 보고 《시튼 동물기》를 썼다. 카우보이나 사냥꾼은 동물의 습성만을 보았지만, 미술가인 시튼은 그들을 그리며, 그들과 교감하다가 그들의 삶과 생각을 볼 수 있었기 때문이다.

우리 교육의 문제가 외우기 교육에 있다고 한다. 그건 웃기는 이야기다. 외운다는 것 자체가 나쁜 것이 아니다. 수학도 공식을 외워야 풀 수 있다. 나도 간다라 미술과 인더스 문명의 특징을 40년 전에 달달 외운 덕에 델리 박물관에서 수천 년은 된 석상들을 친구처럼 만나고 대화하고, 문명이란 이런 것이구나, 종교란 이런 것이구나 하는 담화를 끌어내고 있다.

우리가 진정으로 상실한 것은 여유다. 여유가 없으니 눈에 보이지 않는 것, 당장 눈으로 계산되지 않는 것은 참지 못하고 견디지 못한다. 박물관을 오고가는 시간이면 석고상을 세 장은 더 그릴 수 있다. 이런 조급증으로 세상을 보고 교육을 하니 눈에 보이는 1차원적 공간에서만 뱅뱅 돌고, 그리 열심히 암기한 지식과 투자한 시간을 깊고 넓은 세계로 들어가는 가교로 사용하지 못한다.

어두운 복도에서 함무라비를 만나다

박물관 관람에 책정한 시간이 2시간 40분인가 3시간이었는데, 1층을 다 보기도 전에 절반이 지났다. 신상 전시실 다음은 인도의 그림이다. 주로 무굴 제국 시기의 그림들인데, 동양과 서양의 기법을 결합해서 독특한 경지를 이룬 작품들이지만, 시간이 없어서 건너뛰기로 하고 2층, 3층 계단으로 냅다 뛰었다. 이미 다 보기는 틀렸고, 전시실을 골라잡아야 한다. 어느 방부터 들어가야 하나. 근데 이게 웬일 2층, 3층은 어지럽기 짝이 없다. 일단 방의 절반은 사무실이다. 전시실 일부는 공사중이고, 어디는 비어 있다. 제대로 된 방은 화폐, 무기, 그리고 동굴벽화 모사품을 모아놓은 곳뿐이었다.

그 중에서 제일 정리도 잘되고 인상깊은 곳은 화폐실이었다. 우리는 인도가 통일제국시대에도 지방은 실제로는 수많은 영지로 분할되고, 자급자족적이고 폐쇄적인 경제체제를 지녔다고 배워서 인도에 화폐가 이토록 일찍부터 발달했다는 것을 전혀 몰랐다. 폐쇄적인 자급자족이라는 말에 우리 같은 농업경제라고만 생각했던 거다. 그래서 우리들이 인도 하면 문명과 현세를 넘어간 선과 고귀한 정신의 세계로 쉽게 착각하나 보다. 거듭 말하지만 인도에 대한 선입견은 환상이다. 우리가 그런 마음가짐으로 보고, 인도의 드넓은 땅이 아직 미개발지, 도시화가 안 된 지역으로 남아 있고, 여인들이 전통의상을 입고, 옛날 모습 그대로 살고 있으니 그렇게 느껴지는 거다. 그러나 우리가 농촌에서 보는 모습은 평민과 불가촉천민들의 세계다. 브라만과 크샤트리아의 세계, 고대로부터 돈을 만지고, 최고의 물질문명을 영위했던, 그리고 실상 그들이 만들어낸 종교와 정신의 세계는 전혀 그렇지 않다.

나라가 넓다 보니 오랜 시간 지역별로 다양한 동전이 발행되었다. 동전의 도안들은 하라파와 모헨조다로 유적에서 본 인장의 무늬와 놀랍도록 유사한 것도 많다. 그것을 보자 그 인장들이 화폐용 내지는 상업용이라는 생각이 더욱 굳어졌다.

아잔타와 엘로라에서 제대로 감상할 수 없었던 벽화의 모사본을 모아 놓은 방도 있는데 정리가 덜 되고, 작품 수가 적어서 아쉬웠다. 이렇게 부분 부분이 아니라 벽 전체를 모사해서 재현해야 하는데, 언제고 그런 날이 올까 싶다.

볼거리가 적어 2, 3층을 다 돌았는데도 시간이 남았다. 허탈하기 짝이 없다. 이럴 줄 알았으면 1층을 좀 더 자세히 볼 걸. 혀를 차며 벽화 모사실을 나오다가 커다란 선돌 같은 것을 보았다. 처음에는 대형 링가인 줄 알았다. 복도가 어두운데다가 돌도 검은 오석이어서 글씨와 조각이 보이지 않았다. 가까이 가서야 돌 끝에 새긴 낯익은 부조를 보고 깜짝 놀랐다. 그 유명한 함무라비 왕의 법전을 새긴 비석이다.

돌의 맨 위에는 함무라비 왕이 신으로부터 법전을 받는 부조가 있고, 그 아래는 돌 전체를 빙 둘러 빽빽하게 법조문을 새겼다. 내 전공이 조선시대 법인데, 비록 모형이기는 해도 함무라비 법전의 전체 모습을 처음 보았다. 이건 순전히 개인적인 취향이지만, 감개무량했다. 아무리 모조품이라도 이게 이렇게 구석진 곳에 있을 것이 아닌데 왜 여기 있나 싶다.

화폐의 도안을 모아 놓은 표

तांबे के सिक्कों पर अंकित प्रतीक
SYMBOLS ON COPPER COINS

함무라비 왕의 법전을 새
긴 비석(모형)과 부분

우리는 박물관에 대해
두 가지 잘못된 선입견이
있다. 반드시 진품을 진열
해야 하고, 우리 것을 전시
해야 한다는 생각이다. 진
품은 전시하면 훼손되고, 진품은 오랜 세월의 때와 부식으로 본래의 자취
를 잃은 지 오래다. 박물관의 목적은 골동이 아니라 인간의 역사를 체험
하는 것이다. 우리 것만 봐야 한다는 것도 착각이다. 우리 역사의 독특함
을 이해하는 것도 중요하지만, 그 독특함도 인류의 보편적 모습을 이해하
고, 상호비교를 해야 제대로 인식할 수 있다.

　근래에 개장한 연천의 전곡리 선사박물관에서는 스페인 라스코 동굴
의 벽화를 통째로 재현해 놓았다. 그것을 비판하는 분도 있는데, 나는 정
말로 좋은 시도라고 생각한다. 대영박물관이 그토록 유명한 이유도 세계
4대 문명의 걸작을 한 곳에 모아 놓았기 때문이다. 그런 것을 보아야 문
명이란 무엇이고, 인간과 인간, 인간과 자연과의 관계가 어떻게 생성되고,
인간이 무엇을 필요로 하고, 요구하며 살아왔는지를 이해할 수 있다. 그
리고 우리 것의 참다운 특징과 의미도 이해할 수 있다.

그런 과정 없이 우리 것만 보고, 문구로만 인문학을 익히면 세상을 보는 눈이 경직되고 편협해진다. 함무라비 법전이 무어냐고 물으면 역사를 전공했다는 사람도 그냥 한 마디로 복수법이라고 한다. 돌에 282개의 조문을 빽빽하게 새겨 전국에 세운 목적이 "백성들아 누가 너희의 이빨을 부러트리면 상대방 이빨도 부러트려라. 내 그것은 봐 주겠다"라고 말하기 위해서였을까? 비록 모조품이라도 돌에 새겨진 문자를 판독하지 못해도 이 법전석을 한 번 보기만 해도 그런 정의가 얼마나 허황된 것인 줄 깨닫거나 최소한 의문을 지닐 것 같다. 해외에 나가보지 못했던 조선 사람들은 태산이 아주 높은 산이라는 사실을 다 알지만 얼마나 높은지는 각자 마음 속에서 제멋대로 상상했다. 그리고 태산이 높다 하되 오르고 또 오르면 못 오를 리 없다는 훈시를 너무나 쉽게 해댔다. 그리고 그것이면 교육은 충분하다고 생각했다. 군대에서 훈련은 시키지 않고 "죽기로 싸우면 이기지 못할 적이 없다"고 말만 하고 끝내는 식이다. 무지는 듣고 알지 못하는 것이 아니라 보지 못하는 데서 온다.

|임용한|

2부
인도인이 사는 법

물소, 펌프, 쇠똥 그리고 핸드폰

외국으로 나가면 명승과 유적만 좋아하는 사람도 있고, 반대로 유적에는 별 관심이 없고, 사람 사는 모습, 사람 체취를 느끼고 싶어하는 사람도 있다. 인도는 볼거리도 대단하지만, 후자의 취향에도 매력적인 곳이다. 굳이 배낭여행을 하지 않고 버스를 타고 패키지 관광으로 돌아다녀도 그들의 삶 속에 상당히 가깝게 다가갈 수 있다. 버스만 타면 잠들어 버리는 한국인의 독특한 습성만 이겨낸다면 말이다(외국인들이 한국에서 가장 기이하게 여기는 풍경 중 하나가 버스나 지하철만 타면 사람들이 잔다는 거다).

인도는 넓은 땅이라 일정 중 상당 시간을 도로에서 소모해야 한다. 그 도로는 거의가 마을 가운데를 지나고, 양 옆에 집들과 시장이 바싹 붙어 있어서 바로 눈앞에서 그들의 삶이 펼쳐진다. 굳이 내려서 골목골목을 누비며 경험하지 않아도 충분할 정도다.

인도는 10~2월이 건기인데, 비가 거의 오지 않는다. 우기에 비가 와도 많지 않다. 강우량이 많기로 유명한 방글라데시나 인도 아샘 지방은 연 강수량이 4,000~20,000mm나 되지만, 우리가 다닌 델리와 그 일대는 600~1,000mm에 불과하다. 풍경을 봐도 심각한 물부족을 느낄 수 있다. 강이 마르기 시작하면 강바닥에 웅덩이를 파는데, 1월 말이면 웅덩이마저도 거의 바짝 말라 있다.

마을 주민들은 모든 물을 펌프에 의존한다. 마을마다 좀 부유한 집에는 물 펌프가 있어서 집 앞에서 음식준비, 목욕, 빨래 등 일상적인 생활이 이

바짝 마른 강바닥에서 물과 먹이를 찾고 있는 염소 떼

루어지고 있다. 대개는 마을 공동우물이나 펌프가 있어서 물동이에 물을 받아가기도 하고, 그곳에서 야채를 다듬거나 목욕을 하고, 세탁을 한다. 집의 내부구조가 단순하고, 목욕탕도 없어 대부분 펌프장이나 집 앞에서 씻는데, 그래서 그런지 이 나라는 특히 남자들은 웬만한 노출은 신경을 쓰질 않는다.

그런데 좀 번듯한 건물 바로 옆에 슬레이트판을 얼기설기 얽어서 공간을 마련한 집도 자주 보인다. 그 앞에는 간단한 평상을 만들어 여자들이 뭔가 일을 하고 있고 그 주변엔 아이들이 서 있다. 아마도 슬레이트판 안에서는 밤에 잠만 자는 것 같고 나머지 대부분의 시간을 집 밖에서 보내는 듯하다.

둥그렇게 반죽해서 말리고 있는 쇠똥

수없이 많은 마을을 통과했지만, 놀랄 정도로 마을의 구조가 거의 비슷했다. 도시를 벗어나면 중간지대가 없고, 바로 비슷한 형태, 비슷한 규모의 시골마을이 등장하는 것도 신기했다.

작은 마을이 시작되는 곳에는 보통 작은 웅덩이가 있다. 민가 몇 채가 휙 지나면 공동우물인 듯한 펌프가 나타난다. 마을 중앙부로 들어가면 공터에 시커먼 물소들이 뒹굴거나 썰어주는 풀을 먹고 있다. 쇠똥을 둥그렇게 반죽해서 말리는 것이 보이고, 무너진 집, 버려진 집, 새로 짓고 있는 집이 있다.

인도의 전통민가

인도의 전통민가는 중동지역의 집처럼 지붕이 평평한 사각형으로 된 집과 그 위에 기와지붕을 얹은 두 형태가 있다. 구형 가옥의 벽은 흙을 다지거나 돌을 섞어서 벽을 만들고, 흙을 바르고 칠을 했다. 기와도 우리 같은 기와가 아니라 흙을 얇고 둥글게 구워서 엉성하게 겹쳤다. 그래도 장식에 공들이는 민족답게 노랑색, 핑크색, 파란색 등 벽을 원색으로 칠한 곳도 많고, 크리스마스 장식 같은 간단한 장식을 입구와 창에 붙여놓기도 했다.

지금은 이런 구형민가는 버려진 집도 많다. 도시로 갔거나 새 집을 짓기 때문이 아닌가 싶다. 인도 어느 마을에서나 규격화된 붉은 벽돌을 사용해서 새 집을 짓고 있는 공사장이 2~3곳 이상 되지 않는 곳이 없다. 마을 외곽, 도시 외곽에는 건물을 짓기 위해 부지정리를 하고 말뚝을 박아 놓은 땅이 반드시 있고, 벌판에 있는 굴뚝은 모두 벽돌공장이다.

그런데 황당한 것은 새 집임에도 불구하고 완성 안 된 집이 그렇게 많다는 것이었다. 1층을 올리고 2층을 올리다 만 곳, 외형은 완성했는데 창과 문이 안 달린 집이 허다하다. 2층을 올리다 말아서 집을 반으로 자른 듯 앞쪽 절반만 있고, 뒤쪽 벽이 없어 그대로 하늘이 보이는 집도 보았다. 그 상태에서 벽지 바르고 선풍기까지 달아놓고 생활을 하고 있었다.

완성이 돼서 사람이 사는 집도 마치 더 올릴 층이 있는 것처럼 기둥 끝에 마감하지 않은 철근이 그대로 삐쭉삐쭉 나와 있다. 문제는 언제 공사를 재개할지 기약이 없다는 것이다. 짓다 만 상태에서 몇 년째 그대로 있는 집이 허다하다. 처음에 공사중인 집이 많은 것을 보고 10년쯤 후에 오

인도의 전통 구형민가
지붕은 얼기설기 기와를 이었고 벽은 노란색으로 칠했다.

면 이곳이 어떻게 변해 있을지 궁금하다고 말했더니 가이드가 고개를 저었다. "아마 지금 모습 그대로일 걸요."

시골집들의 특징은 굴뚝이 없다는 것이다. 난방을 하지 않고, 부엌도 없다. 필리핀 시골집에서도 집안에 굴뚝도 부엌도 따로 없어 음식을 조리할 때마다 연기가 온 집안에 가득한 장면을 본 적이 있다. 굴뚝을 철저하게 만드는 우리나라가 특별한 것인지…. 조리시설은 마치 우리가 캠핑 가서 버너를 사용할 때처럼, 고만한 크기로 벽에 붙은 작은 화덕을 만들거나 땅을 파서 화덕을 만든다. 저녁 때면 벽과 마당에서 불을 때는 연기가 모락모락 타고 오른다.

쌀쌀한 추위를 이기는 수단은 오직 모닥불이다. 밤 늦게까지 문 밖에 모닥불을 지펴 놓고 둘러앉아 불을 쬐고 있는 걸 여러 번 보았다. 겨울 밤에 특히 기온이 내려가고 집안에는 난방시설이 전혀 없으니 모닥불이 제일 손쉽게 따뜻해지는 방법일 것이다.

모닥불의 재료는 바짝 마른 죽은 나무의 가지들이다. 저녁이 되면 마을 외곽의 숲에서 나무를 한 짐 해서 이고 오는 사람들이 줄줄이 이어진다. 거의가 여자와 아이들이다. 남자는 거의 노인들인데 부릴 여자가 없는 홀로 사는 노인들 같다.

우리가 다닌 지역은 의외로 무성한 숲이 없었다. 그래도 나무들이 워낙

빠르게 잘 자라고, 나무 사용량이 많지 않은 탓인지 땔감은 충분히 조달되는 것 같았다. 도시에서는 어떻게 할까? 여기저기서 구해 쓰는 모양이다. 자이푸르 근처 공장이 많은 지역이었던 것으로 기억되는데, 퇴근하면서 사람들이 공사장에서 쓰는 각목을 잘라서 한 아름씩 가져가는 모습을 보았다.

하지만 한국처럼 부뚜막을 만들어 요리를 하고, 온돌을 사용하게 된다면 한 달도 안 돼 모든 나무가 사라질 거다. 겨우 프라이팬 하나를 데우는 작은 조리시설, 굴뚝이 없는 집은 인도의 겨울이 짧고 따뜻해서가 아니라 땔감이 충분치 않은 것이 근본원인일 것이다.

조금 큰 마을이라면 여기에 작은 가게나 좀 더 많은 집과 골목이 보인다. 마을이 끝나면 바로 옆의 공터에 불가촉 혹은 빈민들의 천막이나 움막촌이 형성되어 있었다. 그런 마을을 몇 번 지나면 시장과 상가가 있는 읍내 같은 곳이 나타난다. 이런 전통적 촌락구조는 마을 안의 사람들과 외곽의 움막촌 사람들을 구별하여 현재까지도 존속되어 있다. 아마도 카스트와 같은 계급구조와 연계된 삶의 방식이 유지되고 있는 것 같다.

시골의 녹십자 아우랑가 바드에서 아잔타로 가는 도중에 보았는데 보건소나 약국인 듯하다. 아래는 자이푸르 근처에서 본 좀 더 번듯한 병원이다.

움막집에 사는 사람들도 잘 때만 움막 안에서 자고 밥먹고 불지피는 일상적인 활동은 밖에서 모두 이루어지는 것 같다. 뭄바이 인근의 불가촉천민의 거주지는 대부분 파란 비닐이나 텐트 같은 걸로 만든 천막이었다. 그러나 뭄바이로부터 멀어지면서는 비닐도 사라지고 거의가 나무와 짚으로 만든 움막으로 바뀐다. 석기시대에 사용하던 것과 똑같은 움막들이었다. 우리나라 움막과의 차이라면 땅을 파고 들어가지 않고, 거의 지표면 위에 그대로 세운다는 것이다. 아무래도 습기가 많지 않고, 겨울에도 덜 춥기 때문일 것이다.

시장에는 도로를 꽉 채운 자동차 열풍을 반영하듯, 카센터나 오토바이, 자전거, 트랙터 같은 농기구를 고치는 가게가 많다. 아니면 릭샤 같은 엉터리 차에 허접한 부품, 제멋대로의 과적이 많은 탓일 수도 있다. 하여간 제일 바쁜 곳은 이런 수리센터였다.

이런 곳에는 뭔가를 주렁주렁 걸어둔 잡화상과 의자가 한두 개뿐인 이발소가 꼭 있다. 주렁주렁 걸려 있는 것 중에는 과자봉지도 있지만, 정체를 알 수 없는 작고 가는 것이 있었다. 뭔지 정말 궁금했는데, 나중에 가게에 가서 보니 일회용 샴프, 치약 같은 것들이었다. 길가의 포장마차와 노점에서는 과일, 야채, 사탕수수 주스, 간단한 먹거리를 판다. 간혹 녹십자 표시를 한 보건소와 약국, 옷가게, 대장간이나 노점상, 이불집 등이 있다.

이런 시장 외곽으로 공터가 있고, 대개는 쓰레기더미가 같이 있다. 그 공터에는 아이들이 뛰어놀고 있다. 도시고 농촌이고, 학교 수업시간일 것 같은 시간에도 뛰어놀고 있는 아이들이 의외로 많다. 학생들은 다 교복을 입고 아침이면 무리지어 등교했다가 오후 늦게 돌아온다. 저 애들은 학교에 다니지 않는 아이들이 분명하다.

도시와 문명이 농촌으로 스며들고 있는 것은 분명하지만 괴리가 크다. 아무것도 없는 마을, 농가의 벽에 커다랗게 스마트폰 광고가 있고, 농가에서는 청동기 유적이나 고대 벽화에 나오는 것과 똑같은 물항아리를 그대로 쓰고 있다. 그래도 도시가 가까워지면 스마트폰 광고판이 늘고 어쩔 때는 대리점이 보였다.

그러나 뉴델리는 이런 마을과 현저히 달랐다. 가장 발달된 도시 풍경으로 아파트와 큰 건물들이 즐비하고, 교통안내판, 건널목, 지하철 등 우리나라의 도시와 별차이가 없었다. 연방국가인 인도답게 뉴델리에는 각 주 정부의 건물이 밀집되어 있는 지역이 있었는데, 조선의 경저리가 생각났다. 도로와 부유층이 사는 동네는 철조망이나 펜스로 구분을 지어 놓았고, 뉴델리로 들어가는 외곽에는 대규모의 담장으로 둘러친 공간에 대문에는 '○○ Farm'이라고 씌어 있었다. 가이드의 말로는 부유층의 별장이란다. 그 지역은 별장지역이었다.

뉴델리 중심가를 벗어난 지역에는 꽤 괜찮은 건물의 한쪽에 허름한 천막이 보이고, 공원이나 인도 중간의 벤치에는 여전히 천을 둘러쓴 노숙자가 보인다. 뉴델리야말로 최첨단과 골동이 혼재하는 공간인 것 같다. 올드델리는 골동을 제대로 느낄 수 있는 곳이라고 하는데, 우리들의 일정상 가보지는 못했다. 인도 전체가 고대에서 현대에 이르기까지 공존하는 곳인 동시에 델리 또한 전통과 현대가 공존하는 대표적인 도시로 보인다.

|노혜경|

인도에서 제일 행복한 동물은?

한 20년 전에 내가 아는 분께서 인도 여행을 다녀오셨다. 우리와 달리 전세버스를 대절해서 단체관광을 다녀오셨는데, 흰 소 한 마리가 도로에서 배를 깔고 낮잠을 주무시는 덕분에 차를 세우고 무려 7시간을 기다려야 했다고 한다.

우리는 그런 경험은 못했다. 이젠 도로에 차가 하도 많아서 감히 그런 만용을 부릴 동물이 있을 것 같지도 않다. 대신 보도에서 오수를 즐기신다. 뭄바이의 웨일즈 박물관 관람을 마치고 나왔을 때였다. 보도 한복판에 개 한 마리가 퍼져 누워 있었다. 오가는 사람으로 붐비는 길이라 사람들 발소리와 인기척 때문에라도 잠을 자지 못할 것 같은데, 꼼짝 않고 누워 있었다. 처음에 나는 죽은 개인 줄 알았다. 가까이 가서 보니 숨을 쉬고 있었다. 태평하게 주무시는 거다. 우리나라 같으면 당장 걷어차 버렸겠지만, 그 많은 사람들이 행여나 꼬리라도 밟거나 깨우기라도 할세라 조심스레 피해 다닌다. 그 뒤로 거리고 유적지고, 관광지고 간에 세상 편하게 주무시는 견공들을 정말 많이 보았다.

개뿐이 아니다. 힌두교는 소고기를 먹지 않고, 이슬람은 돼지를 먹지 않는다. 두 종교가

팔자 좋은 개? 인도에서는 이런 장면을 흔히 볼 수 있다.

공존하니 시너지 효과를 일으켜 소고기와 돼지고기가 다 식탁에서 실종되었다. 유일하게 불쌍한 동물은 닭이다. 닭장을 보면 정말 안됐다. 뒤로 넘어져도 코가 깨진다고 어쩌다 이 동물의 천국에서 너희는 그리 불쌍한 운명을 타고 났냐 그래.

좌우간 닭만이 동물다운 대접을 받을 뿐, 인도에서는 모든 동물이 인간과 공존하며 동물답지 않은 부당한 대우(?)를 받고 산다. 인구 백만이 넘는 대도시에도 소들이 퍼져 있고, 원숭이는 빈집, 아파트, 연립주택, 상가를 가리지 않고 도시 어디에나 있다. 빈집이나 빈방은 원숭이가 제일 먼저 발견하는 것 같다.

소들은 팔자가 늘어졌을 뿐 아니라 존경까지 받는다. 소 뿔에 채색을 하고 목에는 꽃무늬 목걸이를 걸어준다. 정작 소들은 그게 불편하고 피부에 염증을 일으켜서 벅벅대고 긁기도 하지만, 사람들은 지극정성이다. 소들이 아무일도 안하고 사는 것은 아니다. 농사철이 아니어서 그런지 밭가는 소는 보지 못했지만, 수레를 끌거나 우유를 제공한다. 인도인은 우유는 육식으로 치지 않아서 고기를 대체하는 정말 중요한 단백질원이다. 쇠

길거리에 무방비하게 방치된 소들

똥도 꽤 중요한 산물이다. 마을 어디나 톱밥과 풀을 섞어서 빚어놓은 쇠똥과 흙벽에 풀로 지붕을 만든 쇠똥 저장고를 볼 수 있다.

수레를 끄는 소는 덩치도 제일 크고 힘도 제일 좋은 혹등소다. 그러나 마을에서 제일 많이 기르는 소는 물소다. 튼튼하고, 병에 강하고, 힘도 좋지만, 의외로 우유도 물소젖이 제일 진하단다. 아침에 마을을 지나면서 주의 깊게 보면 우유통을 들고 물소젖을 짜러 가는 여인들을 볼 수도 있다.

제일 할 일이 없는 소는 흰소들이다. 체구도 작고, 원래 이 놈들은 고기맛이 제일 좋다는 소인데, 소고기를 먹지 않으니 써먹을 데도 없다. 하지만 그게 단점도 된다. 물소는 강에 데려가 물도 먹이고, 풀도 썰어 먹이며 관리를 하지만, 흰소들은 거의 방치다. 이리저리 떠돌며 쓰레기장을 뒤지는 소도 흰소 혹은 희고 누런 이 종류의 소들이 제일 많다.

개, 소까지는 그래도 이해가 가는데, 돼지는 정말 의외였다. 돼지가 많지는 않지만, 시장이나 도시 골목길에서 돌아다니는 놈들을 간간이 볼 수 있었다. 그 중에는 요즘은 우리나라에서 기르지 않지만 옛날에 우리 농가에서 기르던 바크셔나 요크셔 종같이 덩치가 큰 놈도 있다. 저 놈들이 도대체 어디서 자며 생활하는지 모르겠다.

죽이고 해코지하지 않는 정도가 아니다. 야생동물들에게도 정말 잘해준다. 특히 닭에게 미안해서 그런지 새에게는 특이하게 친절하다. 뭄바이 선착장에서 엘레판타 섬으로 출발하는데, 항구에서부터 갈매기들이 떼로 배에 따라붙었다. 어선이라면 이해가 가는데, 관광객이 탄 배에 왜 저리 몰릴까 의아했다. 나중에 알고 보니 승객들이 과자를 사서 계속 던져준다. 처음에는 재미로 그러나 보다 하면서 나는 갈매기 사진이나 열심히 찍었다. 갈매기를 이렇게 가까이서 선명하게 찍어 보긴 첨이었다. 그러나 오고가는 3시간 동안 갈매기에게 보시하는 과자가 끊이질 않았다. 배에서 과자를 파는데, 내가 보기로는 사서 사람이 먹는 양보다 갈매기에게 간 과자가 훨씬 많았다. 한 젊은 친구는 거의 한 시간 동안 계속 과자를 사서 하늘에 던졌다.

도시마다 빈민의 천막과 길에 누워 자는 거지들이 그렇게 많지만, 적어도 우리가 다니는 동안에는 빈민을 위한 급식소나 먹거리를 배급하는 광경을 한번도 본 적이 없다. 그러나 새에게 주는 것은 여러 번 봤다. 자이푸르의 천문대 근처에는 비둘기에게 주라고 새모이를 파는 장사꾼이 몰려 있다. 이곳이 왜 비둘기에게 보시하는 성역이 되었는지는 모르겠는데, 비둘기에게 바치는 양이 보통 수준이 아니다. 한 아주머니는 한 되가 넘는 곡물을 가져다가 비둘기떼에게 뿌렸다. 더 황당했던 것은 그 다음이었다. 그렇게 뿌리면 베니스 광장의 비둘기처럼 새들이 난리치며 모여들어야 정상인데, 요란 떠는 놈 한 마리 없이 그저 천천히 걸어다니며 먹는다. 얼마나 배가 부르면 비둘기가 저렇게 될까? 천문대 관람을 마치고 나오다보니 땅에 뿌린 먹이가 아직 그대로 남아 있었다.

인도 원숭이 다른 동물들처럼 역시 사람을 무서워하지 않는다.

들판을 다니면서는 아주 가끔 허수아비를 보았다. 그걸 보고 밭 위로 날아다니는 새들을 보다가 문득 저 새들이 참새가 아니라는 생각이 들었다. 휴게소에서 쉴 때 보니 산비둘기떼들이다. 밭작물이 대개 밀 아니면 콩인데, 우리 속담에 "김서방네 콩밭"이라는 말이 있을 정도로 비둘기는 콩을 좋아한다. 그리고 나도 먹어보지는 못했지만, 새 중에서 제일 맛있다는 새가 산비둘기다. 덕분에 우리나라에서 산비둘기는 거의 멸종 직전까지 갔다가 요즘에야 간간이 보인다. 그 산비둘기들이 참새떼처럼 콩밭 위로 선회비행을 하는데, 여긴 방법이 없다. 한번은 공작새 수십 마리가 무리지어 밭에 착륙하는 광경을 보았다. 야생의 공작떼라니 이쁘고 황홀했지만 하지만 저 덩치면 사람보다 많이 드실 것 같다.

불교의 윤회사상은 인간이 죄를 지으면 다음 세상에서 동물로 태어난다는 건데, 불가촉이나 거리의 빈민들을 보면 인도에서는 이 말이 협박인지 축복인지 모르겠다. 닭으로만 태어나지 않는다면 말이다.

삶이 편하니 마음도 여유로워지나 보다. 인간들이 스트레스를 주지 않으니 동물들끼리도 사이가 좋다. 동물들끼리도 겁 주고 싸우는 경우가 거의 없다. 엘레판타 섬에서는 커다란 까마귀가 염소 등에 타고 있는 것을 보았다. 참새와 달라 그놈은 좀 무겁고 불편할 텐데 염소는 신경도 쓰지 않는다. 당연히 사람도 무서워하지 않는다.

원래 새들은 예민하고 방정맞아서 나무에 앉아도 좀처럼 가만히 있지 않고, 가까이 가서 카메라를 들이대면 민감하게 반응한다. 그러나 인도에서는 새가 원숭이보다도 꿈뜨다. 전깃줄에 앉아 있는 산비둘기를 찍은 적이 있다. 마침 표준렌즈여서 망원렌즈로 바꿔야 했다. 한국 같으면 그새 날아가고 없다. 하지만 인도에 적응이 되고 보니 나도 옆사람과 이야기를 하면서 천천히 바꿨다. 충분한 앵글을 잡으려고 가까이 가도 미동도 않는다. 그런데 돌아와서 사진을 확대해 보고서는 깜짝 놀랐다. 새가 나를 빤히 바라보면서도 얼마나 가만히 있었는지 사진이 박제를 찍은 것처럼 선명하게 찍혔다. 내가 사진전문가는 아니지만 이렇게 흔들림 없는 새 사진을 찍어 본 건 처음이다.

그러면 인도는 동물들의 천국일까? 천국일 수도 있지만, 어디까지나 사바세계의 천국이다. 그들 나름의 어두운 일면이 있다는 말이다. 거리의 개들은 거의가 피부병에 걸려 털이 숭숭 빠져 있다. 그들이 먹는 건 거의가 쓰레기다. 마을마다 공터는 쓰레기장인데 소들도 그곳에 모여 있다. 마을의 물소들은 별도로 먹이를 주기는 하지만, 그 소들도 간식은 쓰레기다.

거리의 쓰레기통 옆에서 커다란 돼지를 만났는데, 새끼를 거느리고 젖이 퉁퉁 불어 있지만, 병에 걸렸는지 다리를 절며 비틀거리며 걷고 있었다. 자세히 보았지만 다리를 다쳐서 저는 게 아니었다. 저 큰 덩치가 길에서 죽으면 누가 치울까? 인도에서 찍은 사진을 보면 하늘에 항상 뭔가 날아다니는 것이 잡혀 있다. 도심 하늘의 주인은 독수리와 까마귀다. 독수리도 떼를 지어 선회를 하는데, 관광지, 아파트 단지, 주택가 상공에 더 많다. 사람들은 독수리를 멋있다고 하고 까마귀는 흉물스러워하지만 둘 다 섭생은 죽은 동물이다.

그거야 자연의 법칙이고 야생에서 살아도 마찬가지가 아니냐고 반문할 수 있다. 아니다. 동물이 야생에서 살면 투사의 삶, 혹은 직업전선, 생활전선에서 뛰어다니는 생활인의 삶이다. 그러나 도시로 돌아다니고 민가에서 비비적거리면 거지의 삶으로 바뀐다. 동물은 인간과 섞여 살면 무수한 병을 얻고 다시 사람들에게 병을 옮긴다.

그렇다면 차라리 우리에 갇혀 사는 삶이 행복하다는 말인가? 그런 뜻이 아니다. 단지 삶은 어떤 삶도 좋은 면만 있는 삶은 없다는 의미다. 우리는 새장 속의 편안함보다는 고통스럽더라도 자유로운 삶을 원한다는 말을 너무 쉽게 한다. 나도 자유를 추구해 온 사람이지만 새장 속에서 사는 것보다 열 배는 더한 고통과 각오와 노력을 감내해 내는 사람만이 자유를 즐길 수 있다. 이곳에 없는 행복이 피안에 있다거나, 저곳에 가면 행복을 누릴 것이라는 생각은 착각이다. 이곳을 견뎌내지 못하는 사람에게는 저곳도 고통이다. 새로운 세상, 다른 세상, 행복한 신세계는 미래에 대한 비전과 새로운 목표를 가지고 계획하고 도전하며 자기 삶을 열어가는 사람이 만들어 가는 것이지 3등칸에서 1등칸으로 가듯이 갈아탈 수 있는 것이 아니다.

|임용한|

빈둥거리는 남자와 막노동하는 여성

시장에서는 가게마다 많은 물건들을 앞쪽에 줄줄이 매달아 놓았다. 판차키를 둘러본 뒤 나오는 길에 있었던 상점에서는 생수병과 펩시콜라병을 나열하여 놓고 그 뚜껑 위에 아이스바 케이스를 모두 꽂아놓았다. 더운 나라지만 상점에 냉장이나 냉동 시설이 많지 않아서 우리나라에서처럼 아이스크림 박스를 밖에 내놓지 않고 겉껍질만 진열해 놓은 것이다. 또 어느 상점에서는 음료수나 물병을 뚜껑 부분을 거는 진열대에 걸어놓기도 했다. 줄줄이 걸어놓은 과자를 보면서 우리 어렸을 때 흔하게 보았던 줄줄이 막대사탕이 떠올랐다. 이렇게 많은 물건들을 앞쪽에 줄줄이 매달아놓는 것은 자신의 가게에서 팔고 있는 상품들을 모두 내보이기 위해

**상품을 가게 앞에 줄줄이
내다건 상점**

장터와 가게에 하릴없이
모여 있는 남성들

서란다.

가게 명칭도 우리 지식으로는 착각하기 십상이다. '호텔'이란 간판이 붙은 곳은 식당 겸 가게고 '레스토랑'은 여인숙이다. 'Hotel national'이라는 간판을 단 가게에는 한쪽엔 코카콜라 광고가 그려져 있고, 각종 과자와 아이스크림 광고가 함께 있다. 진짜 호텔도 호텔인데 'Hotel palace'라는 표현을 많이 썼다.

인도의 시골풍경에서 제일 흔하고 인상적인 장면은 그저 하릴 없이 멍하니 앉아 있는 사람들이다. 남자들은 대부분 그렇게 홀로 혹은 삼삼오오 짝을 지어 앉아 있다. 여자들은 남자보다는 바쁘지만, 그래도 한가하다. 여성은 돌아다니기도 어려워 문간이나 현관 앞에서 소일한다. 이런 광경을 보고 과연 명상의 나라답다는 등 여유가 있는 그들이 부럽다고 말하는 사람도 있다. 하지만 이런 모습은 명상과 무관하고, 인도만의 풍경도 아니다. 세계 어디나 낙후된 농촌의 일상은 다 이렇다. 우리나라도 60년대 농촌풍경은 다를 바가 없었다. 여유와 한가로움도 바쁨 속에 있을 때 의미가 있다. 할 일 없는 상태의 연속은 무료와 무기력함일 뿐이다.

아침 일찍 보팔을 출발해 산치를 향해 갈 때였다. 시장이 열린 조금 규모가 있는 마을 중심에 상당히 많은 사람들이 웅성웅성 모여 있는 게 보였다. 모두들 아침이라 인력시장이 섰나 보다라고 생각했다. 그러나 다른 마을에서도 저녁 때에도 그렇게 웅성거리며 모여 있는 사람은 줄지를 않았다. 그제야 장터가 사람이 모이는 곳이라 그저 심심해서 사람 찾아 모여 있는 것에 불과하다는 사실을 깨달았다. 어느 시장이나 물건 팔고 사는 사람보다 앉거나 서서 그저 소일하는 사람들이 더 많다. 엄청나게 많은 사람들이, 그것도 남자들만 그렇게 모여서서 하루종일 얼마나 많은 얘기들을 나누는지… 우리가 본 날의 그 장면에서만이 아니라 대부분의 날들을 그렇게 보낸다고 볼 수 있는데, 우리 생각으로는 언제 일하며 무얼 먹고 사는지, 그렇게 시간을 허비하면서 노닥거리면 먹고 살 수나 있는 건지 의심스럽다. 그러나 인도 사람들은 거지도 충분히 먹고 산다고 한다. 따뜻한 날씨에 주변에 먹을 것이 널려 있다나. 사람들의 생활은 의식주가 기본으로 해결되어야 한다고 하는데 일단 먹을 것이 어떤 방식으로든 해결되니 입을 것과 잘 곳은 그저 헝겊들만 있으면 되는 나라인가 보다.

생각이 여기에 미치자 인도인들이 게으르기만 한 것인가 생각이 들지만 "꿈과 희망, 의지" 등의 낱말을 떠올리면 그들에겐 그런 욕구가 전혀 없는 것인지 의아스럽다. 철저한 계급제도 때문인가? 가끔씩 TV에서 보는 인도 다큐멘터리 프로그램에서는 인도의 계급제도를 조명하면서 대대로 소 키우며 대장장이로 살아가는 계급의 집안에서 큰 아들이 이를 거부하고 도시로 나가겠다고 하자 집안 전체가 걱정에 휩싸였다는 내용을 방영했다. 그 아들은 소를 무서워하며 근처에도 가지 않았는데, 아버지, 할아버지, 친척 들이 어떻게든 설득하려고 애쓰며 어르고 타일러, 결국 그 청년이 소를 만져 볼 결심을 하는 모습을 보여주었다. 그런데 그 청년이 만약 도시로 가서 산다면 자신의 성에서 이미 소 키우는 집단임을 드러내고 있는 마당에, 도시에서 어떤 일을 할 수 있으며, 어떤 방식으로 살아갈 수 있을지에 대한 설명은 없었다. 그저 집안 어른들의 설득에 집안 대대로 해오던 소 키우는 대장장이 일을 받아들이는 과정으로 소개했다.

인도의 계급제도는 그들의 직업과 신분, 남과 여, 종교적인 문제 등이 아주 복잡하게 얽혀 있어서 그들의 사회, 제도, 사람들의 생각을 짐작하기가 참으로 힘든 것 같다. 우리의 여행이 유적지 위주로 돌아다니면서 유적지 주변에 떠도는 사람들을 중심으로 보고, 차창 밖으로 보이는 풍경에서 그들의 생활을 짐작할 뿐이라 한정적인 시각으로 인식할 수도 있다. 그러나 빈부격차가 너무나도 심하고, 종교, 언어, 의상 등 많은 부분에서 현격한 차이점을 보이는 사람들이 공존하며 섞여 있는 모습이 정말 인상적이다. 마치 마블링(water marbling) 같다. 물 위에 여러 색깔의 물감이 오묘하게 어우러져 제 색깔과 겹쳐진 부분에 겹쳐진 색깔과 어우러진 모양들이 모두 각각의 색과 모양, 형태를 드러내는 마블링. 고대, 아니 선사로부터 현대가 공존하는 사회로 보인다.

거리의 인도 여자들 모습은 천연색 그 자체다. 지극히 눈에 띄는 색상과 무늬의 사리를 휘감은 모습에 피부색도 다양하고 갖가지 악세사리를 손과 발에 치장하고 다닌다. 전통의상은 모양이 비슷하지만, 옷감과 보석, 악세사리, 문신 등에서 각자의 개성과 빈부의 차가 확연히 드러난다.

움직이거나 일하기 힘들어 보이는 전통의상을 지금껏 고수하며 애용하는 인도 여성들이 대단한 것 같다. 노동을 할 때도 사리를 입는다. 그런데 더욱 당황스러웠던 장면은 이런 사리를 입은 채 망치를 내리치며 철물을 다듬고 있는 대장장이 아주머니였다. 치렁치렁해 보이는 치마를 입고 힘겹게 내리치는 망치질 반대편엔 아저씨가 편안히 앉아 철물을 붙잡고 있다. 모두들 경악했다. 인도란 이런 곳인가.

얼마 전 신문칼럼에서 아시아나 여성 승무원에게 치마만 입게 하는 것은 인권침해라며 인권위에서 바지도 겸용하도록 권고한 내용을 두고 오히려 그것이 더 선입견에서 비롯된 잘못된 권고라는 취지의 글을 본 적이 있다. 글쓴이의 주장은 치마가 일하는 데 불편하다는 선입견이 있기 때문에 여성 승무원처럼 서빙이라는 중노동에 치마가 부적합하다는 생각을 가지게 된 것이라 했다. 치마를 입어도 일하는 데 불편함이 없다는 여성 승무원 인터뷰를 인용하였다. 이 글을 보면서 사리를 입고 심한 노동을 하던 인도 여성이 떠올랐다. 옷차림의 편함과 불편함은 지극히 개인적인 기준인 것 같다. 그러나 사회적으로 환경적으로 굳어진 인식 속에 매몰되

카주라호 사원에서 일하는 여인 맨발에 발찌를 하고 있다.

어 있는 개인이 느끼는 불편함의 여부는 또 다른 부분이 아닐지.

인도 여자들에게 악세사리는 필수라고 한다. 여자이기 때문에 반드시 해야 하는 치장이라는데 남자들도 팔찌를 한 사람들이 심심지 않게 눈에 띈다. 이와 함께 문신도 자주 눈에 띄었다. 얼굴의 붉은 연지와 발찌는 기혼의 상징이다. 박사후과정으로 미국에 있을 때 어덜트 스쿨에 다니던 인도 아줌마에게 물었더니 아침마다 세수를 한 뒤 새로 붉은 칠을 한단다. 그런데 붉은 칠 말고 보석을 박은 인도 여자도 보았는데, 나중에 알고 보니 스티커 형식으로 붙인다고 한다. 기혼의 상징이 치장으로 바뀌고 있는 듯하다. 특이한 악세사리는 발가락찌다. 발찌는 우리나라에서도 맨발에 장식으로 하는 걸 볼 수 있지만 발가락찌를 하고 있는 인도 아줌마는 처음이었다. 그런데 슬리퍼 차림에 발가락찌는 정말 불편해 보였다. 돌이 울퉁불퉁 솟아 있는 길을 어떻게 그렇게 자연스럽게 걷는지. 맨발에 익숙해서 발바닥에 그냥 굳은 살이 베겨서인가? 뚱뚱한 체격에 발가락찌를 한 발, 거기에 슬리퍼까지 생각하면 그 발이 불쌍하게 느껴진다.

발바닥 문신 마치 덧버선을 신은 것처럼 발 전체에 문신을 하였다.

파테푸르 시크리의 사원 앞에서 본 한 여자의 발바닥 문신은 정말 특이했다. 마치 덧버선을 신은 듯한 느낌이 들었다. 붉은 자줏빛으로 문신으로 하고 발찌로 장식했다. 인도에서는 헤나 문신(혹은 메헨디 문신)이 인도결혼에서 빠져서는 안 될 중요한 통과의례라고 한다. 헤나 잎은 뜨거운 인도에서 체온을 내려주는 역할을 한다고 하는데, 결혼 후 새 신부 손에 메헨디가 지워지기 전까지는 손에 물을 묻히는 부엌 일을 하지 않는다고 한다. 이런 문신은 그 유래가 오래된 것 같았다. 박물관의 조각상에서 본 꽃무늬는 처음엔 옷에 새겨진 문양이라고 생각했는데, 자세히 보니 다리

어느 시골의 농가 핑크빛 사리를 입은 여인이 문간에 앉아 있다.

에 새긴 문신이었다. 또 델리 박물관에서 본 조각상의 땋은 머리 모양도 어느 여학생의 머리 모양과 같았다. 인도의 치장하는 방식은 정말 몇 천 년을 이어져 내려오고 있는 듯하다.

남자와 마찬가지로 할 일 없이 죽치고 앉아 있는 여인들도 많다. 그래도 여성이 바쁘다. 농촌마을을 지날 때면 어디서나 일하고 있는 여자들은 쉽게 볼 수 있다. 아침이면 소젖을 짜고, 빨래하고, 밥하고, 물 나르고, 오후에는 나무를 하고, 땔감을 나른다. 밭에서 하루 먹거리로 콩이나 밀을 뜯어오고, 사탕수수를 나른다. 소를 돌보고, 염소와 양을 치는 목동은 남자도 있었지만, 여성이 훨씬 많다. 마을의 중요한 생산물인 쇠똥 말리는 일도 여성몫이다. 쇠똥은 짚과 뭉쳐서 둥그렇게 만들어 말려 놓는다. 거기에 톱밥도 섞는 것 같다. 그것이 어느 정도 마르면 쌓아서 보관하며 땔감으로 쓰거나 대량으로 만들어 파는 것 같다. 어느 동네에서는 소들이 아주 많다고 느꼈는데, 소가 많은 만큼 쇠똥으로 땔감을 대규모로 만들고 있었다. 여자들과 아이들이 앉아서 만들고, 마른 쇠똥 땔감을 쌓고… 창문을 열고 지났다면 그 냄새가 차 안에 진동했을 것 같다.

농경사회는 어느 나라나 남자들은 일이 적어 빈둥거리고, 여자들이 많은 일을 한다. 우리나라도 조선시대부터 1960년대까지는 그랬다. 그렇다

도로공사장에서 돌을 나르는 여인과 철거중인 집에서 망치로 작업을 하고 있는 두 여인

고 남자가 아주 놀지는 않는다. 남자가 노는 것 같아도 보통은 큰 힘이 들어가는 일, 기계를 다루는 일은 남자가 하고, 지구력이 필요한 일, 섬세함을 요하는 일은 여성들이 한다. 그런데 인도는 그 기준이 다른 듯하다. 도시의 공사장에서도 기계를 다루거나 기능적인 일은 남자가 하지만, 잡역부는 여성이 많다. 사리를 입은 여성들이 커다란 돌을 하나씩 머리에 이고 나른다. 델리로 가는 길에 도로 확장을 위해 철거중인 집을 보았다. 벽돌로 된 이층의 벽을 거의 다 때려 부쉈는데, 전통의상을 입은 여인 2명이 한 손에 망치를 들고 람보처럼 서 있었다.

반대로 한국 같으면 반드시 여성을 쓸 일인데 인도에서는 남성에게 돌아가는 것도 있다. 인도 톨게이트에서 가장 특이한 점은 남자들만 일한다는 것이다. 그것도 한 부스에 여러 명이 서서 영수증과 돈을 전달하거나 계산하고 있다. 우리나라 톨게이트에서 여성 혼자 인사하며 톨게이트 비용을 처리하는 것과는 상당히 대조적이다. 호텔과 레스토랑의 카운터 일과 서빙도 모두 남자가 한다. 호텔에서는 딱 한 군데서 서빙하는 여성을 보았는데, 부탄에서 호텔 매니지먼트 일을 배우려고 유학온 학생이란다. 호텔 메이드 역시 모두 남자들이 한다.

결론은 야외에서 하는 일은 여성의 몫이고, 실내에서 하는 일, 번듯한 곳에서 하는 일은 남자들 차지라는 것이다. 전통시장에서도 가게는 남자들이 보고, 차양이 쳐진 시장에서는 남자가 일하고 길가의 노점에서는 여성이 한다(노점상이 다 여성은 아니다). 손님을 대면하는 직업의 경우 안전성을 이유로 여자들을 쓰지 않는다고 하는데, 종교적인 이유뿐 아니라 인도 남성의 고질적인 여성 천대 시각이 반영된 조처일 것이다.

인도 톨게이트의 부스 하나에 여러 명이 함께 서서 일하는 것은 인건비가 싸기 때문일 것이다. 이는 호텔 메이드의 경우에도 마찬가지여서 여러 명이 동시에 방 하나를 정리하고 있는 모습에서 찾아볼 수 있다. 엄청난 인구를 자랑하는 인도에서 인건비가 어느 수준인지는 정확히 알 수 없지만, 남녀의 차별, 계급간 차별이 여전히 존재하는 곳이니 인건비 또한 천차만별일 것이다. 우리들이 타고다닌 차를 몰았던 운전자의 말에 의하면 그의 친구가 외국계열 공장에서 일하면서 우리 돈으로 25만 원 정도의 월급을 받는다고 했다. 외국인 관광객 버스를 운전하는 그가 그 비슷한 정도로 번다고 했는데, 이는 인도 물가를 고려하면 상당히 잘 버는 쪽에 속한다고 했다. 그러면 막노동을 하는 여성의 임금은 얼마나 될까? 여성들이 막일을 하는 것은 남녀차별에도 원인이 있지만, 그만큼 임금이 저렴한 탓도 있는 듯하다. 저렇게 막일에 동원되는 여성들 중에는 임금을 떼이는 경우도 많다고 한다. 고발을 해도 일을 했다는 증명을 떼야 하는데, 문맹률 높고 놀고 있는 사람이 얼마든지 있는 사회에서 계약서를 꼬박꼬박 쓰기도 어렵다.

|노혜경|

불가촉천민

빔 베트카를 보고 보팔의 숙소로 이동할 때였다. 산에서 내려올 때 날이 어둑해지더니 보팔로 가는 도중에 날이 저물기 시작했다. 집집마다 저녁을 짓고 모닥불을 피우는 통에 어둠이 깔리는 동안 밤안개가 깔리는 것처럼 온 세상이 뿌옇게 변하더니 창밖 세상이 깜깜해졌다. 전등불 하나 없는 들판이라 무서웠는데, 마침 보름이어서 달빛과 함께 깜깜했던 사물이 실루엣으로 보이는 그림 같은 광경이 펼쳐졌다. 시골에 넓게 펼쳐진 유채밭과 드문드문 밭 중간에 서 있는 큰 나무와 야자나무는 저 멀리 지평선을 배경으로 이국적인 라인을 그렸다. 보름이라서 느낄 수 있는 특이한 경험이었다.

얼마 후 어둠 속에서 반딧불처럼 불꽃이 하나둘 반짝이기 시작했다. 움막에서 피우는 모닥불이었다. 불가촉천민의 거주지는 보통은 마을 옆에 붙어 있지만, 논밭 한복판의 나무그늘 아래나 풀밭, 숲속에 흩어진 나홀

밭 가운데 있는 움막들

2부 인도인이 사는 법

로 움막도 많다. 밤이 깊어질수록 모닥불은 점점 늘었다. 낮에 본 움막보다 훨씬 많았다. 길가 가까운 곳에 있는 움막 하나를 지나쳤다. 두 사람이 모닥불가에 앉아 있다. 불빛 덕에 낮에도 볼 수 없었던 움막 내부가 훤히 보였다. 눈앞에 펼쳐진 광경이 믿어지질 않았다. 말 그대로 신석기 시대로 돌아온 것 같았다.

불가촉천민들은 마을에 들어가지 못하고 외곽에 집단적으로 거주한다. 대개 마을에는 마을 공동우물이 있고, 집이 모여 있으며, 시장이 있고, 그 밖에는 넓은 공터가 존재한다. 공터에는 작물을 심지 않은 빈 터가 있고, 쓰레기 더미가 여기저기 쌓여 있다. 그 공터 바깥쪽에 불가촉천민들이 살고 있다.

불가촉천민이라고 다 움막 생활을 하지는 않는다. 불가촉천민에 관한 기록을 보면 그들도 집을 짓고 마을을 이루고 산다. 다만 일반 주민의 마을과 격리되고, 그들의 마을에 함부로 들어가지 못할 뿐이다. 우리가 보고 지나친 마을들 중에도 불가촉천민의 마을이 있을지도 모른다. 반대로 움막 생활을 하는 사람들이 다 불가촉이 아닐 수도 있다. 또 다른 빈민층일지도 모른다. 그러나 마을에 빈집이 있어도 들어가지 않고, 저렇게 집단

마을 외곽의 불가촉천막촌
짚단 엮은 것을 문으로 사
용한다.

으로 모여 있는 것을 보면 불가촉천민의 마을이 분명한 듯하다.

　마을 외곽 무덤가에 사는 사람도 있다. 어린 남자아이 둘, 여자아이 둘
에 어른 여자 둘이 무덤가에 있었다. 그들이 이곳에 사는지는 확실하지 않
지만, 주위에는 물 항아리와 약간의 음식 흔적, 무덤에 불땐 흔적이 있었
다. 필리핀 같은 곳에서는 아예 공동묘지에 빈민촌이 형성되기도 한다. 무

마을의 펌프

덤은 콘크리트 구조물을 제공해 주
고, 공간도 있고, 제사 등으로 먹을 것
이나 물품도 생긴다.

　또 쓰레기 더미를 뒤지고 있는 아이
나 여성을 몇 차례 보았다. 한 여성은
아예 쓰레기 통으로 들어가기까지 했
다. 뭘 찾으려고 큰 쓰레기통으로 들어
가기까지 했는지…. 쓰레기 더미에는

언제나 소나 돼지 등의 동물들이 함께 뭔가를 찾고 있고, 아이들도 뭔가를 찾거나 거리에서 구걸하는 모습을 여러 번 보았다. 도시 빈민과 걸인이 모두 불가촉천민은 아닐지라도 상당수가 불가촉천민일 것이다. 2억 명이 넘는 불가촉천민이 법적으로는 한 인간으로서 투표권도 가지고 차별대우를 받지 않는다고 하지만 그들 속에서도 그 간극은 첨예한 것 같다.

인도에서 불가촉천민을 얘기하자면 우선 인도의 계급제도부터 말해야 할 것 같다. 인도의 계급제도 즉 카스트는 백인계열 인종인 아리아족이 원주민인 드라비다족을 정복한 후에 만든 제도로서, 4계층으로 나눠진다. 성직자와 학자 등의 브라만, 왕족·귀족·무사·장교 등의 크샤트리아, 농민·상인·수공업자 등의 바이샤, 잡역부·하인·청소부 등의 수드라가 그것이다. 각자가 맡은 역할에 대한 구분으로 볼 수 있지만 각 계층 간의 혼혈을 방지하고 기득권을 유지하는 장치로 종교의 이름을 빌어 제도화되었다.

그런데 이런 카스트 아래 카스트 계층으로 불가촉천민이 있다. 이들은 드라비다족의 후손으로서 카스트 제도 속에 포함되지 않았다. 즉 카스트 제도는 아리안족만 가능했던 것이다. 드라비다족은 '바루나'라고 불리는 신분제에 포함되었는데, 이 바루나는 피부색을 기준으로 나누는 신분제다. 따라서 백인계열을 바루나 우위에 두고 드라비다족을 그 하위에 두었던 것이다. 피부색이 하얄수록 신분이 높고 부자라는 인식이 싹튼 배경이라 할 수 있다.

한 예로 지금 인도의 TV 홈쇼핑 광고에서 연일 방송되는 미백크림 선전이 있다. 카주라호의 라마다 호텔로 기억되는데, 그곳에서 방송되는 홈쇼핑 광고를 보고 몇 가지 놀란 점이 있다. 우선 그 방송이 아프가니스탄과 스리랑카 지역까지도 대상으로 하고 있다는 점이었고, 또 하나는 미백크림 광고였다. 광고의 첫 장면은 어느 여성의 before와 after 비교사진이 었는데 처음엔 성형광고로 착각했었다. 그러나 찬찬히 보니 그 여성의 인터뷰와 크림 사용 과정, 설명 등을 통해 까만 피부를 하얗게 만들어 준다는 광고였다. 과대광고가 틀림없었지만, 이걸 보니 인도 여성들이 얼마나 흰 피부를 원하며 흰 피부를 가진 사람들을 선망하는지 짐작할 수 있었다. 이런 인식은 동남아에서도 우리나라에서도 마찬가지다. 임 선배님이 베트남 여행을 갔을 때 마사지샵에 가서 유독 흰 피부 때문에 그곳 직원들의 부러움을 사 정말 인기가 좋았다고 하셨다. 또 우리나라에서도 여성들이 미백에 관심이 많아 기능성 화장품이 불티나게 팔리는 현상에서도 나타나고 있다. 모두들 서양문물에 대한 환상인지 부러움인지….

어쨌든 이런 인식이 인도에도 만연하여 여러 피부색 중에서도 유독 흰 피부를 부러워하고 갖고 싶어할 뿐만 아니라 제도 속에서도 녹아 있는 걸 보면 인도가 정말 심한 나라 중의 하나라는 생각이 든다.

재미난 사실은 불가촉천민들도 자신들이 왜 천민이 되었는지 잘 모른다는 것이다. 동네마다 몇 가지 신화가 전해지는 듯한데, 태초에 도둑질을 해서 후손이 천민이 되었다거나 사원에서 쇠고기를 먹어 신전을 더럽혔기 때문이라는 식이다.

> 태초에 인간들이 (신들로부터 세상을 인계받아서) 세상을 분배하려고 하자 분쟁이 발생했다. 분쟁이 점점 추악하게 전개되자 인간들 중에 한 명이 물건들을 감추기 시작했다. 한 사람이 북을 감추려는 것을 보고 다른 사람들이 외쳤다. "파라이야 마라이야데(어이 북을 감춘 놈아, 감추지 마)." 그때부터 우리는 파라이야르라고 불렸고 그 북을 훔친 도둑놈들의 후손들로 천대받았다. 그놈의 자식이 아무것도 훔치지 않았다면 우리는 모두 우르(주민 거주지)에서 함께 살았을 텐데. (비람마 조시안, 장뤽 라신느 지음 / 박정석 옮김,《파리야의 미소》, 달팽이, 2004, 253쪽)

고려시대에 향·소·부곡과 같은 천민집단이 생긴 이유를 두고, 후삼국 통일을 할 때 왕건에게 복종하지 않고 반역하거나 끝까지 저항한 집단이 천민이 되었다고 설명하는 것과 일맥상통한다. 그래도 우리 민족은 정치적인 이유를 댔고, 인도는 신화적 이유를 댄 것이 중요한 차이라면 차이다.

불가촉천민은 현재에도 인도 전체 인구의 20% 정도에 해당되는 2억 명 이상이 존재하고 있다고 한다. 이들에 대한 차별은 1949년부터 공식적으로 인도헌법에 의해 불법으로 규정되었고, 이들의 곤란한 처지를 공식적으로 인정했다. 또 불가촉천민들의 영웅인 암베드카르(Bhimrao Ramji Ambedkar, 1891~1956)의 투쟁으로 불가촉천민들의 인권해방과 헌법개정을 통한 대학입학 할당량을 보장받았다. 그 외에 직업상의 혜택, 의회에서의 특별한 대표권 부여 등의 노력으로 이들에 대한 차별은 많이 사라졌다고 할 수 있다.

법이 제정되기 이전에 이들은 파리아라고 불렸으며 학교에 갈 수도 없었고, 이들이 우물을 사용하면 그 우물은 천벌을 받는다면서 우물을 메워버리기도 했다. 자신들의 침이 땅을 더럽히지 않도록 항아리를 목에 걸고 다녀야 했고, 자기 발자국을 지우기 위해 빗자루를 가지고 다녀야 했다. 또 이들이 다른 신분과 신체접촉만 해도 몰매를 맞았고, 다른 신분의 여성에게 말을 걸기만 해도 처형당했다. 심지어 힌두교 사원에 들어가 경전을 들었다는 죄로 그들의 귀에 뜨거운 납물을 부어 죽게 만들기까지 했다고 하니 그들에 대한 차별은 상상 이상이었다.

그러나 현재에는 법규정에 의해 공립학교에 많은 불가촉천민들이 다니고 있다. 파리아라는 용어는 사용금지가 되었다. 간디는 이들을 하리잔(harijan, 신의 후손)이라고 부르자고 했다. 그러나 불가촉천민들은 오히려 핍박받는 자라는 달리트(dalit)를 선호하고 있다. 이는 투쟁의식을 고취하기 위한 명칭이라고 보인다. 이런 변화에 불가촉천민들은 교육만이 자신들의 굴레를 벗어나게 해줄 유일한 기회라고 여기고 자녀들의 교육에 모든 투자를 아끼지 않는다. 아그라에서 벽에 광고가 그려진 이층집을 보았다. 테라스가 있고 밖으

벽돌공장에서 쌓아놓은 벽돌더미를 벽 삼아 텐트를 친 불가촉천민 오른쪽에는 그들이 만든 쇠똥 덩어리가 쌓여 있다.

로 통하는 문이 여럿인 것으로 보아 우리나라의 다가구주택 정도로 보이는데, 임산부의 영양상담을 의사에게 받으라는 메시지와 한 임산부 사진이 걸려 있었다. 그런데, 그 건물 앞쪽 전봇대의 광고에 "TES CLASSES"라는 글자가 있고 그 아래 물리와 수학 과목을 가르친다는 내용과 함께 전화번호가 적혀 있었다. 과외광고였다. 이 과외수업이 불가촉천민을 위한 과외수업인지는 알 수 없지만, TV 다큐멘터리 속에 비친 인도의 교육열에 비추면 그들의 교육에 대한 열의를 알 수 있는 한 단서임에는 분명하다.

하지만 불가촉천민 중에서도 일부 소수가 이런 교육에 열의를 가지고 자신들의 삶을 개척하고 있을 뿐이다. 많은 사람들이 대대로 맡아 왔던 일들, 고기잡는 일, 소를 죽이거나 죽은 소를 치우고 가죽무두질하는 일, 인체 배설물 처리, 청소부, 세탁부 등의 일을 대를 이어 하고 있다.

재미난 사실, 아니 씁쓸한 사실은 불가촉 사회 내부에서도 또 차별이 있다는 것이다. 인도의 카스트는 상하 신분만이 아니라 신분 내에서도 수많은 직업 카스트로 구분되고, 직업에 따라 상하가 있다. 불가촉인들은 가장 낮은 곳에서 설움받고 사는 사람들이라 그들끼리는 서로 위로하고 살 것 같지만 그렇지 않다. 그들 내부에도 직업 카스트가 여러 개 있고, 상위 직업군은 하위 직업군을 무시하고, 하위직업군이 하는 일은 절대 하지 않으려고 한다.

아그라에서 세탁 장면을 보았다. 세탁하는 사람과 물 먹는 소떼가 뒤엉켜 있고 그 옆으로 새들도 한 무리가 어슬렁거리고 있었다. 세탁하는 물과 동물들이 마시는 물은 같은 물이다. 우리가 호텔에서 사용했던 침대보 또한 이렇게 세탁된 것은 아닐까? 세탁된 빨래는 바로 옆 바위에 넓게 펼쳐 두고 있어서 창밖으로 본 장면에서는 마치 천막촌이 넓게 형성되 있는 듯한 착각을 불러일으켰다.

이런 착각은 아그라 성에서 멀리 보였던 강가의 풍경에서도 마찬가지였다. 먼 경치를 줌으로 잡아서 찍고 계시던 임 선배님이 다리밑 천막촌이라며 찍은 사진을 보여주셨다. 멀리 보이는 작은 화면에 알록달록한 물체들이 천막촌처럼 보였다. 그런데 여행을 마치고 돌아온 후 찍은 사진들을 교환하면서 확인해 보니 그 장면은 거대한 빨래터였다. 아그라 성을 오전에 보러 갔을 때 찍은 사진이라 빨래터 아침 풍경이 순서대로 찍혔다. 서너 장의 사진이 빨래터 주변의 아침 풍경을 시간의 흐름대로 파노라마처럼 담아냈다. 전날 오후에 보았던 장면에서는 빨래를 해서 강가에 펼쳐 놓은 것이 마치 염색한 천을 말리고 있는 듯한 착각이 들 정도로 알록달록해 보였는데, 이 사진에서는 아침이라 아직 빨래를 시작하지 않고 준비하는 모습이 보인다. 곧이어 빨래감을 펼치고 물을 끓여서 빨래를 시작한다. 설치한 빨래판은 각자 정해져 있는 듯 보이며 빨래하는 사람이 나오지 않은 곳에도 산더미 같은 빨래감이 쌓여 뒹굴고 있다. 지금은 세탁 업무가 수익사업일 수도 있지만, 원래 빨래하는 카스트는 불가촉 사회에서도 차별받는 가장 낮은 직업이었다.

빨래터 건너편에는 남자들 여러 명이 둘러앉아 뭔가를 하고 있다. 아침 식사를 하는 것인지 뭔가 놀이를 하는 것인지는 알 수 없지만 강을 사이에 두고 치열한 삶을 살고 있는 일부의 사람과 먹고 노는 일부의 사람이 한데 찍힌 사진은 나에게 많은 것을 생각하게 한다.

현재도 진행중인 이들의 계급제도는 왜 생겨나게 된 것일까? 정복자가 피정복자를 분리해서 차별하고, 혼혈을 방지하며, 권력이나 부를 가진 자들의 기득권을 보호하는 이유가 있었을 것이다. 그런데 신분제는 세계 어느 나라에나 있었다. 인도의 경우는 신분제의 형태와 차별 방식이 독특하고 현재까지도 지속된다는 점에 차이가 있다. 이처럼 특이한 형태가 만들어지고 존속하는 배경으로 인도의 환경적·사회적 특성을 생각해 볼 수 있다.

우기와 건기가 뚜렷한 인도의 기후에서 물은 인간이 생존하는 데 필수적인 요소였고, 기원전 오랜 옛날부터 생명을 잉태할 수 있는 물은 숭배의 태상이었다. 사원과 궁전에는 배수시설과 물 관리시스템을 갖추었고, 마을마다 우물을 중심으로 모든 일상생활이 이루어졌다. 이런 전통적인 촌락구조 속에서 이방인이나 불가촉천민들이 마을의 물을 이용하는 것을 용납하지 못했다. 과학적 인식이 부족하고, 경험적으로 판단하던 그들은 –실제로 자신들도 상당히 비위생적으로 우물을 사용하고 있음에도 불구하고, 불가촉천민으로 인해 물이 오염되고 전염병이 돈다고 생각했던 것 같다. 불가촉은 시체나 하수구 처리 같은 오염원과 접촉하는 일을 하므로 상대적으로 오염의 위험도 높았을 것이다. 다큐멘터리에서 불가촉천민과의 인터뷰 속에 "자신들은 불가촉천민이라 다른 사람들과 물조차 함께 마실 수 없다"고 말하는 장면은 몇 천 년 동안 내려온 뿌리깊은 차별과 인식을 알게 해준다.

인도 여행 중 많은 도시가 새로이 건설되고 확장되어 옛 건물이 헐리고 새로운 건물이 들어서고 있는 것을 보았다. 그러나 여전히 시골동네에선 전통적인 촌락구조가 존속하고 있고, 건기에는 온 세상의 물이 말라 식수나 생활용수의 부족으로 마을의 공동우물을 사용하며, 그곳에서 의·식 생활을 모두 해결하는 형태를 유지하고 있다. 이런 구조 속에서 환경적으로 차별해 왔고, 제도 속에 정착된 카스트 제도나 불가촉천민에 대한 차별은 쉽게 사라질 것 같지 않다. 자신의 삶을 교육을 통해 바꾸려는 끊임없는 노력과 집집마다 물과 전기가 들어가고 집단빈민촌이 사라지고 남녀·계급에 대한 차별을 없애려는 혹독한 노력이 누적되어야만 해결의 실마리를 잡을 수 있을 것이다. 그런 새로운 인도가 만들어진 뒤의 인도 모습은 어떠할까.

|노혜경|

우마차가 달리는 고속도로

한국의 어느 광고에서처럼 "도시는 소음이다"를 여실히 나타내주는 것이 인도의 거리다. 일단 거리에 사람이 빼곡하다. 모든 도로는 심지어 고속도로조차도 우마차에 낙타가 끄는 수레까지 통행한다. 모든 도로는 바퀴만 달렸으면 운행이 가능한가 보다. 게다가 수는 얼마나 많고 혼잡한 지…. 여러 가지 모양의 움직이는 것들이 모두 쏟아지듯 몰려다니는 기체 알갱이들 같다. 인도는 우리와 반대로 차가 좌측통행이다. 차량의 진행방향이 반대여서 차를 타고 있으면 역주행을 하는 듯한 착각이 들어 깜짝깜짝 놀란다. 그러나 그건 아무것도 아니다. 진짜로 역주행하는 차들이 심심찮게 등장한다. 반대차선 차량이 우리 앞에 갑자기 나타날 때면 그야말로 공황 상태가 되기도 했다. 과장이 아니고 추월을 하거나 역주행하는 차와 10cm 차이로 비켜가는 경우가 한두 번이 아니었다.

수레와 마차는 약간 개량한 것도 있지만, 고구려 고분벽화에 나오는 수

유유자적 도로를 지나는 우마차와 사람을 가득 태운 릭샤

"Blow horns"

레와 똑같은 것도 있었다. 차는 세계의 모든 메이커가 다 있다. 그러나 자세히 보면 차들의 모습도 신기함 그 자체다. 사이드미러는 없는 것이 태반이다. 오직 뉴델리에서만 양쪽 사이드미러가 온전한 차들이 가득한 거리를 볼 수 있다. 부서진 것이 아니라 아예 없어도 되는 것이고 옵션이란다. 그렇다면 앞만 보고 운전한다는 건데, 그래서 많은 차에 이렇게 쓰여 있다.

"Blow horns."

그런데도 10cm의 작은 빈틈만 있어도 끼어들기를 귀신처럼 한다. 그렇게 주행을 하는데, 교통사고는 12일 동안 딱 한 번을 봤다(긁힌 자국이 없는 차가 없다고 할 정도로 자질구레한 접촉사고는 많다고 한다).

처음에는 놀라다가 익숙해지면 감동하게 된다. 처음에는 좀 무서워하시는 듯하던 이혜옥 선생님마저 기사를 향해 엄지 손가락을 치켜올리며 이렇게 말씀하셨다. "Indian Driver, World Best Driver."

보도에서도 알록달록 요란한 장식을 차체 가득히 해놓은 트럭과 도로 위를 가득 매운 자동차들이 시도때도 없이 울려대는 경적 소리에 여행자들은 정신줄을 놓기 십상이다. 건널목을 그려놓은 선이 대부분 없기 때문에 찻길을 건널 때도 여기저기서 틈을 보아 건너야 하는데, 정신없이 울리는 경적 소리에 한 발짝 떼기도 어려운 상황이지만 현지인은 너무나 익숙한 자세로 그 틈을 요리조리 잘도 빠져나간다.

현대차도 상당히 많이 돌아다니고 있었는데 이 차들 또한 사이드미러가 없거나 한 쪽에만 붙어 있는 채 굴러다니고 있다. 한국에선 볼 수 없는 초소형차인 i10이 인기가 많다고 한다. 인도에서 소형차급 중 가장 높은 연비를 기록했고, 유럽형 디자인에 높이가 높은 덕분에 많은 사람들이 찾고 있단다. 그런데 현대가 처음 내놓은 경차인 아토스는 높은 차체가 주차장과 세차장에서 불편하고, 안정성이 떨어져 뒤집어지기 쉽다고 해서 한국에서는 실패한 기종이었다. 하지만 인도에서는 인도인들 머리 위에 터번을 두르고 운전을 해도 터번이 천장에 닿지 않는다고 해서 높이 덕에 대박을 쳤다. 이렇게 현지화를 잘할 수가….

경차에서 사이드미러까지 옵션으로 넣는 상황이라면 차 값을 줄이기 위한 우리로서는 상상할 수 없는 아이디어가 한둘이 아닐 것 같다. 여러 방법들이 나왔을 것으로 예상되었는데, 아니나 다를까 뉴델리 쪽으로 남쪽에서 올라오던 어느 도로에서 차체가 없는 트럭이 지나는 걸 보았다. 오직 운전자 머리만 가릴 수 있는 프레임만 있을 뿐 몸체, 문, 유리창이나 와이퍼는 찾아볼 수가 없다. 이런 해괴한 모습을 한 트럭의 한켠에는 철근으로 대강 걸쳐 놓은 선반 위에 사람이 타고 있고, 뒤의 짐칸에는 물건들이 위험하게 가득 실려 있다. 그리고 그다지 좋지 않은 도로 위를 달리고 있다. 그나마 과속하지는 않고 있었지만 정말 아슬아슬해 보였다.

화물차는 꾸미기 시합을 하는 것 같다. 앞쪽 창에는 화려한 색상을 자랑하는 듯 갖가지 표시의 스티커가 붙어 있고, 스페어휠에 여러 문양을 넣어 앞쪽 창위에 달아 놓았다. 창 아래 여백에는 검은 깃발을 교차해서 꽂아 펄럭거리게 하거나 앞쪽 라이트 부분에 예쁜 여자 눈동자를 그려넣어 마치 거대한 괴물이 눈만 드러내 놓은 것 같다. 소리를 내서 화물차가 운전자에게 인지하게 한다거나 화물차 여러 군데를 화려한 그림이나 깃발 등으로 장식하여 화물차가 눈에 잘 띄도록 하는 것은 도로에서의 차량 운행에 어떤 방식으로든 서로 도움을 주기 위해서다. 이런 깊은 뜻을 이해한다면 건널목도 없고, 바퀴 달린 것이면 사람과 동물이 모두 도로에 쏟아져나오는 인도 도로에서 안전운행을 위한 무언의 약속 같은 것이라고 보아도 될 것이다.

시바 신의 상징물인 딸랑이 같은 악기, 삼지창, 비슈누 상을 그려놓거나 앞 창문 위쪽이나 뒤쪽에 꽃이나 나뭇잎, 심지어 가지를 줄에 꿰어 걸어둔 차도 많다. 이는 장식 목적도 있지만 차량운행의 행운이나 화물차 사업의

잔뜩 장식을 한 화물차들
차체에 온통 그림을 그려 넣고 범퍼에도 꽃술 같은 것이 달려 있다.

번창 등의 부적 기능이 많다. 이 또한 인도인의 기원과 약속의 표현이리라.

또 앞쪽이나 옆, 뒤쪽에는 큰 활자로 "ALL INDIA PERMIT" 혹은 "NATIONAL PERMIT" 등이 쓰여져 있다. 이 말은 전국 어디나 운행이 가능하다는 의미다. 인도는 연방제라 화물차는 전국 운행허가를 받은 차도 있고, 특정 주에서만 운행할 수 있는 차도 있다. 그래서 트럭 전면에 그 차가 운행할 수 있는 지역을 표시한다. 차량 밖으로 표시된 문구를 보고 교통경찰관이 실제 허가증과 자주 대조를 한다고 한다. 여러 주에 걸쳐 운행하는 범위가 정말 허가증과 일치하는지 확인하는 과정에서 일종의 뒷돈을 자주 챙긴다. 여기도 교통경찰의 수입은 상당히 좋은 듯한데, 주차위반은 있어도 신호위반 딱지는 없는 것이 그나마 다행 같다. 신호등이 많지는 않고. 어디는 있으나 마나하고.

인도의 거리는 차와 사람들로 북적댈 뿐 아니라 차도 만원이다. 조그만 화물차도 뒤의 짐칸을 나눠서 여자와 남자가 각각 타고 있는 경우도 많다. 중간 분리대 윗칸에는 남자들이 꿇어앉은 자세로 앞쪽 면에 양 손을 건 채 앞을 보고 있으며 아래쪽에는 여자들이 각각 한 손으로 화물차 모서리를 잡고 앉은 채 잡담하며 웃고 있다. 아주 익숙한 모습들이다.

화물차는 양반이다. 인도의 명물인 릭샤는 오토바이가 끄는 인력거가 자동차 형태로 발전한 것이다. 소형과 중형 두 종류가 있는데, 중형 릭샤

일수록 사람으로 가득하다. 한 번은 승차인원을 세어 보았더니 좌석이 두 줄인데 타고 있는 사람이 15명이었다. 가끔은 여기에 더해 차옆으로 매달리고 지붕에 올라타고, 차 뒤에 매달려서 간다. 불안정한 삼륜차에 오토바이 엔진으로 저렇게 과적을 하니 매연이 심하지 않을 수가 없다.

인도의 공공버스는 폐차 직전인 것이 눈에 자주 띈다. 광고 흔적이 남아 있지만 거의 뜯겨나간 부분이 많고, 먼지를 뽀얗게 뒤집어쓴 채 창문을 모두 열어 놓고 달린다. 최근 인도에서 성범죄 사건이 버스 안에서 자주 발생하여 커튼을 모두 없앴다고 하는데, 그래서인지 따가운 햇볕을 그냥 받으면서 얼굴을 찡그린 채 창밖을 내다보는 인도인을 많이 보았다. 우리가 타고다녔던 소형버스에는 모두 커튼이 달려 있었는데, 이것은 외국인 여행객을 주로 태우고 다니는 여행사 버스였기 때문인 것 같다.

시내버스가 너무 사람이 많고 위험해서 그런지 학생들 등하교 시간 즈음엔 학생들만을 태우는 전용차가 있다고 했는데, 과연 아그라에서 스쿨버스 외에 학생들만 가득 태운 소형버스나 승용차가 여럿 보였다. 아이들은 모두 교복을 입은 채 사진을 찍고 있는 우리들을 발견하곤 밝게 웃으며 손을 흔들어 주기도 했다. 차는 낡았어도 아이들은 참 밝아 보였다.

도로에서 흔히 보이는 또 다른 풍경은 오토바이다. 4~5명의 가족이 한꺼번에 타고 지나가는 곡예 수준의 모습이 연출된다. 뿐만 아니라 오토바

여성 오토바이 운전자 도
시에서 가끔 볼 수 있다.
그러나 시골에서는 이런
광경을 전혀 볼 수 없었다.

이에 싣는 것을 상상하기 힘든
물건을 든 채 운전자와 함께 타
고 있으면서도 여유로운 모습
을 하는 데 놀랄 따름이다. 신발
상자 같아 보이는 조그만 박스
수십 개를 묶어 한아름 안고 운
전자 뒤에 타고 있었는데, 높이
쌓은 박스들에 뒷사람은 시야
가 가릴 정도지만 아랑곳하지

않는다. 동남아 국가에서도 운전을 곡예처럼 하는 오토바이를 자주 볼 수
있다고 한다. 오히려 인도보다 더 현란하다고 한다. 인도의 오토바이 운전
자만으로도 참 아슬아슬하다는 생각이 드는데, 그보다 더하다니 참 상상
하기 힘들다.

인도 남쪽에서 북쪽으로 이동하면서 여자 혼자 오토바이를 타는 경우
는 많이 보지 못했다. 대개는 앞에 남성이 운전을 하고 뒤에 여성이 한쪽
으로 사리를 입고 타고 있었다. 원래 이슬람 여자들은 남자 없이는 혼자
다닐 수 없는 관행이 있다. 어린 아들이라도 남자가 함께 있어야 한다. 그
러나 도시에서는 혼자 다니는 이슬람 여인, 혼자 오토바이를 모는 여인을
아주 가끔 볼 수 있었다.

헬멧을 쓴 사람들도 많이 볼 수 없었다. 한창 보급중인지 단속 때문인
지 도로변에서 헬멧을 파는 노점상이 많았다. 다만 뉴델리처럼 도시의 경
우에는 규제하는 법규가 있기 때문에 헬멧을 갖추어 쓰고 다녔는데, 그
안정성을 보장할 수 없을 것 같다. 그저 규제를 피하려는 정도의 헬멧이
대부분인 것 같다. 터번을 두른 남자는 아예 헬멧을 쓸 수 없는데, 그런 경
우는 예외로 인정한다고 한다. 도로교통법과 안전성이 종교적 관행에 밀
리는 것도 인도의 특징이다. 생각해 보면 우리는 옛날부터 단일민족국가
에 국가주의가 발달해서인지 종교가 법보다 우위에 있으면 국가의 단합

을 해치고 위태롭게 한다고 생각한다. 하지만 인도의 역사적 경험은 반대다. 아우랑제브가 종교적 다원주의를 포기하자 무굴 제국이 혼란에 빠지고 쇠퇴하기 시작했다. 그래서 세상은 넓고 깨달을 일은 많기도 하다.

도로 길가의 한아름 나무는 밑둥 부분에 흰색, 혹은 흰색 바탕 중간에 붉은색 라인이 있는 페인트가 칠해져 있다. 뭄바이에서 출발하여 북쪽으로 올라가면서 대부분 본 장면인데, 마을에 따라 칠한 색깔이 다르다. 이것은 밤에 차량 라이트에 비치면 도로 양쪽 안전등의 역할을 할 수 있도록 설계된 것이다. 일년 내내 영하로 내려갈 일이 없는 인도에서는 나무들이 상당히 빨리 자라기 때문에 도로가의 이런 큰 나무들을 이용하여 반사판을 대신한 것이다. 인도의 환경을 잘 이용한 방식인 것 같다. 그러나 이렇게 도로 표시판용으로 큰 나무들을 고속도로 주변에 죽 심어놓으니 나무 주변의 풍경은 잘 보이지 않고, 원경에 펼쳐진 풍경만 볼 수 있었다.

국도 주변에는 이따금씩 큰 나무그늘을 지붕 삼아 일종의 도로가 매점(우리의 휴게소) 같은 상점들이 보인다. 의자와 테이블을 조금 갖춰놓고 상점을 표시하는 줄줄이 상품을 매달아 놓았다. 이곳에도 영락없이 주인과 일부의 남자들 한 무리가 앉거나 서서 잡담을 나누고 있고, 그렇지 않을 경우 주인은 의자에 느긋하게 앉아 도로를 멍하게 쳐다보고 있다. 이런 곳을 지날 때마다 시간이 느리다 못해 멈춰 있는 것 같은 느낌이 든다.

|노혜경|

폼생폼사 인도인

살아보면 불길한 예감은 꼭 들어맞는다. 카주라호 사원군으로 가기 위해 잔시의 호텔에서 묵었을 때다. 여행가방에 꼭 자물쇠를 채워야 한다고 해서 출발 전에 자물쇠를 샀는데, 제품이 좀 불안했다. 아니나 다를까. 자물쇠가 고장이 나서 가방이 열리질 않았다. 이런 사고가 내가 처음일 리가 없다는 생각에 호텔 로비로 가서 짧은 영어로 사정을 이야기했다. 자물쇠가 고장났다고까지만 말했는데, 로비의 책임자인 듯한, 배가 불룩하고 전형적인 인도식 콧수염을 기른 위엄있게 생긴 양반이 알았다고 하더니 즉시 뒤에 있는 직원에게 뭐라고 했다. 태도로 봐서는 "이 손님이 이런 사정이 생기셨으니 당장 해결해 드리게"라고 말하는 분위기였다. 그리고 다시 내게 돌아서더니 아무 걱정 말고 방에 가서 기다리라고 했다. 그러나 며칠 간의 경험으로 볼 때 믿고 기다려서는 언제 올지 모를 것 같아 로비에서 버텼다. 조금 후에 젊은 직원 한 명이 약간 건들거리며 나타났다. 얼굴이나 태도가 〈밴드 오브 브라더스〉에 나온 조 토이 하사와 꼭 닮은 친구였다. 로비의 부하직원이 인디언 조 토이에게 뭐라 뭐라고 하자 그는 즉시 아마도 연장을 가지러 갔다. 그러자 로비의 대장분이 다시 나에게 안심하시라는 듯한 표정을 지으며 방으로 가서 기다리라고 말했다. 이 상황에서 계속 버티기는 멋쩍은 듯해서 방으로 갔다.

이날 느낀 건데, 책임자 양반이 말하고 지시하는 자세는 정말 배우고 싶도록 위엄과 포스가 넘쳤다. 영화나 만화에서 보는 인도인의 전형적인 모습이었다. 콧수염 아래로 꼭 다문 입, 고개를 약간 숙여서 내려다보듯,

올려다보는 듯한 표정, 무겁고 위엄 있는 자세, 손가락을 뻗어 지시를 할 때 간결하면서 잔동작이 전혀 없는 팔동작 말이다.

반면 로비의 부하직원은 부하 내지는 실무자답게 그런 위엄은 보이지 않고, 빠르고 톤이 높아서 약간은 경박스럽고 수다스런 목소리로 지시를 한다. 마지막으로 인디언 조는 시종일관 건들건들했다. 조금 후 줄톱을 들고 내 방으로 왔는데, 자물쇠를 보더니 이건 줄톱으로는 자를 수 없다고 곤란하다는 표정을 지었다. 겨우 여행용 미니 자물쇠인데 말이다. 그리고 씩 웃더니 조금만 기다리라고 하고는 다시 나갔다. 이제까지 본 인도 직원들의 느리고 태평한 태도와 그 친구 행동으로 봐서는 영 미덥지 않았지만, 조 토이 하사가 내가 좋아하는 캐릭터라 한 번 믿어보기로 했다. 〈밴드 오브 브라더스〉의 토이 하사는 낮은 톤으로 중얼거리는 평소의 말투나 행동으로 봐서는 불량스럽고 건달끼가 있어 보이지만, 실제로는 속정도 깊고 의리 있고 책임감 강한 진짜 군인이다. 후일담을 들으니 그 양반, 군에 복무한 건 겨우 2~3년이고 평생을 철강공장에서 일했는데, 돌아가시면서 묘비에도 502연대 이지중대 조 토이 하사라고 관등성명을 새기게 했다고 한다.

그러나 나는 금방 정신을 차렸다. 인상으로 사람을 믿으면 안 되는 법이다. 조 토이 하사는 헐리우드에 있고, 여긴 인도다. 아나나 다를까 인디언 조는 함흥차사가 되었다. 나중에 보니 내 일은 잊어버린 채 여전히 건들거리며 즐겁게 식당 유리창을 닦고 있었다. 결국 가이드 분이 로비로 가서 다시 절차를 반복했다. 그런데 그 로비의 대장양반, 일을 제대로 처리 못했다고 부하직원을 나무라지도 않고, 미안하다고 하지도 않고, 마치 처음 듣는 듯 내가 말할 때와 똑같은 톤과 자세로 뒤의 양반에게 지시를 했다. 그리고 다시 똑같은 자세로 해결해 줄테니 방에 가서 기다리라고 한다. 이걸 보니 화가 나기보다는 그 철저하게 몸에 밴 자세가 감탄스럽고 존경스러울 정도였다.

그 다음 과정도 똑같은 반복이었다. 다만 마지막에 토이 대신 아주 나이든 할아버지가 커다란 펜치를 가지고 나타났다. 도구는 맞는데, 자물쇠를 보더니 멍하니 있는다. 자신은 힘이 없어서 딸 수가 없다고 말하는 듯했다. 연장과 사람이 매치될 때까지 순환을 반복해야 하나 싶었는데, 한 체격 하고 눈치 빠른 우리 가이드가 펜치를 뺏어들더니 자물쇠를 끊었다.

자물쇠 사건은 이렇게 끝났지만, 대장양반의 태도는 깊은 인상을 남겼다. 일본인들은 직업마다 특유의 유니폼과 동작이 있다. 하지만 그건 몸에 밴 폼이라기보다는 매뉴얼 왕국답게 매뉴얼대로 행동하는 것이다. 중국인은 정 반대로 그런 것 없다. 대신 높은 사람은 상당히 교만한 듯 권위를 세우는데, 목소리가 크고 시끄럽다. 점잖다가도 한 번 소리를 치면 스스로 에스컬레이터가 되어 말이 점점 빨라지고 시끄러워진다. 인도인들은 보통은 절도라는 게 없다. 흐물흐물하거나 조금 서양식으로 제멋대로 자유롭다. 가난한 사람들은 더더욱 구차해 보이고 그걸 숨기려 들지도 않는다. 그러나 지위가 있는 사람, 잘 살고 사회적 레벨이 높아 보이는 사람, 유니폼 입은 사람들에게는 몸에 밴 남다른 위엄이 있다. 확고하고 당당한 자세, 쏘아보는 눈빛, 굵고 짧은 말투, 평소에는 눈에 거슬리는 불룩한 배도 그때는 확고한 위엄으로 변한다.

아그라에서인가 교통체증으로 우리 버스가 멈추자 구걸하는 아이들 10여 명이 한꺼번에 유리창에 달라붙었다. 도와주고 싶어도 한 명에게 주게 되면 여기저기서 몰려들어 뒷감당이 안 될 것 같았다. 그때 보도에 있던 인도 신사 한 분이 뭐라고 소리를 질렀다. 중국인이라면 팔을 휘두르며 정신없이 쏘아대면서 계속 목청껏 소리를 질러댈 거다. 일본이라면 참견하지 않거나 경찰을 부르겠지. 인도 양반은 짧고 굵게 말이 아니라 기합을 넣듯 소리를 쳤다. 그리고 한 번 더, 그러자 아이들이 스물스물 물러갔다.

신분제 사회일수록 권위가 발달한다. 요즘 TV나 영화에서는 그런 것들이 힘의 횡포, 아랫사람에게 막 대해도 되는 특권으로 표현된다. 병조참판이 뭐라고 하면 병조판서가 책상을 탁 치면서 호통을 치고, 신분이 낮은 사람들 앞에서는 거들먹거리기만 한다. 그러나 이건 현대사회에서 벌어지는 졸부들의 행태일 뿐이다. 옛날에도 별 사람들이 다 있었겠지만, 진짜 권위는 상대를 무시하는 행동이 아니라 자신을 남다르고 존귀하게 보이도록 하는 것이다.

인도는 현재도 카스트와 신분제의 영향이 강하게 남아 있어서 그런지 높은 사람의 태도와 말투에는 우리에게서는 사라진 과거의 영화가 서려 있다. 뭐 신분제가 좋은 건 아니지만, 저런 카리스마 넘치는 자세는 배우고 싶다는 생각도 든다. 그러나 그 카리스마를 재현하려면 동작만 배워서는 안 되고, 진한 카이젤 수염과 짙고 검은 눈썹, 무엇보다도 상당히 튀어나온 배가 필요할 것 같아서 포기했다.

그런데 뭐든지 지나치면 아니함만 못한 법이다. 인도 지배층의 권위는 과한 면도 있다. 특히 그것을 느꼈던 때가 박물관에서 인도의 전통무기들을 보았을 때였다. 박물관에 전시한 무기는 거의 전부가 실전 무기가 아닌 보석과 상감으로 치장한 왕과 귀족의 의장용 무기다. 그건 이해하는데, 이해할 수 없는 부분이 무기의 장식이 아니라 형태 자체다. 칼날이 셋 달린 단검, 끝이 휘어지고 톱상어 뿔처럼 톱날이 달린 칼 등 보기에는 무시무시한데, 대부분 잡기 편하게 하려고 손잡이를 달아 쥐게 했다.

외국 무기에도 가끔 손가락이나 주먹에

무장을 한 인도장군 모형

끼는 무기가 있지만 그것은 특수한 용도다. 저렇게 쥐게 하면 무술이 안 된다. 심지어는 서양의 기사들이 쓰는 긴 랜스(창)도 손잡이를 만들어 쥐게 한다. 말 위에서 저것을 들고 앉아 있는 그림도 있는데, 만약 저렇게 쥐고 랜스를 사용하면 손가락과 손목이 부러져 버릴 거다. 뭐 저 정도 높은 사람이 랜스까지 휘두를 기회는 없겠지만, 정말 그렇다면 아예 들지를 말든가. 어떤 나라에서도 알렉산더 대왕처럼 자신이 선두에서 전투를 벌이는 경우가 아닌 이상, 최고 지휘관이 랜스를 들고 있을 필요가 없다. 현대 무기로 비유하면 사령관이 권총만 차고 있으면 되는데, 람보처럼 기관총을 들고 탄띠를 메고 있는 격이다. 들기 좋게 손잡이까지 달아서 말이다.

그림속 주인공의 도도하고 오만한 표정을 보면서 인도인의 폼생폼사에 경탄이 절로 난다. 저렇게까지 해야 할까? 그러나 우리가 인도인의 필요를 이해하기 어려운 것인지도 모른다. 인도는 무굴 제국 때는 중국보다도 넓은 땅과 중국보다 많은 인구를 거느렸던 거대한 제국이었다. 이 엄청난 땅에는 우리가 상상할 수 없는 권위와 자세가 필요했을지도 모른다.

|임용한|

먹거리로 체험하는 인도

베지 對 넌베지(VEGE-NON VEGE)

인도음식의 특색을 꼽으라면? 강한 향신료를 들 것 같지만 그렇지 않다. 우리 눈에 낯설게 보였던 것은 어딜 가나 베지 혹은 넌베지를 따지는 것! 베지는 아마 베지터블의 약자일 텐데, 간단히 말하면 채식이냐 아니냐를 따지는 것이다.

모두 알다시피 음식에는 여러 가지 금기가 있고, 특히 종교에 따른 음식금기는 상상을 초월한다. 우리나라처럼 종교가 그저 개인의 선택인 나라에서는 별로 관계가 없지만 인도나 중동의 이슬람 국가나 이스라엘처럼 종교가 곧 생활인 나라에서 먹을 수 있는 것과 아닌 것을 구분하는 문제는 아주 중요하다(사실 우리나라 기독교인이나 불교도는 음식금기를 크게 지키는 편은 아니지 않는가). 그리고 그 음식에 대한 금기는 아주 강하다.

우선, 힌두교에서는 소고기를 먹지 않는다. 이슬람교에서는 돼지고기를 먹지 않는다. 불교도나 시크교도는 모든 고기를 먹지 않는다. 힌두, 이슬람, 불교나 시크교도는 인도 전체 인구의 90% 이상을 차지하고 있으니 그렇게 따지면 인도인의 대부분이 고기 먹기에 일정한 제약을 갖고 있는 셈이다. 더군다나 힌두교에서 소고기를 먹지 않는 것은 기본이지만 되도록 채식을 권장한다고 한다. 결국 인도에서 고기는 아주 적은 수의 사람만이 먹는다.

그래서 모든 음식에는 재료 표시가 들어간다. 빨간 마크는 동물성 재료가 들어간 음식, 녹색 마크는 식물성이란 의미다. 심지어 코카콜라 캔에도 녹색 마크가 있다. 고기 먹기에 대한 금기가 인류학적으로 자연환경과 관련된다지만 그렇게 어렵게까지 생각하지 않더라도 먼저 생각나는 건, 이 많은 사람들이 모두 고기를 먹었더라면 지구상의 동물은 씨가 말랐을지도 모른다는 것이었다. 인도 기차역에서 가장 놀랐던 것은 끝도 보이지 않는 기차였고, 그 기차에 칸칸이 들어찬 사람이었다. 혼잡하다고 말만 들었지 우리나라 기차역에서 보는 혼잡함과는 전혀 비교도 할 수 없을 사람의 대물결. 2인용 릭샤에 4명도 타고, 한 트럭 뒷자리에 16명의 사람이 앉아 있는 광경도 흔하다. 인구는 현재 13억(?)정도로 추정되는데 중국과 비슷한 수준이다. 지금 중국이 유제품에 맛을 들이면 세계적으로 유제품 대란이 일어나고, 키위에 맛을 들이면 키위값이 폭등하듯이 인도인이 고기를 소비했다면 그 고기를 다 공급할 수는 없었을 것이다. 다행이다.

그럼에도 불구하고 고기를 먹는 사람은 있는데(아마 우리 같은 외국인일지도) 보통은 닭고기가 올라온다. 길거리를 다니며 돼지나 소를 키우는 건 본 적이 있는데 고기를 본 적은 없다. 양떼도 여러 번 보았지만 양고기는 보지 못했다. 인도는 양을 닭만큼이나 많이 먹는다는 여행책자의 설명은 그냥 하는 말인지 모르겠다. 닭은 시장에서도 많이 판다. 어느 동네나 중심가에 상점가가 형성되어 있는데 옷가게, 솜틀집, 음식점과 닭집은 있었던 것 같다.

옛날에 우리나라에서도 닭을 파는 것은 동네시장이었다. 철조망 안에 꼬꼬댁거리는 닭이 있고 아저씨는 무심히 죽은 닭을 토막냈다. 닭 모가지를 잘랐는데도 살아서 뛰어다니는 걸 봤다는 얘기는 나보다 한 세대 전의 추억이다. 적어도 우리 동네 아저씨는 살아 있는 닭을 잡는 광경을 노골적으로 보여주진 않았다. 엄마가 사온 닭은 큰 솥에 들어가 백숙이 되었다. 한 마리를 한 사람이 다 먹는 사치는 없었다. 다리는 아버지가, 가슴살은 언니와 내가 나눠먹었다. 그리고 그 안에는 닭똥집(모래집이라는 단어

는 가라)과 닭간이 있었다. 닭
간은 눈에 좋다고(근데 맛은 별
루였다) 아버지가 우리에게 주
셨다. 요즘 애들은 대형 마트에
가서 얌전하게 비닐팩에 들어
간 닭가슴살, 닭다리, 닭날개만
기억한다. 나머지 부위는 다 어
디로 갔을까?

또 우리가 한국에서 인도의

대중적인 음식 중 하나라고 알고 있었던 '탄두리 치킨'은 딱 한 번 먹어
봤다. 그것도 서양식 호텔에서. 그리고 시장에 걸려 있는 탄두리 치킨은
구경만 해 봤다. 우리가 알고 있던 것과는 달리 목 없는 닭이 빨갛게 양념
을 바른 채 대롱대롱 매달려 있었다. 시장에서 팔 정도면 먹는 사람이 있
다는 말인데 과연 누가 먹을까?

짜파티, 커리, 볶음국수에 샐러드

그럼 그들은 뭘 먹는가? 이 사진에 보이는 음식이 우리가 인도에서 잘 먹
고 다닌 음식이다. 흰 접시 위에 보이는 짜파티, 커리 두 종류 정도, 샐러
드. 거기에 볶음국수나 볶음밥. 때로는 그냥 맨 밥을 추가한다.

우리가 흔하게 알고 있는 인도음식은 '난'이다. 서울에 있는 인도음식
점에 찾아가면 가장 먼저 먹어보는 것이 난과 탄두리 치킨이다. 난은 "밀
가루 반죽을 화덕에 구운 것으로 맛이 담백하고 가격이 저렴한 인도의 대
중적인 음식이다"라고 메뉴판에 적혀 있다. 정말 그럴까? 사실 난은 인도
에서는 고급음식이다. 인도에 와서 가장 많이 먹은 음식은 짜파티와 국수
였다. 짜파티는 난보다 하나 아래등급(?)인 밀가루 전병을 말한다. 난이

인도의 일상 음식 사진의 접시에 있는 것들이 일반적으로 우리가 먹었던 밥이다.

나 짜파티나 밀가루로 구운 것은 맞는데 전자는 잘 도정한 밀가루로 화덕에 굽고, 후자는 덜 도정한 밀가루로 팬에 굽는다. 우리나라의 백미와 현미 차이라고 생각하면 빠르다. 그러다 보니 짜파티가 더 맛이 거칠고 색도 진하다. 팬에 굽다 보니 기름도 약간 들어간다(먹을 때 그 기름이 손에 묻는다). 우리나라의 술빵 같은 흰색 찐빵도 있는데, 아무생각 없이 베어 물었다간 향신료 냄새가 팍 올라온다. 호텔에서 아침 부페에 욕심내서 두 개나 가져왔다가 딱 한 입 먹었다. 밀이 많이 난다니 빵이 많을 것 같은데 오히려 우리가 일반적으로 먹는 빵은 찾기 힘들었다. 서양식 호텔에 가면 서양인의 아침식사용으로 구색만 갖춰 놨을 뿐인데 딱딱하고 잘 부스러져 별로다. 그냥 짜파티나 난이 낫다.

내 기억 속의 '카레'는 노란색 분말의 '오뚜기 카레'다. 어느 날 엄마가 돼지고기, 감자, 당근, 양파를 깍둑썰기로 썰어 끓이고(가끔은 돼지고기가 없었다) 노란 가루를 풀어 섞으면, 집안에 강한 카레향(이건 카레향 이외에는 달리 표현할 말이 없다)이 맴돌았다. 그리고 일주일 동안 식탁에는 단무지 아니면 배추김치(둘이 같이 나오지는 않는다. 절대!) 약간과 카레가 올랐고, 흰 그릇에는 노란 물이 들어 지워지지 않았다. (나는 급식세대가 아니지만) 대학교의 학생식당에서 먹은 밥에도 카레가 없는 달은 드물었던 것 같다. 물론 이때는 변화가 있었다. 새우 카레, 돈까스 카레, 비프 카레! 등등 뭔가가 좀 더해진 고급카레가 나왔다(가격도 당연히 더 비쌌다). 무슨 카레 얘기에 서두가 이리 길어지는가 할 텐데, 내가 인도에서 먹은 '커리'는 '카레'랑 다르기 때문이다. 요즘에야 그렇지 않지만 인도식 '커리'를 우리나라에서 맛볼 수 있게 된 게 그리 오래되지 않았다.

갖가지 향신료를 조합하여 본래의 맛에 가깝다는 '정통 인도식'을 표방한 인도가 3분 요리로도 나오지만 역시 커리보다 카레가 더 가깝다. 인도음식은 향이 강하다고 해서 걱정했는데 아무래도 외국인이라 알아서 향을 줄여준 것이지 그리 심하지 않았다. 우리가 끼니로 때운 커리는 대개 채소 한 종류, 고기 한 종류를 시켰다. 고기 커리는 거의 치킨 커리로 채소는 브로콜리가 들어 있기도 하고, 감자나 콩만 들어 있는 경우도 많았다. 양고기 커리는 한 번 정도 먹어본 것 같은데 그다지 인상적이지 않았다.

콩, 콩, 콩

차를 타고 가다 보면 그 넓은 땅 위로 노란꽃이 핀 경작지와 끝없이 파랗기만 한 경작지, 두 종류가 보인다. 노란 꽃밭은 유채밭이라는 데 이견이 없었다. 가이드도 기름을 얻는 용도로 유채를 많이 재배한다고 확인해 주었다. 화제는 제주도 유채밭에서 사진을 찍으려면 얼마를 입장료로 내야 하는지로 옮겨갔다. 이유는 나머지 저 파랗기만 한 경작지는 뭔지 아는 사람이 아무도 없었기 때문이다. 더 할 말이 있어야지. 이런 도시 촌것들은 저게 뭔지 모른다(당연히 나도 몰랐다). 궁금증은 어처구니 없이 풀렸다.

카주라호에서 잔시로 가는 길은 악명이 높다. 앞의 글에도 나왔지만 인도는 사회 기반시설이 열악해서 배나 차나 모두 시간이 무지하게 걸린다. 차가 좋아도(좋지도 않지만) 도로 자체가 속력을 낼 만큼 튼튼하지 않다.

그래서 델리로 가는 데 정상적이면 6시간 정도 걸리지만, 사실은 사고도 많고 차도 많고 길도 나빠 얼마나 걸릴지 아무도 예측할 수가 없단다. 가이드 말로는 12시간씩 걸리기도 한다며 계속 겁을 줬다. 그래서 오전 일정을 일치감치 마무리하고, 델리로 길을 나섰다. 아침부터 서두른데다가 점심을 먹고 차를 탔으니 얼마나 졸린가. 한참 끄덕거리다 정신을 차렸더니 제법 차 속도가 난다. 차도 생각보다 많지 않고 사고도 안 났단다. 가이드도 기뻐한다. 잘 가고 있다고. 너무 늦게 도착하면 저녁밥도 그렇고 제대로 쉬지를 못할 테니 걱정이 많았나 보다. 그런데 갑자기 운전기사가 잠시 쉬어가잔다. 그러지 뭐. 긴 거리니까 다리도 좀 펴고, 화장실도 가고.

그런데 느닷없이 차를 세운 곳이 어느 작은 휴게소였는데 한 칸은 기념품 가게, 한 칸은 식당이다. 눈치가 딱 온다. 30분 쉬잔다. 다리 펴고 화장실 갔다가 기념품 가게 들렀는데 다 돌아보니 10분 지났다. 아무도 없는 가게에서 자꾸 점원들이 우리한테 달라붙는다. 아~ 이건 아냐.

콩밭과 움막 광활하게 펼쳐져 있는 인도의 콩밭. 밭 옆으로 움막이 있다.

그늘 한 점 없는 마당으로 쫓기듯 나온 우리 일행은 저기 나무그늘, 휴게소 경계까지 후퇴했고, 철조망을 넘어 어슬렁거리기 시작했다. 그 뒤는 우리가 계속 보아온 그 푸른 밭. 용감한 일행 한 명이 밭에 들어가 이리저리 살피지만 뭔지 알 리가 있나. 십분 뒤에 도착한 밭주인은 외국인이 자기네 밭에서 뭘 하는지 궁금해했고, 우린 저 풀이 뭔지를 궁금해했다.

콩이란다.

그래 콩이다. 밭주인은 우리에게 열매를 따서 보여줬고, 그 긴 꼬투리 속에서 나온 건 작은 완두콩이었다. 다 크질 않아 아직 작지만 먹어보니 고소

한 맛이 났다. 밭주인은 사람을 시켜 다 자란 콩도 갖다 보여주고, 까주기도 하면서 먹어보라고 권했다. 달큰한데 비릿한 콩맛이 물씬 났다. 콩 얘기를 하면서 자기 여동생 지참금 얘기까지 한다.

그렇다. 이들은 밀가루가 주식이지만 고기는 안 먹는 사람들이라 어디선가 단백질을 얻어야 하는데, 그걸 주로 콩에서 얻는다. 가장 많이 먹는게 병아리콩이나 렌즈콩이란다. 병아리콩은 콩 모양이 병아리처럼 생겼다고 해서 붙여진 이름이다. 우리나라의 완두콩이나 메주콩처럼 작지 않고 더 크다. 삶아 으깬 후 각종 향신료를 섞어 커리 형태로 만든 것을 밥과 섞어먹거나 짜파티에 찍어먹는다. 생각해 보니 우리가 먹는 커리에도 듬뿍 섞여 있었고, 아침식사로 먹은 쌀밥에 얹어먹었던 것도 콩 소스 같다. 여러분도 인도 가면 많이 드시리라. 렌즈콩은 미국의 잡지《헬스》가 선정한 10대 건강식품 중 하나다.

|윤성재 · 김태완|

인도의 옷차림

사리와 펀자비

인도 여성은 대부분 전통의상을 입는다. 우리가 익히 아는 사리와 좀 낯선 펀자비가 그것이다. 사리는 탱크탑과 긴 천을 둘러 엮은 치마인데 나중에 알고 보니 사리의 탱크탑은 '쫄리'라고 부르며 전통복장이 아닌 간편하게 개량된 형식이란다. 사리는 기혼여성의 옷으로 원래는 바느질을 하지 않은 긴 천 하나로 몸을 감싸는 형식이었다고 한다. 그러니 사리를 입은 여성은 무조건 기혼여성이라고 보면 된다. 인도에서는 바느질한 옷이 부정(不淨)한 것, 바느질하지 않은 옷이 깨끗한[정(淨)] 것이라고 해서 생긴 풍습이라고 한다. 속옷도 안 입는 것이 예전 방식인데(!) 지금은 속옷도 입고 바느질한 탱크탑도 입는다. 원래 풍습은 편의에 따라 변하는 게다.

사리는 원래 섹시함을 돋보이게 하기 위해 맨 몸에 입는 게 원칙이지만 (일본 기모노도 원래 속옷을 안 입었다) 오늘날에는 몸에 짝 달라붙는 상의인 '쫄리'와 함께 입는다. 쫄리는 배꼽이 드러나는데, 여전히 옛날 의복 전통을 고수하고 있는 서북부 라자스탄에 가면 신기하게 앞만 가리고 등쪽은 가리지 않는 원초적인 스타일도 볼 수 있다. 사리 말고 일종의 개량복인 펀자비도 있는데 사리보다 훨씬 편하고 서구 복식에 가까운 옷이다.

펀자비는 원피스 같은 긴 웃옷과 바지, 간단한 숄로 이루어져 있다. 가이드의 설명에 따르면 펀자비는 인도 펀잡 지방에서 많이 입는 옷이라 해서 그렇게 불린단다. 헐렁하고 긴 바지에 헐렁한 긴 웃옷을 걸치는데 웃

옷의 경우 민소매는 없고 긴팔이나 반팔이다. 인도에서는 어깨나 종아리를 드러내는 게 '야한' 옷차림이다. 그런데 우리는 왜 사리 입은 여성의 옆구리 살이 더 야해 보일까? 그래서 우리는 사리는 들어보고, 별로 야해 보이지 않는 펀자비라는 이름은 처음 들었나 보다. 그런데 북쪽으로 갈수록 온도가 내려가니 사리를 입건 펀자비를 입건 하나같이 두툼한 숄을 머리부터 두르고 다녔다. 한 손으로 숄을 여민채 잡고 가니 우선 불편해 보인다.

히잡으로 머리와 목 등을 가린 무슬림 여성도 볼 수 있다. 히잡은 꾸란에도 언급될 정도로 역사가 깊은 이슬람의 전통복장이다. 그런데 종교적 의미에서 시작된 의상이라고 하지만 인도의 날씨도 한몫 한 것 같다. 먼지 많고, 밤과 낮의 기온 차가 심하며, 뿌연 매연에 숨쉬기조차 힘든 인도 도시의 환경에서 아주 유용해 보인다.

가장 섬뜩했던 의상은 온통 검은 베일(니카브)에 눈만 내놓은 여자의 옷이었다. 어둑어둑해진 뒤 뭄바이 시내에서 환전하는 곳을 찾으러 돌아다니다 마주친 한 여자는 전신을 검은 천으로 둘렀는데, 커다란 까만 눈동자만 번뜩였다. '섬뜩'이란 단어가 딱 어울리는 순간이었다. 실은 눈 부

얼굴을 가린 무슬림 여인
과 니카브를 입은 여인

위에만 망사천을 대고, 머리부터 발끝까지 덮어쓰는 부르카가 더 보수적
인 이슬람 의상이지만 커다란 눈만 보이는 니카브가 더 무서워 보였다.
최근 유럽에서 니카브 퇴출 바람이 확산되고 있는데, 9 · 11테러 이후 테러
위협에 대한 공포와 이민자에 대한 반감이 커지면서 반이슬람 정서가 확
대되었기 때문이다. 그러나 인도에서는 여러 종교가 공존하고 종교가 아
주 중요한 부분을 차지하고 있어서 문제가 되지 않는다.

이런 검은 베일도 이마와 눈을 내놓고, 검은 천에 라인마다 밝고 화려
한 무늬가 놓인 옷을 입은 여자는 오히려 고급스러워 보이기도 한다. 저
마다 아주 작은 디테일로 개성을 표현하는 모습이 신선하다.

어느 날 묵은 호텔에서 청바지를 입은 여성을 처음 봤다. 그런데 그녀는
'인도계'일 뿐 인도인은 아닌 걸로 보였다. 어떻게 아냐고? 예약한 방을
배정받는 데 무슨 문제가 생겼는지 호텔 종업원과 한창 목소리를 높이고
있는데 오로지 영어만 하고 있었으니까. 그녀는 인도 말을 하지 못했다.

박물관이나 아그라포트에서 등하교 스쿨버스 안의 어린 학생들은 교
복을 입는다. 영국풍인지 자켓에 셔츠와 바지를 입은 아이들이 많다. 그렇

지만 반 이상은 맨발이다.

또 한 가지 눈에 띄는 것은 화려한 장신구. 여자의 경우 줄줄이 건 팔찌에 큼지막한 귀걸이, 코의 피어싱, 반지는 기본이고 발찌도 보인다.

남자들도 터번을 두르거나 전통의상을 입은 사람을 많이 볼 수 있다. 대개 바지에 셔츠 차림이고, 좀 춥다면 조끼나 스웨터, 심지어 오리털 파카를 껴입기도 하는데 대부분 서양식 옷과 전통 스타일이 섞여 있다.

전통의상 차림은 아무래도 노년층이 많다. 그러나 젊은 사람들 가운데도 전통을 고수하는 사람들이 있다. 시크교도다. 수염과 터번, 펀자비 세 가지가 시크교도를 대표하는 단어다. 길에서 수염을 기르고, 터번을 쓴 사람을 보고 무조건 시크교도로 생각하면 거의 100% 맞다. 그들은 신이 주신 모습 그대로가 가장 자연스러운 것이라 생각한다. 그래서 수염도 자르지 않고 머리도 깎지 않는다. 그들의 터번 속에는 긴 머리가 감춰져 있다. 들은 얘기로는 터번은 길이가 7m 정도라고 하는데 결혼한 남자만이 사용한다.

시크교 남자들은 다섯 가지 규율을 지킨다. 첫째, 머리카락과 수염을 자르지 않는다. 둘째, 수염을 빗을 수 있는 빗을 휴대한다. 셋째, 금욕을 상징하는 철제 팔찌를 찬다. 넷째, 전쟁에서 자유롭고 편하게 활동하기 위해 폭넓은 바지를 입는다. 다섯째, 진리를 수호하기 위한 단검(휴르탄)을 휴대한다. 언제나 신의 뜻에 따르지만 더 나은 내일을 위해 싸울 준비도 되어 있는 사람이다. 시크교 남성들을 흔히 5k로 표현하는 것도 이 때문이다. 즉 케스(kes, 깎지 않은 머리털), 캉가(kangha, 작은 머리빗), 카라(kara, 둥근 팔찌), 키르판(kirpan, 단검), 카차(kaccha, 특별한 속옷)가 그것이다. 이처럼 신앙심 깊은 시크교 남성들은 긴 머리칼을 위로 올려 머리빗으로 꽂은 후 터번으로 둘러쓰는 게 보통이며, 간혹 머리털과 수염을 깎는 남성들도 있지만 회당에 갈 때는 작은 머리수건으로 가리게 되어 있다.

|윤성재|

신상과 조각으로 본 인도의 종교

Code 1은 파괴와 죽음의 신

인도에 도착해서 처음 간 곳이 뭄바이의 웨일즈 박물관이다. 역사 전공자들은 어느 나라를 가나 박물관부터 찾는다. 가이드나 일반인들은 그런 모습을 보면 조금은 경외하는 시선을 보내기도 한다. 그런데 우리들의 입장에서 박물관은 당연히 가야 하는 곳이면서 항상 전시물을 보면 뭔가를 깨닫거나 설명하고 해석할 수 있어야 한다는 묘한 부담감을 주는 곳이다. 습관이 무서운지 혼자 가거나 서로를 잘 아는 동료들과 같이 갈 때도 신경이 쓰인다. 그런데 인도로 무작정 오기는 했지만 사실 인도사나 인도문명에 대해서는 아는 것이 별로 없어서 흥분과 두려움이 교차한다.

아니나 다를까, 이런 말을 하면 창피하지만 초장부터 인디아나 존스 영화에서나 봤던 형태의 신상들이 늘어선 것을 보자 주눅이 들었다. 이때는 힌두교 신의 이름과 명세도 잘 모르던 판이라 그럭저럭 눈으로 훑으며 지나쳐 가다가 와신상을 만났다.

누군지는 모르겠지만 팔이 넷인 신이 푹신한 자리에 누워 휴식을 즐기고 있다. 그 모습을 보니 당장 와불이 떠올랐다. 나는 불교사는 잘 모르지만 귀동냥으로 우리나라에는 와불이 별로 없다는 이야기는 여러 번 들었다. 왜 없을까? 와불이란 뭔가 궁금했는데, 중국에 가서 와불을 보고는 조금 놀랐다. 박물관에 있는 와불상들은 근엄하다기보다는 요염한 것이 많았다. 어떤 것은 이게 불상인지 미인상인지 헷갈릴 정도였다. 의문이 더

커져 갔다. 그런데 여기 박물관에서 이 와신상을 보니 퍼뜩 어떤 깨달음 같은 것이 떠올랐다. 힌두교의 신, 어쩌면 문명 초기의 신들은 우리가 아는 근엄하고 인간의 욕구를 초월한 그런 신이 아닐지도 모른다.

우리에게 익숙한 인간다운 신은 그리스 신화 속의 신들이다. 올림포스 산에서 신들은 불멸의 생을 주는 음식 암브로시아와 넥타르를 먹고 마시며 향연과 연애질로 나날을 보낸다. 인간다운 신들의 모습에 현대인들은 매력을 느끼고, 휴머니즘적인 신화라고 한다. 그러나 이 인간다움을 휴머니즘으로 해석한 것은 현대인들의 아전인수다.

인류사회 초기는 가난하고 험하고 힘든 세상이었다. 그런 세상에서 잘 먹고 편안한 곳에서 오수를 즐기고, 예쁜 여자나 찾아다닌다는 것 자체가 극소수의 인간, 신적인 존재에게나 허용되는 차별적인 부러움이자 고귀함의 상징이었다. 더 편하고 더 안락할수록 더 고귀한 존재가 된다. 인구도 적고 교류도 적던 시절, 보통 사모하는 여인이라야 동네 아가씨밖에 없던 시절, 제우스와 아폴로가 하는 일이란 하늘을 나르며 전 세계의 미녀들을 찾아다니는 것이다. 이 시대라고 저들의 편안함이 우리의 피와 땀에서 온 것이라 분노하는 계급의식 충만한 사람이 없지 않았겠지만, 보편적으로 훨씬 빈곤하고 부자도 적었던 고대사회일수록 극소수만이 누리

시바 신을 묘사한 부조

는 특별한 부와 삶은 분노보다는 부러움과 존경심을 더 낳았던 것 같다. 올림포스 이야기도 그렇고, 힌두교의 신상들이 그 증거다.

다음에 본 부조가 이런 생각에 더욱 확신을 주었다. 인도에서 가장 인기 있고 많이 받들어지는 시바 신을 묘사한 부조인데, 그가 앉은 단상을 사람들이 힘들게 떠받치고 있다. 그의 양쪽에는 갈비뼈가 드러나도록 비쩍 마른 사람들이 구걸하듯 서 있다. 비슷한 포맷의 부조가 더 있는데, 이 시바 신상은 사람들이 우유목욕을 시키고 먹을 것을 바치고 오직 잘 모시는 것이 전부다.

이 장면이 힌두교 경전인 《베다》나 신화 내용을 묘사한 것일 수도 있다. 그러나 그런 스토리 여부를 떠나서 내 머리 속에 떠오른 것은 비슷한 구조의 불교 그림이나 조각들이다. 중국이나 우리나라에서 무수히 보았던 포맷인, 가운데 부처나 보살이 있고 그 발 밑에는 기도하는 민중이나 지옥에 떨어진 악당이 있다. 그리고 하늘에는 좌우에 합장을 한 천녀나 비천상이 있다. 구성원과 배역만 바뀌었을 뿐, 기본적인 구조는 같다.

시바 신의 부조는 세속적인 권력과 부와 신분을 그대로 묘사한다. 백성은 높은 사람을 받들고, 갈비뼈가 앙상한 가난한 사람들은 구걸하고 고통을 겪는다. 그래도 신을 받들고 있는 사람들은 그 정도는 아니다. 신은 존경받고 영화로운 자로 당연스럽게 지상에 군림한다. 그러니까 신이고 이런 존재다.

초기에는 이렇게 인간적인 너무나 인간적이어서 고귀한 놈팽이었던 신들이 종교적 각성이 들어가면 아래에 있는 사람은 기도하는 백성이거나 죄를 지어 무거운 신상을 받들고 있는 악인으로 바뀐다. 신과 인간의 관계가 무조건적 지배가 아니라 예배와 신앙, 죄와 벌을 매개로 하는 종교적인 관계로 바뀐 것이다. 선인과 악인이 나뉘고, 신자와 불신자가 나뉜다. 신은 인간에게 도덕적 각성과 수행을 요구하고 인간은 신에게 인간 세상에서는 불가능한 정의와 심판, 자비와 구원을 요청하게 된다. 굶주리는 세상을 표현하던 빈민의 자리에는 악기를 연주하는 천사나 천녀, 동자들이 들어서서 내세나 피안, 궁극적 영광을 상징한다.

이런 변화는 중국까지 갈 것 없이 시바 신상에서도 발생하고 있다. 신이 너무 속물적이어서 되겠는가, 적어도 신이라면 다음 세상까지 아우르고 뭔가 초월적이고 신비로운 면모가 있어야 한다. 그러나 위에서 말한 종교적 변화는 불교나 되어서야 가능하다. 힌두의 신들은 약간의 변화를 주었을 뿐 여전히 세속적인 면모를 버리지 않는다. 심지어 인도에서는 불교도 이런 세속적 이미지를 완전히 버리지 못했다.

선악을 판별하고, 사제와 신도들에게 정의나 수련, 내면의 변화를 요구하기보다는 그들은 여전히 남다른 부와 기쁨을 누리는 고귀한 존재고, 공포의 창조자며, 전쟁의 신이다. 인간들이 현실에서 더 험악한 꼴을 당하지 않고, 이 상태로 살아가기 위해서는 잘 모시고 받들어야 하는 신이다.

힌두교 신들의 서열과 인기도 독특하다. 어느 나라나 수위의 자리는 제우스나 아폴로처럼 하늘과 창조의 신이나 태양신이 차지한다. 힌두교에서는 창조의 신으로 브라하마가 있고, 태양신 수리야도 있다. 수리야는 카주라호에 따로 모신 사원이 있을 정도로 형식적 비중은 높다. 그러나 수리야 신앙은 거의 없다. 가장 많이 받드는 신은 정반대인 파괴와 공포의 신인 시바다. 시바 못지않는 인기를 누리는 그의 부인 칼리는 죽음의 신이며 파괴의 신이다. 그녀가 제일 좋아하는 제물은 피다. 그녀는 산제물을 요구하며, 피를 바치지 않으면 전쟁도 불사한다. 그래서 지금도 그녀를 위해 짐승을 도살해서 피를 뿌리는 의식이 진행되는 곳도 있다.

시바와 대칭되는 비슈누는 창조의 신이고 평화의 신이며, 수많은 분신을 가지고 있어 필요할 때마다 나타나 세상을 구하는 신이다. 석가모니도 비슈누의 화신으로 이해하기도 한다. 이처럼 훌륭한 신이고 최고의 신이지만, 시바의 인기에는 당하지 못한다. 결국 비슈누는 반성을 하고 시바의 아들, 전쟁의 신으로 변신했다.

왜 힌두교에서는 이런 무시무시한 신들이 인기일까? 파괴는 역설적으로 도전과 창조를 의미한다는 해석도 있다. 바쁘고 변화무쌍한 삶을 살아야 하는 현대인에게는 꽤 맘에 와 닿는 얘기지만 인도인의 삶을 보면 아무래도 그런 것 같지는 않다. 아니면 부조리하고 복잡한 세상 꽉 둘러엎고 싶다는 의미일까? 그랬다면 예전에 박해를 받아서 게릴라와 반동분자의 신이 되었을 거다.

마지막으로 유력한 추정이 공포다. 인간의 원초적 소망은 생존하고, 전쟁과 파괴 같은 극한의 재난을 겪지 않고 살아보는 것이다. 개똥밭에 굴러도 현세가 낫다고, 부와 출세, 이상의 실현 같은 가치는 일단 그 다음 문제다. 생존의 소망이 링가로, 재난에 대한 두려움이 시바로 표현된 것이 아닐까? 시바는 3천 년간 잠을 자고, 악독한 부인은 그를 깨우려고 열심히 춤을 추고 있다. 그가 깨어나면 대파괴가 일어난다. 시바를 계속 재우려면 시바와 부인을 잘 섬기는 수밖에 없고, 전쟁이 벌어지면 이기는 수밖에 없다. 이것이 시바와 칼리, 시바의 아들이자 전쟁의 신인 비슈누가 만들어 내는 조합이다.

인도의 힌두 사원과 불교 사원에는 유달리 전쟁 장면과 야한 장면이 많다. 그런 조각이야 들어갈 수도 있는 일이지만 그게 유달리 많고 너무 보편적이다. 둘 다 남자들이 좋아하는 모티프라 남성우위 사회의 산물일까? 아니다. 인도의 종교와 신이 현실의 욕망과 현세의 공포에 의존하고 있기 때문이 아닐까? 카주라호 사원만 봐도 신들은 연회를 즐기거나 미녀와 놀고 있지만, 현세는 전쟁과 약탈이 자행되고 승자와 높은 자는 연회를 즐기고

가네샤 왼쪽은 카주라호 사원 벽의 가네샤, 오른쪽은 뭄바이의 어느 아파트 벽에 그려진 가네샤

약한 자와 없는 자는 고통을 겪고 있는 장면으로 가득 차 있다.

물론 인간의 마음에는 더 험한 꼴을 당하지 않아야 한다는 두려움 못지 않게 성장 욕구도 있다. 그 중에서도 제일 중요한 욕구가 부와 건강이다. 힌두교는 많은 신들이 있어서 이런 욕구를 채워주지만 건강, 의료의 신은 의외로 눈에 잘 띄지 않았다. 하지만 부와 재물의 신은 시바 다음으로 자주 눈에 띈다. 그가 가네샤다. 그의 상징은 코끼리여서 코끼리 얼굴에 배가 불룩한 모습으로 자주 묘사된다.

힌두의 신들은 이처럼 도덕적 차별성보다는 잘난 인간의 로망으로 존경받기 때문에 그들 옆에는 항상 미녀가 있다. 부와 권력, 미녀는 어느 세계에서나 한 세트지만, 인도는 이 조합에 대해 정말 노골적이다. 시비와 칼리는 부부관계로 설정되어 있으니 봐 준다고 해도, 신들은 홀로 있는 법이 없다. 대부분 비키니 차림의 여인을 끼고 있다. 그것도 부부처럼 옆에 둔 포즈는 양반이다. 좌우나 주위에 죽 포진시켜 놓기도 하고 영화 〈스타워즈〉의 한 장면이 생각나는, 야수와 미녀 포맷으로 품에 끼고 있기도 하다. 손의 위치를 보면 속칭 말하는 나쁜 손도 곧잘 보인다. 인도는 성차별이 세계적으로 심한 나라고 성추행과 포르노 제작에서도 세계적인 상

품에 미녀를 끼고 있는 신상 왼쪽은 나라시마, 오른쪽은 이 구도를 그대로 적용한 네팔의 불상(뭄바이 웨일즈 박물관)

위의 자리를 차지한 것도 이런 문화의 영향과 관련이 있는 걸까?

재미난 것은 이처럼 원초적으로 조성된 힌두교 조각들이 불교 조각에 그대로 차용된다는 사실이다. 다만 분위기와 의미가 완전히 종교적인 것으로 바뀐다.

인도불교의 상징과 기원

이번 인도 답사의 최대 성과는 불상, 불교조각, 불화에 나타나는 상징과 기호들의 근원을 알게 되었다는 것이다. 불교의 상징이 힌두교에서 왔다는 사실은 어렴풋이 알고 있었지만, 이정도로 많고 또 직접적으로 연결되어 있다는 사실은 처음 알았다.

힌두의 신과 여인의 상은 불교로 가면 부처와 보살, 혹은 부처와 부처

아잔타 와불 평안한 미소를 보여준다.

의 관계로 바뀐다. 앞에서도 언급했지만, 시바 신을 둘러싼 세계관은 불교로 오면 완전히 종교적 세계관으로 바뀐다. 인도불교에서도 그 변화가 보이지만, 중국으로 오면 철학적·종교적 요소가 더 분명하게 강조된다.

세속적 편안함을 드러내던 힌두교 와신상을 아잔타 27굴의 와불과 비교해 보면 와불에서는 쿠션까지 조각해넣은 장식물이 사라지고, 오직 편안한 미소만 남겼다. 몸의 편안함을 정신적 편안함으로 바꾼 것이다.

부처의 미소는 향락적 고귀함 대신 정신적 기쁨, 사색과 깨달음, 해탈을 통한 기쁨과 편안함을 전달한다. 그런데 이 눕는다는 자세가 의미하는 바가, 실제로는 완전히 눕는 것이 아니라 비스듬히 기대고 눕는 것이지만, 기후와 환경에 따라 의미 차이가 큰 것 같다. 인도나 중동같이 무더운 곳에서는 이렇게 몸을 기대고 쉬는 것이 우리가 소파에 앉는 정도의 자세로 이해되는 것 같다. 중동지역은 무덥기도 하지만 파오 생활을 하는 유목민들의 경우 의자나 탁자를 가지고 다니기 불편하므로 손님을 맞아 대화를 나누거나 식사를 할 때 몸을 눕히는 것이 일반화되었다.

그러나 우리나라나 중국, 기타 많은 국가에서는 누워서 먹는 것은 소화에 좋지 않고, 다른 사람에게는 주인과 노비관계에서나 가능한 무례한 자세로 인식된다. 그러다 보니 이런 지역에서는 와불이 크게 성행하지 않거나, 소승불교의 영향을 받는 쪽에서는 차라리 힌두적 전통으로 돌아가 뭔가 요염한 자세로 사용된 게 아닌가 싶다. 특히 우리나라에서는 이 자세가 받아들여지기 힘들었던 모양이다. 그러고 보니 우리나라의 대표적인 불상이 반가사유상이라는 말이 떠오른다. 반가사유상 역시 부처의 깨달음을 모티프로 한 것인데, 우리나라에서 특별히 많이 제작되고 인기가 높다. 이건 제멋대로의 추측이지만, 혹시 그 이유가 와불이 지닌 정신적 만족감과 깨달음의 상태를 누운 자세로는 표현할 수 없어서 앉은 자세로 대체하면서 반가사유상이 발달한 것은 아닐까?

불교에서 다면불은 늘 사방을 살피고, 그야말로 온갖 고통에 시달리는 백성을 구제하기 위해 다양한 모습으로 변신해서 도와준다는 메시지를 지니고 있다. 천수관음의 천 개의 손은, 손바닥에 하나 하나 눈이 있어서 모든 사람의 괴로움을 보고, 그 손으로 사람들을 구제하기 위해서 필요하다. 이런 의미의 부처는 대단히 이타적인 존재다. 그런데 힌두교에서 신의 얼굴이 여러 개가 되는 것은 다신교적 요소 때문이다. 시바 일가의 가족 구성이나 여러 신들의 기능은 지역과 시대에 따라 많이 다르다. 여러 지역과 다양한 조건에서 받들던 신들이 모이기 때문이다. 그리스 신화에서도 이것이 문제가 돼서 복잡한 신들의 계보를 가족관계로 새로 정리했다. 그것이 헤시오도스의《신통기》다.

인도에서는 가족관계에 더해서 화신이라는 개념을 적용했다. 그래서 하나의 신이 여러 신이 되고, 여러 기능을 담게 되고, 여러 개의 얼

카일라사 사원의 천수상

굴이 된다. 여러 개의 팔도 신의 다기능을 표현하는 수단이다. 그런데 엘로라의 카일라사 사원에 새겨진 시바 신의 문어발 같은 팔을 보면 또 다른 이유가 있다. 일단 자신의 능력을 표현하는 상징이 삼지창, 딸랑이, 나팔 등 여러 개다 보니 그것을 다 들어야 한다. 공포의 신으로 군림하려니 칼도 뽑아 휘둘러야 한다. 그뿐인가, 특별한 날이 아닌 이상 하루종일 문간에 멍하니 앉아 있거나 친구들과 어슬렁거리기나 하는 평민들과 달리 고귀한 분들은 할 일이 많다. 술도 한 잔 하셔야 하고, 부인 손도 잡고, 시녀도 어루만지고 쓰다듬어 줘야 한다. 그것이 신의 권위고 능력의 과시다.

힌두의 신들을 비난하지 말자. 실은 우리도 그렇게 산다. 배지, 반지, 목걸이, 옷, 핸드폰, 신발, 자동차, 골든카드, 회원권 등 우리도 수십 개나 되는 심볼을 팔 대신에 붙이고 산다. 시바 신도 현대에 태어났다면 혹등소를 롤스로이스나 페라리로 바꾸고, 괴물처럼 보이는 천 개의 팔 대신에 마크 달린 명품으로 자신을 표현하고 싶어할 것이다.

문화의 힘은 다양성과 복합에서 온다. 우리 사회는 아직도 외국문화가 들어오면 문화파괴자라고 하고 전통문화가 무조건 좋은 것이며, 전통문화는 무조건 사수해야 한다는 생각이 너무 뿌리 깊게 퍼져 있다. 그러나 우리가 알고 있는 전통문화도 특히 그것이 자랑스러운 것일수록 이미 복합된 결과인 경우가 많다. 김치만 해도 고춧가루가 들어간 빨간 김치는 고추가 들어온 17세기 후반 이후에나 탄생한 것이다. 그런데도 한국 사람은 고추를 먹어야 힘이 난다고 하며 당연시하고, 치즈나 피자를 먹어야 힘이 난다고 하면 너는 어느 나라 사람이냐고 손가락질 한다.

우리 역사에서 불교는 다양한 문화의 복합과 전달에 크게 기여했다. 일단 본거지인 인도의 불교문화가 동서문화 융합의 산물이다. 불교의 상징이 힌두교에서만 온 것은 아니다. 고대로부터 근대까지 인도의 건축물에는 그리스식 원주가 사용되고 있지만, 불교에서도 의외로 그리스의 영향이 크다.

삼국시대의 불상이 간다라 미술의 영향을 받았다는 것은 교과서에도

배가 나온 인도인 체형의 불상 엘로라 32굴. 오른쪽은 서울의 도선사에 있는 포대화상이다.

기재된 익히 알려진 사실이다. 그런데 인도에서 보니 불상의 얼굴이 다양하기는 하지만, 전체적으로 보면 얼굴은 그리스나 중앙 아시아 계통의 모습을 도입하고, 몸은 인도인의 것이다.

처음에는 그걸 몰랐는데, 인도에 며칠 있다 보니 인도의 음식과 더위로 인한 운동부족으로 인도인 상당수가 배가 나온다는 사실을 알게 되었다. 그리고 마지막 날 델리 박물관의 간다라 불상 전시실에 갔다가 목이 없는 등신불을 보게 되었다. 그래도 이 전신상은 비교적 배가 적게 나오고 홀쭉한 편이었지만, 허리띠 위로 슬쩍 늘어진 뱃살과 짧은 몸체는 식스팩이 완연하고 8등신을 자랑하는 그리스의 신상과는 확실히 구분되었다.

그제야 지금까지 수없이 보았던 배 나온 불상(포대화상)의 의미를 깨달았다. 이때까지는 그저 힌두교의 영향으로 편안함과 부유함의 상징으로 배가 불룩한 것이라고만 생각했었다.

다만 왜 하필 외국인 얼굴에 인도인 몸이라는 조합이 인기를 끌었는지는 모르겠다. 그런데 힌두의 신이나 그리스의 신이라면 자신들과 똑같은 모습이거나 차라리 전혀 이질적인 모습이어야 할 거다. 인간과 똑같은 욕망을 공유한 존재이거나 아니면 공포스러운 존재이어야 하기 때문이다.

그러나 진짜 종교가 된 불교로 오면 신은 나와 같은 모습이기도 하고, 다른 모습이기도 한 이중적인 모습이 되어야 한다. 신은 태생적으로 이중적일 수밖에 없는 운명을 지녔다. 다양한 인간세상을 포괄해야 하기 때문에 다면불이 아니라도 다양한 개성과 능력을 지녀야 한다. 자비롭기만 하거나 광포하기만 해서도 안 된다. 죄인을 무한히 용서하는 자비로움도 있어야 하고, 악인을 처벌하고 잘못을 바로 단죄하는 단호함도 있어야 한다. 좀 치사하게 말하면 내 잘못은 계속 용서해야 하고, 원수가 죄를 지으면 바로 처단해야 인간들은 정의로운 신이라고 인정한다. 슬픈 자를 위로할 때는 부모형제나 부부처럼 아주 인간적이어야 하고, 좌절하고 못난 나를 일으켜 세우거나 나의 소원을 맡길 때는 인간의 한계를 넘어서는 전능한 초월자여야 신뢰가 간다. 그렇게 이국적 이미지와 토속적 이미지가 복합되면서 외국인 얼굴에 인도인 몸이라는 등식이 성립한 듯하다.

인도 자체가 하얀 피부색의 아리안족과 검은 드라비다족의 혼합체여서 어느 쪽의 모습을 일방적으로 강요할 수 없었던 것이 원인일 수 있다. 가끔 검은 피부의 붓다처럼 현지인 모습을 한, 현대 종교학적 용어로 세속화·토착화를 실현한 불상도 있지만, 이런 불상의 역할은 제한적이다. 신은 초월적이고 탈세속적인 이미지를 포기할 수 없다.

모든 불상 중에서 그리스의 영향이 제일 강한 것은 사찰을 수호하는 금강역사 혹은 인왕상이다. 이 근육질 남성의 오리지널 모델이 헤라클레스라는 주장이 있다. 동서고금을 막론하고 남성미 넘치는 액션 영웅은 고정 팬이 있는 것 같다. 금강역사가 헤라클레스에서 기원한 것이 아니라도 헤라클레스가 차용되거나 결합한 것은 분명한 듯하다. 헤라클레스를 나타내는 상징물이 머리부터 뒤집어 쓰는 사자가죽이다. 헤라클레스의 첫 번째 모험에 등장하는 이 사자는 칼과 창이 들어가지 않는 가죽을 지녔다. 헤라클레스는 사자를 목졸라 죽이고, 사자의 발톱을 뽑아 가죽을 벗긴 뒤 자신의 갑옷으로 사용했다.

이 이야기는 역사적 근거가 있다.《플루타크 영웅전》에 의하면 헤라클레스는 스파르타 왕국의 건설자다. 실제로 스파르타는 도리아 족이 이주해 와서 정복한 나라이기 때문에 진짜 헤라클레스의 후손은 스파르타가 아니고 그들의 농노로 살았던 펠레폰네소스의 원주민인데, 이 매력적인 영웅이 마음에 들었던 도리아인들은 자신들이 헤라클레스의 후손이라고 우겼다. 좌우간 헤라클레스는 일종의 해결사이자 용병으로 힘을 키웠는데, 초창기의 주 사업이 농사를 해치는 맹수를 잡거나 강도를 소탕하는 것이었다. 네메아에서 그는 보기 드물게 큰 사자를 잡았다. 그리고 자신의 힘과 능력을 과시하기 위해 이 사자가죽을 메거나 장대에 달고 돌아다녔다. 헤라클레스의 전설에서는 그 사자가 불사의 사자로 바뀐 것이다.

헤라클레스를 계승한 인왕상은 이 사자가죽 모티프를 머리에 얹고 있다. 사자 갈기는 곱슬머리로 바뀌어 표현되었다. 비싼 퍼머처럼 그건 오히려 시각적으로 좋은 효과를 주어서 다른 신상에도 차용되기도 했다. 그러나 곤란한 것이 머리 위에 있는 사자의 얼굴이었다. 사자가 아닌 호랑이 투구로 대체되기도 하고, 머리에 쓰는 관으로 바뀌기도 한다. 하지만 인도에

(좌)엘리펀트 섬의 인왕상 머리 부분 사자 머리는 아니지만 머리에 곱슬머리 가발을 뒤집어쓴 듯한 조각이 되었다. 사자 머리가 변형된 형태가 아닐까.

(우)중국 인왕상 사자 혹은 호랑이 얼굴 모양의 투구를 쓰고 있다. 상해 박물관

2부 인도인이 사는 법

서 인왕상들을 주의 깊게 보면 사자머리 모양을 얼버무리려니 머리의 관이 필요 이상으로 크고 높아지고, 관인지 머리장식인지 형태가 분명치 않게 선이 어질러진 디자인을 많이 볼 수 있다. 나중에는 머리의 관에 또 하나의 인왕상이나 불상 같은 것을 새겨넣기도 했다.

헤라클레스가 네메아의 사자보다도 훨씬 죽이기 힘들었던 괴물인 히드라도 인도에서 부활했다. 이 역시 헤라클레스처럼 히드라 이야기가 인도에 와서 변형된 것인지, 원래 인도에 있던 뱀과 관련된 신화에 히드라 상이 차용된 것인지, 히드라와 무관한 인도의 독창인지는 명확하지 않다. 그러나 비록 추정이긴 하지만, 형체로 보면 히드라가 연상되는 건 어쩔 수 없다. 확증은 없지만 편의상 이것을 히드라 상이라고 한다. 인도에서 이 히드라 상은 악당이 아니라 선한 편이 되었다. 여러 조각에서 보이는 뱀의 이미지는 대개 좋은 의미다. 놀라운 사실은 히드라가 부처의 광배로도 사용된다. 위에서 본 와불상도 히드라 광

경주 장항리사지 오층석탑의 금강역사상 헤라클레스의 모습을 연상시킨다.

히드라 상 광배 뭄바이 웨일즈 박물관의 불상(좌)과 아잔타 석굴 불상(우)

캄보디아 앙코르와트에 있는 히드라 상 연못을 바라보고 있다.

배를 달고 있는데 엘로라, 아잔타, 그 외 많은 곳에서 이 히드라 광배를 의외로 많이 발견했다. 그건 정말 우리를 놀래킨 발견이었는데, 광배 자리에 히드라가 있으니 보디가드 같은 느낌이 든다.

캄보디아의 앙코르와트에서도 히드라 상을 많이 볼 수 있다. 다만 캄보디아로 오면서 히드라의 기능이 변한다. 캄보디아는 인도와 또 다르게 아주 습한 지역이라 사찰의 앞은 거의가 습지나 연못이다. 사원 안쪽까지 물이 차기도 한다. 그 물은 냉방 효과도 주지만 가끔은 위험하기도 하다. 그래서 물에는 뭔가 악한 것이 살고, 그것이 튀어나오지 못하도록 막는 것이 히드라의 새로운 임무가 되었다. 그래서인지 캄보디아의 히드라는 곳곳에서 집을 지키는 개처럼 연못을 노려보고 있다. 뱀은 원래 예민한 동물인데, 머리가 아홉 개나 되니 작은 기척도 놓칠 리가 없을 것 같다. 광배보다는 이 역할이 훨씬 어울리는 것 같다.

경주의 신라왕릉에서 가장 독창적인 조각이 머리는 동물이고 몸은 인간인 십이지신상이다. 이 모티프도 인도에서 왔을 가능성이 있다. 웨일즈 박물관 복도에서 시바를 상징하는 듯한 소머리를 한 신상을 보자 이 생각이 들었다. 힌두의 신들은 이래저래 변신을 많이 하는데, 각자 동물하고도 인연을 맺는다. 비슈누는 멧돼지의 화신이라고 하고, 가네샤는 코끼리다. 그래서 멧돼지 얼굴에 갑옷을 입은 장수상이나 배 나온 코끼리상이 만들어졌다.

　물론 이것은 상상 차원의 추정이다. 여러 나라의 문화를 비교할 때 비슷하고 유사한 것이 있다고 해서 그곳에서 왔다고 섣불리 단정해서는 안 된다. 인간의 생각이란 비슷비슷해서 동시다발적으로 발생할 수 있는 아이디어도 많다. 십이지신상은 인도와 무관한 독창일 수도 있다. 그러나 상상이나 추정이라도 엮어볼 만한 가치는 있다. 고대세계는 의외로 민족 이동도 잦고, 타국의 문화에 대해 우리보다도 더 자유롭고 개방적이기도 했다.

|임용한|

힌두교 3대신

인더스강이라 알려진 신두(Sindhu, 大河)를 페르시아인이 힌두(Hindu)로 발음하면서 힌두교의 명칭이 되었다. 기원전 1500년 전 아리안족의 침입으로 베다(Veda)의 신성성과 카스트 제도를 중심으로 한 바라문교가 중심문화가 되었다. 이후 새롭게 발생한 자이나교와 불교까지 수용하면서 힌두 신화가 종교화되어 브라(흐)마, 비슈누, 시바가 등장하였다. 이 과정에서 인도의 2대 서사시인 코살라의 왕자 라마 이야기 〈라마야나(Ramayana)〉와 바라타족의 전쟁서사시인 〈마하바라타(Mahabharata)〉가 중요한 역할을 하였다.

주신	브라흐마 Brahma (창조)	비슈누 Vishnu (유지와 보존)	시바 Shiva (파괴와 재생)
이칭	스스로 태어난 자 Svayambh 황금알 Hiranyagarbha 조상들의 위대한 아버지 Pitamaha 모든 것을 낳는 자 Dhata 알에서 태어난 자 Andaja 스스로 존재하는 자 Atmabhu 희생제의 제주 Paramesthi 세계의 신 Lokesha 사비트리의 남편 Savitripati 최초의 시인 Adikavi	수다나의 파괴자 Madhusudana 카이타바의 정복자 Kaitabhajit 천국의 주인 Vaikunthanath 감로의 전달자 Madhava 스스로 존재하는 자 Svayambhu 구세주 Janarddana 세상의 보호자 Visvamvara 구세주 Hari 무한자 Ananta 끈에 묶인 자 Oamodara 전달자 또는 인도자 Mukunda 초월적 존재 또는 정신 Purusottama 희생제의 주인 Yajnesvara	마하데브 Mahadev 샹카르 Shankar 사나운 맹수의 신 Pasupati 위대한 신 Mahesvara 영광스러운 신 Isvara 머리에 반달을 쓴 자 Chandrasekara 도깨비들의 지배자 Bhutesvara 죽음을 정복한 자 Mrtunjaya 카마데바의 파괴자 Smarahara 머리에서 갠지스가 흘러내리는 자 Gangadhara 영원한 자 Sthanu 공기를 걸친 자 Digambara(벌거벗은 자) 주 Bhagavat 지배자 Isana 거대한 시간 Mahakala 세 개의 눈을 소유한 자 Tryambaka
베다	모든 것의 달성 Vishvakarman 생물의 주 Prajapati	태양의 신 Surya Narayana	폭풍우의 신 Rudra 삼지창, 목에 두른 코브라
가족 (화신)	인간의 조상 마누 Manu (Svayambhuva, Viraj)	①물고기 마쓰야 Matsya(대홍수 때 마누 구원) ②거북이 쿠르마 Kurma ③멧돼지 바라하 Varaha(바다밑 육지 가져옴-지모신 부미) ④반인반사자 나라심하 Narasimha ⑤도끼 가진 파라슈라마 Parashrama ⑥발라라마 Balarama ⑦어진 군주 람 Ram+시타 Sita ⑧크리슈나 Krishna+라다 Radha ⑨붓다 ⑩우주해체 시 나타날 칼키 Kalki	①가네샤 Ganeśa(학업&상업신). 쥐(Gajamuka)를 탐. 네 개의 팔(조개껍질, 원반, 곤봉, 수련꽃), 별칭은 성천(聖天), 관희천(観喜天), 가나파티(Ganapati), 비흐네슈바라(Vighneśvara) ②스칸다 Skanda(전쟁신, 장남). 공작을 탐. 활과 신의 창 Vel. 6개의 머리. 악마 타라카 토벌. 별칭은 수브라마니아(Subrahmatya), 카르티케아(Kārttikeya), 쿠마라(Kumāra), 무루간(Murugan, 타밀족 주신)

상키아 (Samkhya) 철학-존재 요소	활동적 요소인 라자스 Rajas	순수, 청정, 자비, 빛의 영역-사트바Sattva	게으름, 무게, 지구, 물질 포괄-타마스(Tamas)
모습	4머리 (4베다, 4유가(시대), 4카스트) 2다리 4팔 (꽃병, 활, 염주-막대기, 리그베다) 수염 가진 어른 뱀 아난타 위에 누운 비슈누 배꼽에서 핀 연꽃에서 탄생	4팔 (고동-5요소의 근원, 원반-무기(자신의 법을 상징하는 원반을 던져 인간의 영혼을 윤회와 세속의 충동으로부터 해방, 가젠드라(코끼리 이름) 모크샤(해탈), 철퇴-지식, 연꽃-정결)	고행, 극기, 요가 담당 관능-돌기둥 렁가Linga 나타라자(춤의 왕), 나테슈바라(무용의 주인), 마하나타(대무용가) 춤의 왕 Shiva Nataraja 4팔 (右上 작은북, 左上 불길, 右下 보호&평화, 左下 해방&구원-길게뻗은 팔-아들 가네샤 코끼리 코 모양)
탈것 (Vahana)	백조 함사 Hamsa(지식과 지혜)	독수리 형상 가루다 Garuda	수소 난디 Nandi
아내	사라스와티 Saraswati(학문과 예술) 사비트리 Savitri 가야트리 Gayatri 사타루파 Satarupa 베다(강의 여신, 정화와 풍요의 기능)	락슈미 Lakshmi(부와 풍요) 슈리 데비 Shri Devi	사티 Sati(브라흐마의 아들인 반신반인 닥샤의 딸, 부친이 시바를 모욕하자 제식의 불길-재탄생) 파르바티 Parvati(가네샤의 어머니) 두르가 Durga(정복할 수 없는 여인)-10팔(무기) 칼리 Kali(죽음과 파괴의 여신)-샥티즘(Shaktism) 주여신 탄트라의 신앙대상, 남쪽을 향한 검은 칼리(DakshnaKali, 50개 머리목걸이, 3눈(과거 현재 미래), 4팔, 누워 있는 시바 위. 두르가가 악마와 싸우면서 크게 분노했을 때 이마에서 나타나 악마를 물리침. 우마 Uma 등
아내의 특징	공작/연꽃 위 우-꽃, 베다(야자잎 책) 좌-염주(진주목걸이), 북-현악기 비나 Vina 베다 시대 강(정화와 풍요)	비를 상징하는 코끼리 연꽃 위 상인들 축제-디왈리 연꽃 위 4팔(연꽃+금화)	최고 여신 마하데비의 부드러운 측면(자애) -시바와 더불어 2팔 -혼자 4/8팔 사자/호랑이 위
비고	6C 후 숭배 약화 인도 사원 1개 라자스탄 푸쉬카르	세상질서이자 정의인 다르마 방어 인류보호(위험시 Avatar 현신)	

부록

인도 여행의 추억

왜 많은 사람들이 인도 여행을 해외여행의 끝이라 할까? 인도를 다녀온 사람들의 생각은 극단적으로 엇갈린다. 인도는 인생에서 꼭 한 번 가 봐야 할 여행지다. 또는 왜 고생스럽게 인도를 갔다 왔는지 모르겠다.

이만큼 여행자의 생각이 엇갈리는 곳도 별로 없는 듯하다. 나는 이번 여행에서 어떤 답을 가지고 오게 될까?

1월 21일 드디어 인도 답사

무엇보다 나는 세계 4대 문명발상지며 불교문화의 뿌리인 인도를 오래 전부터 꼭 한 번 답사하고 싶었다.

기대 반 두려움 반으로 답사길에 나섰다.

언제나 설렘으로 출발했던 보통의 답사 때와 달리 인도 답사는 걱정부터 앞섰다. 왜냐? 인도를 간다고 했더니 먼저 여행했던 선배님들이 여러 가지 걱정을 많이 해주셨다.

음식과 식수가 좋지 않다, 치안이 안전하지 못하다, 숙박시설이 좋지 않고 잠자리가 춥다 등등. 거기에 최근 인도 버스 안에서 일어난 강간 사건, 불안한 치안 등으로 흉흉한 뉴스가 내심 마음에 걸리기도 했다. 괜히 사서 고생을 하는 건 아닌가? 거기에다 출발 당일에는 겨울비까지 추적추적 내리고 있었다.

첫날부터 이런 생각이 기우는 아닌 듯, 비행기는 1시간 반이 넘어도 보딩을 할 기미가 없었다.

2시간 가까이나 연착. 홍콩에서 비행기를 갈아타야 하는데 남은 시간은 단지 10분뿐. 답이 나오지 않는다. 시작부터 마음을 졸이는 상황이다. 그러나 설마 이 많은 사람들을 두고 비행기가 떠나지는 않겠지? 배짱으로 걱정을 달랬다.

비행기에서 내리자마자 우리는 트랜짓 이동통로를 향해 뛰었다. 바빠 죽겠는데 방향마저 E1과 E2로 나뉘어져 있어 우릴 헷갈리게 했다. 겨우 비행기를 갈아타고 순간 스친 생각은 역시 시작부터 인도 스타-일?

9시간 가까운 비행 끝에 뭄바이 공항에 착륙한 시간은 현지시간으로 밤 12시가 지나 있었다. 한국 시간으론 새벽 4시, 집을 떠난 지는 거의 하루가 지났다.

피로에 지친 끝에 공항에 내렸는데 우리를 기다리고 있어야 할 가이드는 아무리 찾아봐도 없다?

모두 환영객들 사이를 몇 차례 돌아보았지만 우리를 맞아줄 사람은 어디에도 보이지 않는다. 여태 숱하게 여행을 다녀도 이런 일은 처음. 이 밤에 가이드를 못 만난다면?

순간 머릿속이 복잡해졌다. 다행히 김태완 선생님이 가이드와 통화가 되었다. 델리에서 오는 비행기가 연착되어 몇 십 분 늦어진다는 소식을 듣고서야 안심이 되었다.

그리고 30여 분 이상을 기다린 끝에 마침내 가이드와 첫 대면.

커다란 덩치에 수염을 길러서인지 약간 오싹했지만 첫인상과는 달리 그는 답사 내내 우리의 친절한 수호천사가 되어주었다.

인도의 호텔 : 우리를 놀라게 한 첫 숙박지

우여곡절 끝에 첫 날 숙박지로 향했다. 한 40여 분을 달려 도착한 숙박지는 그야말로 이곳이 인도 여관임을 실감케 해주는 곳이었다. 도시는 온통 희뿌옇고 주변은 전혀 정돈되어 있지 않은, 우리나라의 60~70년대에나 있었음직한 여인숙 같은 숙박지였다.

여태 여행을 다녔어도 호텔이라고 부르기엔 너무 민망한 이런 여관의

외양은 처음이었다.

그런데 겉보기완 달리 방은 비교적 깨끗했고 트윈 침대까지 놓여 있었다. 천정에는 커다란 날개달린 선풍기가 돌아가고 화장실이 붙어 있었다.

화장실엔 파란 플라스틱통에 바가지가 놓여 있었는데, 이 통에 물을 받아서 샤워를 했다. 어렸을 때 양동이에 물을 받아 목욕하던 생각이 났다. 다음 날 아침식사는 룸서비스(?)라고 가져온 뻣뻣해진 식빵 두 조각에 계란후라이 하나가 전부. 우린 가져간 누룽지를 데워 식사를 했다.

첫날이고 너무 늦은 밤이어서 호텔 사진을 남겨 놓지 못한 것이 천추의 한이다. 나중에 김태완 선생님이 인터넷에서 찾아본 사진은 우리가 보았던 호텔과 너무 다른 모습이었다. 호텔이 처음 완성되었을 때의 사진을 올려놓은 것이거나 포샵을 한 것이거나.

인도 여행은 이렇게 시작됐다.

첫날의 경험으로 아예 눈높이를 푹 낮추어 인도에서의 안락한 여행은 희망사항으로만 남기기로 했다. 앞으로 남은 일정이 열흘 이상이나 되는데도 말이다.

그러나 이후 우리가 머물렀던 숙박지가 모두 그런 수준은 아니었다. 아니 첫날에 비하면 너무 너무 훌륭했다. 어쩌면 첫날의 당혹스러움이 눈높이를 많이 낮춰 놓은 탓일 수도 있다. 어쨌든 첫날의 충격적인 호텔을 제외하면 숙박은 그다지 불편하지 않았다.

인도에도 우다이푸르의 레이크팰리스라든가 부자들의 별장을 개조한 으리으리한 고급 호텔도 많다고 들었지만 우리처럼 평범한 여행객이 머물수 있는 곳은 그저 그만그만한 보통 수준의 호텔이었다. 여행지가 인도임을 염두에 두면 그리 나쁜 편은 아니었다. 델리 근처 구르가온의 호텔 같은 곳은 아주 깔끔하고 현대식이어서 하룻밤 지내기에 손색이 없었다.

호텔은 세면도구는 대체로 갖추고 있었으나 치약과 칫솔은 없었다. 커피포트와 헤어드라이기도 한두 군데를 제외하곤 거의 갖춰두고 있었다. 그러나 라마다 호텔처럼 유명한 호텔도 컵들이 하나같이 짝짝이었고, 어느 호텔에선가는 유리컵이 너무 약해 살짝 부딪힌 것으로도 그냥 깨져 버렸다.

그래도 특별히 인상 깊은 숙박지도 있었는데 자이푸르의 비사우 팰리스(BISSAU PALACE)다. 이곳은 옛 인도 귀족의 저택을 개조한 것이라는데 정원과 실내가 상당히 운치 있었다. 한때 영국 여왕과 다이애나 왕세자비도 머물고 갔다는데, 그들의 방문 사진도 걸려 있었다. 여기에는 오래된 가구들과 무기소품, 장신구 등이 진열되어 있었는데 하나같이 고풍스러운 느낌을 주었다. 그러나 당장 호텔 밖으로 한 발자국만 내딛으면 바로 지저분한 재래시장이 나오는데, 너무도 어수선하고 매연도 심했다. 돼지와 개들은 쓰레기 더미를 헤치며 돌아다니고 근처 상가의 이층 건물에는 원숭이가 사람들과 어울려 살고 있었다. 너무나 대조적인 호텔의 안과 밖이었다.

사실 호텔도 지금은 매우 낡아서 겉보기보다는 불편한 점이 많았다. 전기 콘센트는 방과 화장실에 몇 군데씩 있기는 했지만 대부분 접촉불량이라 쓸 수 있는 건 겨우 두 개뿐이었다. 오래된 나무침대도 그런 대로 운치는 있었지만 딱딱하고 불편했다. 음식도 맛은 별로였지만 그래도 웨이터가 전통 복장을 하고 폼을 잡고 있어서 분위기는 그럭저럭 괜찮았다.

인도의 교통 : 아찔해도 너무 아찔한 로드여행

기차여행

역시 고생은 좀 했지만 이상하게도 기차여행이 가장 기억에 남는다. 좋은 의미에서건 나쁜 의미에서건. 사실 답사를 떠나면서 가장 걱정스러웠던 것이 기차숙박이었다. 첫 경험이기도 했지만 고생스러울 것이라는 둥 지저분하다, 위험하다 등등 들려오는 이야기가 하나같이 살벌했기 때문이다. 그런데 도착 바로 다음 날 기차숙박이라니.

우리는 뭄바이에서 아우랑가바드로 이동할 때와 아잔타 석굴을 보고 부사발에서 보팔로 이동할 때 두 차례에 걸쳐 야간열차에서 숙박을 했다. 우선 역에 접근하면서 놀란 건 수많은 사람들과 짐, 자동차, 릭샤, 자전거, 오토바이에다 거리를 돌아다니는 개와 비둘기 오리 같은 동물들까지 역 앞을 메우고 있어 도무지 정신을 차릴 수가 없었다는 것이다. 이런 전쟁통을 같은 상황에서도 사람들과 차들은 모두 제 갈 길을 찾아 요리조리 빠져나가고 있는 게 묘기를 방불했다.

대합실 안 역시 사람들과 짐들로 빈틈이 없었다. 대합실을 꽉 채운 사람들과 그 많은 사람들 틈에 끼어 잠을 자는 사람, 가족끼리 자리를 펴고 음식을 먹는 사람, 여기저기 쌓여 있는 짐들까지 정말 정신이 없었다.

짐을 끌고 플랫홈으로 들어가 열차를 기다렸다. 그런데 플랫홈에 기차가 들어오자 사람들이 갑자기 뛰기 시작했다. 엄청난 인파가 기차를 향해 달리고 있었다. 순간 우리도 뛰어야 하는 건가? 하는 생각이 들었다.

그러나 가이드가 우린 좌석이 있으니 뛰지 않아도 된다고 안심을 시켰다.

인도기차는 보통 7개의 등급이 있다.

에어컨 시설을 갖춘 특등칸인 1A, 에어컨과 양쪽으로 2층침대가 있는 2A, 에어컨과 양쪽으로 3층침대가 있는 3A, 에어컨이 없고 2층침대가 있는 FC, 에어컨이 있고 의자가 있는 CC, 양쪽으로 3층침대가 있는 L, 나무의자만 있고 좌석번호는 없는 Ⅱ 등 여러 등급의 객실이 끝도 없이 길게 이어져 있다. 기차가 들어올 때 뛰는 사람들은 Ⅱ등급 승객들인데 지정된 좌석이 없기 때문에 좋은 자리를 잡기 위해 뛰는 것이라는 얘기는 후에 들었다.

보통 역의 전광판에는 기차 이름과 번호, 플랫홈 번호가 뜬다. 따라서 자신이 탈 기차번호와 플랫홈을 확인하고 기차가 오면 타면 된다. 그러나 가끔 이게 바뀌는 경우도 있어 현지인에게, 그것도 두 사람 이상에게 물어보고 확인을 해야 한다. 잘못 가르쳐 주는 사람도 적지 않아서란다. 열차가 들어오면 객실 바깥쪽에 그 칸에 승차할 승객명단이 적힌 자그마한 쪽지가 붙어 있는 것도 색달랐다. 승객은 이걸 확인하고 타면 된다.

기차를 탄 후에 명심해야 할 팁 하나

기차가 출발할 때까지 절대로 짐 정리를 하거나 자리에서 이동을 하면 안된다. 반드시 기차가 출발한 후 짐을 정리하라는 주의를 서울에서부터 들었다. 이유는 말하나 마나 도난 때문이다. 짐 정리하느라 우왕좌왕 하는 사이 짐을 잃어버리기 십상이라는 것이다. 일단 도둑이 짐을 들고 열차에서 내려버리면 상황 끝이다. 찾는다는 건 불가능하다. 그래서 우리는 기차가 출발할 때까지 얌전히 자리를 지켰다.

우리가 탄 3A는 에어컨이 있는 3층침대 칸이었다. 3층으로 자리를 정리하고 났는데 그 공간이 대략 60~70cm로 앉을 수도 없고 몸을 뒤척이기도 어려울 정도로 좁았다. 길이도 성인 남자가 다리를 펴면 바깥으로 나올 만큼 짧았다. 높이도 사람이 앉아 있기 어려울 정도였고.

이런 공간에서 잠을 자야 한다니, 집 생각이 나면서 한숨이 나왔다. 그런데 후에 가이드 말로는 그 좁은 공간에서 인도인은 둘이 자기도 한단다. 도저히 불가능할 것 같은데 머리와 다리를 엇갈려 자면 된단다.

우리는 짐을 침대 밑에 모으고 미리 역에서 350루피를 주고 산 쇠줄 두 개를 이용하여 짐들을 한데 묶고 자물쇠를 채운 뒤 잠을 청했다. 그제서야 좀 안심이 되었다. 덜컹거리는 기차에 몸을 뉘고 잠을 청했으나 잠은 잘 오지 않고 시간은 새벽을 향하고 있었다.

두 번째 기차여행

부사발에서 보팔로 가는 길에 이용한 기차여행은 벌써 한 번 경험했다고 좀 여유가 있었다. 지난 번보다 시간적으로도 여유가 있었다. 역내 대합실은 제법 말끔했는데 남녀의 방이 구분되어 있고 정리도 잘 되어 깨끗했다. 그러나 규정이 엄격하게 지켜지는 것 같지는 않았다. 여성대합실에 남자들이 들어가도 제지하는 사람은 없었다. 조금 있더니 청소통을 든 청소원이 들어오더니 짐을 치우란다. 우리는 바닥에 있던 짐을 모두 의자 위에 올려 놓고 잠시 밖에 나와 기다렸다.

청소를 하려면 비어 있을 때 미리 할 것이지 그다지 더럽지도 않은 대합실을 굳이 손님까지 내쫓고 청소를 하는 건가 싶었는데 역시나 청소를 마친 그들이 수고비를 요구했다. 청소는 우리에게 보여주기 위해 적절한 시점(?)에 와서 하는 듯했다. 대합실 청소는 청소원의 임무일 듯한데 손님이 오면 청소를 하고 수고비를 요구하다니. 대합실 내의 화장실을 이용하는 데도 돈을 내란다. 물론 그런 것들이 규정은 아닌 듯하다. 안 주어도 그만인 분위기였으니까 말이다.

기차가 들어왔다. 그런데 우리 가이드가 플랫홈 번호를 확인했음에도 불구하고 우리가 탈 기차는 건너편 홈으로 들어오고 있었다. 건너편 플랫홈은 건널목을 건너야 했는데, 기차가 워낙 여러 객실로 길게 연결되어 있는 까닭에 건널목까지의 거리가 결코 짧지 않았다. 그런데 정차시간은 달랑 5분이다. 트렁크를 끌고 가방을 들고 정신없이 뛰었다. 간신히 기차를 잡아타고 안도의 숨을 내쉬었다.

짜릿한 순간이었다 그런데 웬 5분? 아마 한 20분은 기다려 출발을 했지 싶다. 괜히 뛰었다 싶었지만 정말 기차를 놓치는 줄 알고 기겁을 했다.

지난 번같이 우리 일행은 짐을 묶어 놓고 자리를 정리하는데 이번에는 여섯 자리 가운데 인도인 아저씨가 우리 칸에 한 자리 끼었고 우리 일행 중 한 사람은 맞은편 자리로 배정을 받았다. 기차를 타니 인도인 아저씨는 어디에서 탔는지 이미 잠자리에 들었는데, 우리가 트렁크와 배낭을 자리 밑에 넣고 자리를 정리하느라 야단법석을 떠는데도 천하태평으로 자고 있었다. 진짜 잠들어서인지 잠든 척한 것인지는 모르겠지만 어쨌든 아저씨의 내공은 대단했다.

나는 일행과 떨어져 맞은편 맨 아래칸에 자리를 잡았는데, 얼마나 시간이 지났을까, 화장실이 가고 싶었다. 잠결에 화장실을 다녀오는데 아뿔사, 내 자리를 못 찾겠다. 모두 커튼을 치고 자고 있었기 때문에 그 안에 있는 좌석번호를 확인할 길이 없었다. 좌석번호는 자리 안쪽 창의 위쪽 면에 있었다. 기차에 올라타자마자 짐도 정리하고 자리도 정리하느라 분주하여 내 자리 위치를 꼼꼼히 기억해 두지 않았고 또 잠결에 내 자리가 어디쯤 되는지 확인을 못해 놓았으니 일일이 커튼을 들춰 확인을 해야 할 난감한 상황이었다.

뭐 방법이 없었다. 하나하나 커튼을 살짝 들추며 돌아다닌 끝에 겨우 내 자리를 찾았다. 그새 잠은 확 달아나 뒤척거리다 보니 이미 내릴 시간이 가까워진 것 같았다. 인도에서 슬리퍼를 탈 경우 좌석번호뿐 아니라 자기 자리의 위치도 꼭 확인해 놓으시길 바란다.

이젠 기차에서 내릴 시간.

그런데 인도기차는 정차역을 안내해 주지 않는다. 그러니 당연히 알아서 내려야 한다. 어디가 어딘지 지리를 전혀 모르는 여행객이 깜깜한 새벽녘에 잠에서 깨어 자신이 내릴 역을 알아서 내려야 한다는 것은 무척이나 불안하고도 난감한 일이다. 그러나 우리는 가이드와 동행을 한 참이라 시간이 되자 가이드 님이 깨우러 왔다.

이렇게 두 번에 걸친 야간열차 숙박은 무사히 끝났다.

기차여행은 총 네 번이었는데, 두 번은 낮에 서너 시간씩 좌석열차를 이용한 것이었다. 기차를 타기 위해 짐을 들고 냅다 뛰는 일은 달인까지는 아니라도 좀 익숙해졌다. 또 팁을 주면 짐을 들어주는 사람이 있어 이를 이용하여 좀 편하게 이동하는 방법도 알게 되었다.

이용 방식은 야간 슬리퍼와 별다를 것이 없으나 이번엔 좌석이라는 점이 다르다. 그런데 시간을 아끼려다 보니 식사를 못했다. 궁하면 통한다던가? 여행을 하다 보면 즉시즉시 기발한 해결법이 나온다.

우선 배낭에 넣어 가져온 식량. 라면, 누룽지, 햇반, 고추장, 김, 햄 등 반찬들을 모은다. 여기에 빛나는 공헌을 한 또 하나의 물건이 바로 서울서 준비해 간 조그만 커피포트였다. 기차엔 플러그를 꽂을 콘센트가 있어서 물을 끓여 모든 음식을 맛나게 해치웠다. 커피포트는 가끔 차를 끓이는 데도 한몫 톡톡히 했다.

다음은 버스

기차를 이용한 코스를 제외하고는 모두 9인승 승합차를 이용했다. 차는 도시를 이동할 때마다 대부분 바뀌었는데 낡기는 했지만 짐을 들고 뛰지 않아도 되니 훨씬 편했다. 그런데 차를 타자마자 인도 드라이버들의 경이로운 운전 솜씨에 그만 넋이 나갔다.

인도의 길들은 워낙 도로폭이 좁다 보니 모든 차들이 틈만 있으면 경적을 울리면서 역주행을 한다. 짐작컨대 대부분의 도로가 2차선인 듯하다. 그러나 포장이 되어 있는 도로의 실제 이용폭은 거기에 훨씬 못 미친다. 2차선이 안 되니 역주행을 할 수밖에 없을 것이다.

오 마이 갓! 인도에서 무사히 살아 돌아갈 수 있을까 하는 생각이 스치는 아슬아슬한 순간들이 이어졌다.

그러나 그것도 하루이틀 지나니 예삿일로 보였다. 역주행의 명수 베스트 드라이버를 믿고 잠도 자고 떠들 수도 있게 되었다.

버스를 타고 다니다 보니 인도 차의 또 하나의 특이한 점이 보였다. 도시에선 그렇지 않지만 지방에서는 대부분 차에 사이드미러가 없다. 하나만 달린 것도 있지만 아예 없는 차가 많았다. 이런 황당한 일이? 그럼 옆은 어떻게 보나? 인도 운전자들은 앞만 보고 달리는 건가? 적어도 대부분의 지방도로에서 인도 운전자들은 앞만 보고 가는 듯하다. 도로폭이 좁다 보니 두 차가 나란히 주행할 만한 도로가 별로 없다. 그러니 옆을 볼 필요도 별로 없겠지.

이해는 직접 보고 부딪쳐 봐야 할 수 있다. 우리도 얼마 안 되어 사이드 미러가 없는 차를 더 이상 이상하게 여기지 않게 되었다.

어쨌든 인도의 운전사는 세계적인 베스트 드라이버가 되기에 손색이 없을 듯하다. 역주행을 하면서도 거친 트럭과 오토바이, 자전거, 사람들 심지어는 소떼들까지 요리조리 잘도 피해가며 질주한다. 완전 묘기 대행진이다. 그래도 트럭 같은 차들은 상태가 나빠 가끔 핸들이 듣지 않는 경우도 있다는 가이드님의 말에 등골이 오싹해졌다.

그야말로 오 마이 갓이다!

심각한 도시공해 : 타지마할은 매연에 젖어

꽤 오래 전 페이 더너웨이(Haye Dunaway) 주연의 〈파리는 안개에 젖어〉라는 이름이 꽤 알려진 영화가 있었다. 파리의 음습한 날씨를 배경으로 기억상실증에 걸린 여주인공을 둘러싼 미스테리 영화다. 파리의 겨울 날씨는 비가 잦고 안개가 자주 낀다. 몇 년 전 2월달에 파리에 며칠 머문 적이 있었는데 비가 오지 않아도 날씨가 음습하고 하늘이 부옜다.

그러나 인도 도시의 안개는 이것과는 종류가 다르다. 안개가 아니라 심각한 공해다. 처음 인도에 도착해 인도임을 실감케 한 것 중 하나가 바로 매연이었다. 뭄바이 공항을 나오는데, 밤이기도 했지만 도시가 뿌옇고 연탄 개스 같은 냄새가 심하게 났다.

다음 날 아침 호텔에서 나오니 스모그가 정말 상상 이상이었다. 목은 칼칼하고 코 끝이 찡해 왔다. 뭄바이뿐 아니라 인도의 거의 모든 도시가 그랬다. 수도 뉴델리와 차이푸르 정도가 상대적으로 나은 편이었지만 이런 곳에서 사람이 견디며 살 수 있을까 할 정도로 심각한 수준이었다.

앞으로 열흘 넘게 일정을 소화하려면 내 몸 보전도 한걱정인데 오지랖 넓게 인도인들의 건강까지 걱정이 되었다. 사람은 환경에 적응하게 마련이라지만 이건 적응해서 될 일이 아닌 것 같았다.

특히 그 유명한 타지마할이 있는 아그라의 매연은 정말 살인적이었다. 아침에 호텔을 나오니 매캐한 냄새가 사방에 진동하고 도시는 온통 짙은 안개에 싸여 있는 듯했다.

당연히 타지마할도 매연 속에서 그 멋진 자태를 마음껏 드러내지 못했다.

타지마할이 어떤 곳인가! 무굴 시대의 그 어떤 건축물과도 비교가 되지 않을 곳! 완벽하다 못해 차가울 정도로 도도한 순백의 아름다움, 그 어떤 무굴의 화려한 건축물도 감히 넘보지 못할 기품이 느껴지는 곳이다.

무굴 제국의 샤 자한 왕은 열다섯 번째 아이를 낳다가 죽은 아내 뭄타즈를 위해 세상에서 가장 아름다운 이 무덤을 만들어 주었다. 외국에서 흰 대리석을 수입해 무덤을 만들고 온갖 보석을 박았다. 그리고 이 아름다운 건축물이 세상에서 유일하기를 바랐던 샤 자한은 무덤을 만든 후 장인들의 눈을 뽑아내 버렸다고 한다. 비운의 죽음을 맞았지만 남편의 대단한 사랑 속에서 생을 마감한 뭄타즈에게 부러운 마음이 들었다.

그런데 너무 완벽한 아름다움으로 감히 범접하기도 어려울 여인 같은 타지마할이 먼지를 뒤집어쓰고 아련하게 서 있었다. 목도 아팠지만 마음도 아파오는 것 같았다.

인도정부도 이 문제를 고민하지 않은 건 아니라고 한다. 건물의 훼손을 막기 위해 관람을 금지시키려 했으나 주변 상인들의 반대로 무산되었다고 한다. 관계자들 말로는 이런 상태라면 건물 수명이 200년을 못 넘길 것이라고 했다.

누가 가난을 불편할 뿐이라고 했나? 가난은 불행하다. 인도가 좀 더 부강한 나라였다면 이렇게 아름다운 보물을 매연 속에 방치해 두고 있을까? 혹심한 매연을 뒤집어쓰고 타지마할은 앞으로 얼마나 더 버틸 수 있을까? 타지마할이 없는 아그라는 인도뿐 아니라 세계인 모두에게 불행이다. 심각한 매연을 해결할 방법은 없는 걸까?

음식, 맛있는 난과 달

거리를 다니다 보면 인도에는 뚱뚱한 사람이 의외로 많다. 아이들이나 젊은 사람들은 날씬한데 중년이 되면 많은 사람들이 배가 나온다. 당뇨병도 심각한 문제라고 한다. 채식을 주로 하는 인도에 왜 뚱뚱한 사람이 많지?

인도음식은 일반적으로 달고 느끼하며 향이 강하다. 힌두교와 이슬람교도가 많은 인도인은 육식은 잘 안 하지만 난이나 짜파티 같은 곡물을 많이 먹고 기름에 튀긴 음식이나 단맛이 강한 음식을 즐겨 먹는 결과라고 한다.

인도음식을 다양하게 먹어보지 못했으니 사실 음식에 대해 뭐라고 말하긴 어렵다. 우리 청양고추보다 100배나 맵다는 고추가 든 음식이라든가 강한 향으로 맛을 낸 고유 음식들은 먹어 보지 못했다. 식당에서 나오는 고수가 든 향이 강한 야채버물도 먹을 수가 없었으니 진짜 인도음식다운 건 못 먹어 본 셈이다.

그러나 인도인들이 즐겨먹는다는 난과 짜파티는 입에 맞았다. 밀가루를 납작하게 반죽해서 화덕에 구워낸 것인데 담백한 맛이 일품이다. 둘은 비슷하긴 한데 짜파티보단 난이 좀 더 고급이다. 밀가루 반죽을 얇게 펴서 화덕에 굽거나 튀겨낸 음식들은 총칭해서 로티라고도 부른다. 인도인들은 이것을 카레 요리에 찍어 먹는다.

여러 가지 방식으로 요리하는 카레도 먹을 만하다. 밥도 즐겨 먹는데 카레 등에 볶기도 하고 흰밥을 카레와 함께 먹기도 한다. 쌀은 인디카의 전형적인 종자인 듯 매우 길쭉하고 찰기라곤 찾아볼 수 없다. 접시에 남아 있는 밥알들은 그대로 흩어져버려 숟가락으로 떠먹기보단 쓸어담아 먹어야 할 판이다. 역시 인도인처럼 손으로 먹는 게 편할 듯하다. 그러나 향도 괜찮고 소화가 잘 되어 나쁜 편은 아니었다. 녹두 같은 곡식으로 끓인 죽 비슷한 달과 탄두리 치킨도 모두 여행 내내 힘이 되어준 음식들이다.

인도에서 호텔 음식이나 미리 여행사에서 예약해 놓은 음식점들은 특별히 문제가 없었다. 그러나 예정이 어긋나 우리가 식당을 찾아가야 할 경우는 만만한 식당을 찾기가 매우 어렵다. 보팔로 이동할 때 예정했던 식당이 영업을 하지 않아 기차역 앞에서 식당을 찾았다. 운전기사를 통해 역 앞의 가장 괜찮은 식당이라는 곳을 한 군데 소개받았는데, 이 지저분한 시장통에 도무지 그럴 듯한 식당이 있을 것 같지 않았다. 한참을 물어 물어 헤맨 끝에 무슨무슨 호텔이라고 적힌 간판을 찾아냈는데 거기에 레스토랑이 있다고 했다. 그러나 아무리 봐도 그곳은 호텔이니 레스토랑이니 하는 이름을 붙이기엔 너무 민망스러운 뒷골목의 낡은 창고 같은 건물이었다. 2층에 레스토랑이 있다고 해서 올라가 보니, 침침한 전등빛 아래 함바집 식당 같다는 표현이 딱 어울리는 그런 곳이었다. 음식도 오래 걸리고, 뭘 먹고 나왔는지 기억도 잘 나지 않는다.

열대과일은 기대를 많이 했는데 겨울이어서 그런지 종류가 아주 다양하진 않았다. 역시 가장 흔하고 싼 것은 바나나. 그 외에 파파야도 많았고 석류, 구아바, 포도, 오렌지, 사과, 수박 등이 있었다. 동남아시아쪽 보단 맛이 없고 값도 그다지 싸다고 할 수 없었다. 사과도 우리나라 사과가 훨씬 아삭하고 맛이 있었다. 우리가 어려서 먹던 연두 색깔의 단맛이 강한 인도사과는 찾을 수 없었고, 빨간 사과는 향은 좋았지만 약간 푸석한 느낌이었다.

호텔에서 먹은 토마토, 무 비슷한 야채, 오이 등도 우리나라 것이 훨씬 맛있다. 노지에서 자연적으로 재배한 것이라서 그런지 조금 억세고 단맛도 적었다. 우리 입맛이 온실에서 재배한 부드러운 야채들에 길들여진 탓도 있을 것이다.

옥수수나 완두콩은 맛있었다. 옥수수는 우리나라에서도 해피콘이라는 이름으로 팔리는 것과 같은 종류였는데 달고 부드럽다. 특히 이동중에 콩밭에서 만난 인도인이 건네준 완두콩은 날로 먹어도 달았다. 완숙한 것은 좀 비린내가 났지만 어린 완두콩은 샐러드 식으로 생으로 먹어도 좋을 듯하였다.

아무튼 인도는 자그마치 12억이나 되는 인구가 굶어죽지는 않는다니 먹거리 하나는 축복받은 나라인 것 같다. 나중에 인도음식이 생각날 것 같아 조사해 보니 우리나라에 있는 인도식당에선 난 한 장에 2500~3000 원 정도 한다. 카레 닭요리 같은 것도 꽤 비싼 편이다.

고무줄 같은 인도 물가

인도의 물가는 싸다? 글쎄! 맞는 듯도 하고 아닌 듯도 하다. 사실 우리가 가는 곳이 주로 관광지다 보니 원래의 인도 물가를 알 도리가 없다.

우리 같은 외국인에게는 철저히 이중물가가 적용된다. 타지마할 입장 요금의 경우 인도인은 20루피인데 우리는 250루피다. 거기다 고고학 기금 500루피에 촬영요금까지 더해지면 엄청나다. 대개의 관광지 입장료가 다 그렇다. 그러니 관광객의 입장에서는 인도 물가가 싸다고 할 순 없을 것이다. 물건을 구입하려 해도 외국인이라고 하면 무조건 몇 배씩 올려 부른다.

관광지에 가면 아이들이 코끼리 조각을 들고 쫓아온다. 10불에서 시작하여 시간이 좀 지나면 2개에 10불, 차 탈 때쯤 되면 또 다른 걸 끼워주겠다고 한다. 코끼리 조각 5불은 우리 돈으로 5000원 정도다. 좀 조악하긴 하지만 기념으로 괜찮다 싶어 하나 샀는데 역시 비싸게 준 듯하다. 아잔타에서 산 도록도 12불이 정가였다. 버스앞까지 따라온 상인에게 4불에 샀는데 싼 건지 비싼 건지 감을 잡을 수 없다.

왜냐하면 자이푸르의 바람의 궁전 앞 가게에서 산 스카프는 달랑 1불이었다. 우리 돈으로 천 원 남짓 되는데, 이것도 처음엔 10불에서부터 흥정이 시작되었으니 무려 10배 이상 불렀던 셈이다. 이러니 외국인에게 인도 물가는 오리무중일 수밖에.

여행중에 아그라에 있는 호텔 앞에 꽤 그럴 듯한 쇼핑센터가 하나 있었다. 맥도날드 가게도 있고 상점도 번듯한 현대식이어서 보기 드물게 럭셔리한 곳이었다. 저녁 때 외출하여 사리와 스카프 하나를 건졌는데, 사리가 5만 원 정도고 실크 스카프가 8천 원 정도 했다. 질도 괜찮고 우리나라 물가와 비교하면 괜찮다 싶었다. 그런데 스카프 포장에서 빵 터졌다. 스카프를 신문지에 대강 돌돌 말아서 건네주는 것이다. 나름 인도에선 꽤 고급스런 쇼핑센터인데도 포장이란 개념 자체가 없는 듯했다. 60~70년대 어린 시절에 가게나 정육점에서 물건을 사면 신문지에 대강 둘둘 말아서 주던 생각이 났다. 아무리 그래도 그렇지 고기도 아니고 감자도 아닌 명색이 스카프인데 어찌 이런 일이!

그 실크 스카프는 우리나라 인사동에서 대략 만 오천 원 정도 한다. 얼마 전 인사동에서 이 가격에 구입한 실크 스카프가 웬지 비슷해 보여서 귀가하여 라벨을 확인해 보니 역시나 메이드 인도였다.

시간도 없고 마치 고무줄처럼 10배 이상씩 오르락내리락하는 물건값에 길거리표 물건 사기는 포기하고 필요한 선물은 공항 면세점에서 사자며 일단 쇼핑은 접었다. 그런데 어라? 공항 면세점의 물건값이 엄청났다. 기념품으로 살 만한 물건 종류도 별로 많지 않았을 뿐더러 무엇보다 가격이 장난 아니었다. 우리나라 물가에 비춰 봐도 결코 싸다고 할 수 없는 만만치 않은 가격. 물론 우리 일정엔 쇼핑이 들어 있지도 않았고 시간도 없던 것도 있고 해서 기념품이라도 사려 했던 시도도 실패하고 그냥 초코렛만 몇 개 샀다.

인도에서 물건을 살 때는 꼭 영수증을 챙길 것

엘레판타 섬에 가기 위해 인도의 문 앞에 있는 노점상에서 생수를 샀는데 7병 값을 치르니 영수증을 주었다. 금방 생수를 주지 않아 기다리고 있는데 조금 후에 그들이 영수증을 달란다.

그런데 우리 임 선생님께서 영수증을 금방 어디에 두셨는지 암만 찾아도 안 보였다. 근처 쓰레기통까지 뒤졌지만 소용없었다.

그런데 이 사람들이 금방 앞에서 돈을 받고도 영수증이 없으면 물을 못 주겠다고 버텼다. 억울하지만 결국 다시 돈을 치를 수밖에 없었다. 인도에서는 영수증을 정말 잘 간수해야 한다.

인도어

어느 나라를 여행하든 대개는 여행에 필요한 현지어 몇 마디쯤은 배우게 된다. 숫자라든가 인사, 감사의 말 같은 거 말이다.

인도 여행의 좋은 점은 짧은 영어라도 잘 통한다는 것이다. 물론 인도에는 영어에 능통한 사람이 적지 않지만 관광지에서 우리가 만나는 사람들이 가장 많이 묻는 말은 WHERE ARE FROM? WHAT'S YOUR name 등 간단한 말이고, 물건을 사는 데 필요한 영어 정도면 별로 불편함이 없었다. 물건을 사라고 따라오면서 "WHERE ARE FROM?" 하고 물어 "코리아"라고 답하면 "코리아 이즈 굿 컨트리"고, 안 사겠다고 하면 "유아 낫 굿 맨"이 된다. 뭐 그런 정도다.

그러다 보니 굳이 인도어는 몰라도 상관이 없다. 그저 "나마스테"(안녕하세요)나 "단냐와드"(감사합니다) 정도만 알아두면 된다. 사실 몇 가지 인도말을 배워 질문을 한다 한들 답하는 인도말을 알아듣질 못하니 무슨 소용이 있겠는가.

재미있는 것은 "아차헤"(좋다)라는 말인데, 인도 사람들은 "아차 아차" 즉 "좋아 좋아"라고 말하면서 도리도리를 한다. 도리도리는 우리에게 아니다, 안 좋다는 의미인데 이들은 좋다고 하면서 도리도리를 해대니 영 적응이 안 되었다.

찬란한 과거와 대다수가 가난에 찌든 현대가 공존하는 인도

우리 돈으로 수백만 원씩 하는 호화기차를 타는 사람과 닭장 같은 열차 칸에 좌석도 없이 맨바닥에 앉아 가는 사람, 화려한 사리를 걸치고 외제 차에서 내리는 매혹적인 인도 여인과 아이를 안고 구걸하는 가난한 엄마, 길거리에서 구걸하는 때에 쩐 아이들.

극단적으로 대비되는 과거와 현재 또 현재 속에 상반된 삶을 사는 모습들이 짙은 여운으로 남는다.

인도의 기억은 곧 사라지겠지만 인도에서 받았던 이 강렬한 인상은 오래 오래 기억될 것 같다. 구걸하던 아이 엄마가 과자 하나에 고마워하며 바라보던 슬픈 눈망울의 기억과 함께.

그리고 생각해 본다.

내가 본 인도는 뭘까?

푸른 밀밭과 노란 유채꽃이 흐드러게 피어 있던 들판과 여기에는 좀처럼 어울리지 않게 덕지덕지 늘어선 가난에 찌든 천막촌들, 허물어진 집들 사이로 원숭이와 사람, 돼지와 개, 소들이 한데 어울러 사는 마을의 일상, 때에 찌든 지저분한 작은 가게들, 잡담이나 하며 그저 모여 서 있는 남자들.

관광객으로서 내가 결코 다양한 인도의 맨 얼굴을 보았다고 하긴 어렵다. 그리고 내가 본 것조차 결국은 내 생각이 투영되어 보여진 것에 불과할 테고.

여행 내내 그들의 가난을 안쓰럽게 여겼지만 내가 과연 그들보다 행복한 것일까? 동물에게 절을 하고 먹이를 주는 아낙들의 경건함, 시장에서 무와 약간의 야채를 사들고 발길을 재촉하던 여인의 소박함, 그들은 그것으로 충분히 행복을 느끼며 살아가는 것은 아닐까?

가난하지만 인도에선 사람도 동물도 그리 불행해 보이진 않았다. 12억 인도인 중 굶는 경우는 별로 없고, 짐승들도 쓰레기 더미를 열심히 뒤지면 먹이 걱정은 하지 않아도 될 듯하다. 새들에게 모이를 사서 주는 착한 사람들도 있다. 날씨도 그리 춥지 않으니 잠자리 걱정도 별로 없다. 사람도 개도 잘 데는 어디나 있다. 길거리에서 늘어지게 자는 개는 정말 편해 보인다. 대도시 대낮의 도로변에서도 담요 하나 두르고 잠자는 사람을 어렵잖게 볼 수 있다.

먹을 것 잘 곳 걱정이 없는 삶, 욕심만 없다면 괜찮은 삶 아닌가?

왜 사람들이 인도를 여행의 끝이라고들 하는지 어렴풋이 알 것 같기도 하다. 지금까지 적지 않은 여행길에 인도만큼 여운이 길게 남았던 경우는 별로 없었으니까….

|이혜옥|